21世纪高等院校测绘与地理信息系统规划教材

地 图 学

（第2版）

胡圣武　编著

清 华 大 学 出 版 社
北京交通大学出版社
·北京·

内 容 简 介

　　本书系统、完整和全面地介绍了地图学的基本原理与应用。主要内容包括地图及地图学，地图的分幅与编号，地图投影的基本理论，几种常用的地图投影，地图语言，普通地图内容表示方法，专题地图内容表示方法，地图综合，地图设计，地形图应用等。作为地球空间信息科学的组成部分，本书强调原理与方法相结合、理论与实际相结合、经典与现代相结合，内容具有可读性、客观性和便于自学等特点，为培养学生的抽象思维和视觉思维能力提供了一个平台。

　　本书既可以作为高等院校测绘、地理、资源环境与城乡规划管理、土地资源管理、地质、资源勘查工程、林业、城市规划、环境、建筑、旅游管理、园林、生态学等专业的教材，亦可作为科研院所、生产单位的科学技术人员的参考用书。

图书在版编目 (CIP) 数据

地图学/胡圣武编著. —2 版. —北京：北京交通大学出版社：清华大学出版社，2020.8
ISBN 978 - 7 - 5121 - 4069 - 1

Ⅰ. ① 地…　Ⅱ. ① 胡…　Ⅲ. ① 地图学　Ⅳ. ① P28

中国版本图书馆 CIP 数据核字（2019）第 207046 号

地图学

DITUXUE

责任编辑：郭东青

出版发行：清华大学出版社　　邮编：100084　　电话：010-62776969　　http://www.tup.com.cn
　　　　　北京交通大学出版社　邮编：100044　　电话：010-51686414　　http://www.bjtup.com.cn
印 刷 者：北京鑫海金澳胶印有限公司
经　　销：全国新华书店
开　　本：185 mm×260 mm　　印张：19.25　　字数：493 千字
版 印 次：2008 年 6 月第 1 版　　2020 年 8 月第 2 版　　2020 年 8 月第 1 次印刷
印　　数：1～3000 册　　定价：56.00 元

第 2 版前言

地图学是一门古老的科学，它有着几乎和世界文化同样悠久的历史；同时又是一门充满生机和活力的科学，自古以来就与社会的政治、经济、文化、外交及军事密切相关，它的发展有着深厚的社会根基和肥沃土壤。

21 世纪是一个信息科学的社会，地图则是信息可视化表达的有效形式之一，在我们的日常生活、生产建设、管理决策、工作学习、交流沟通、展示表达等环境中，应用越来越普遍。例如，旅游城市繁华街区中的触摸式导游图、种类繁多的各类交通地图、城市地图等到处可见。地图作为一种日常工具进入了人们的生活中，地图大众化时代已经到来。

地图大众化促使地图学的飞速发展，但我们也必须清醒地看到，地图的学科应用领域和产品应用范畴的大力扩展，地图大众化和大众化地图的迅猛发展，带来了众多问题，如，缺少地图常识和看似制作规范的"垃圾地图"和"错误地图"（亦包括地图上的错误）随处可见。这些现象与大量的非专业人员从事地图制作的事实密切相关，说明地图科学的高速发展和扩展，必然会带来一些不足和缺憾。从学科的专业性和科学性来审视，从地图的市场需求来考虑，从地图的基础科学研究的需要来分析，迫切需要一本通识性的地图学的读物。本书正是出于以上考虑而撰写的。本书旨在比较系统地、完整地阐述地图学的基本原理；突出地图学的应用价值，使非地图学专业的学生和从事有关地图学研究的科研人员能较全面地了解地图学。

本书是在作者总结十几来年教学和科研经验的基础上撰写的。全书由 10 章组成。第 1 章，介绍地图和地图学的基本问题，重点论述地图和地图学的基本特性和现代特征，论述地图的种类、功能，简单介绍数字地图、电子地图和影像地图的概念、分类和作用，简单阐述地图学的发展历史，分析地图学理论包含的内容。第 2 章，介绍地图的分幅与编号，重点研究国家基本地形图的分幅与编号及其在实际生产中的应用。第 3 章和第 4 章，主要介绍地图的数学基础，重点论述地图投影的基本原理，介绍几种常用的地图投影，阐述地图投影选择和地图投影变换的理论和方法。第 5 章，介绍地图语言，重点分析地图内容要素的空间分布特征和变量的量表方法，介绍地图符号的分类、功能，视觉变量及视觉感受效果，揭示地理要素的类型、地图符号与视觉变量的关系，讨论地图符号设计的基本方法，分析影响地图整体设计的心理因素，探讨地图色彩设计和地图注记的理论和方法，介绍了地名在地图语言中的作用以及译写原则和方法。第 6 章和第 7 章，介绍地图内容的表示方法，分别研究普通地图和专题地图的特点和分类，普通地图和专题地图的表示要求及表示方法，论述专题地图表示方法之间的关系。第 8 章，介绍地图综合，在论述地图综合的实质和概念的基础上，探讨地图综合的影响因素、基本方法和基本规律。第 9 章，介绍地图设计的主要内容，重点阐述了地图的分幅设计、确定地图比例尺、确定制图区域范围、地图图例设计、地图附图设计、地图图面配置设计等内容。第 10 章，介绍地形图的应用，主要探讨地形图阅读的过程，如何在野外使用地形图，地图量测获取的各种知识，地图在工程建设中的作用，地貌的识别方法以及简易沙盘的制作。

本书的特色和试图努力的方向如下。

（1）本书知识比较全面。为了学习地图投影，特别加上一节：3.1 地球椭球体基本要素和基本公式。

（2）本书比较实用。在地图投影中，对伪圆锥、伪圆柱、伪方位、多圆锥投影介绍比较少，主要介绍圆锥投影、圆柱投影和方位投影。对制图综合理论只强调基本概念。

（3）本书突出地图学的应用。特别是加强了地图分幅与编号的应用。

（4）本书在处理难和易、重点和一般的关系方面，从便于自学入手，精选内容，重视难点，突出重点。

（5）本书较好地处理了地图学传统知识与现代知识的衔接。

本书的编写原则：按照"突出原理、厚新薄旧、重视基础、强调应用"的原则，竭力为推动地图学的现代化和我国国民经济建设各行业部门的地图化、数字化服务。

本书撰写时，参考了国内外有关地图学的著作及地图产品，未来得及一一注明，在此表示感谢，也请有关作者见谅。在写作过程中得到多方支持和帮助，也一并表示感谢。

作者在书中阐述的某些观点，仅为一家之言，欢迎读者争鸣。书中疏漏与欠妥之处，恳请读者批评指正。

编　者

2020 年 8 月

第1版前言

地图学是一门古老的科学，它有着几乎和世界文化同样悠久的历史；同时又是一门充满生机和活力的科学，自古以来就与社会的政治、经济、文化、外交及军事密切相关，它的发展有着深厚的社会根基和肥沃土壤。

21世纪是一个信息科学的社会，地图则是信息可视化表达的有效形式之一，在我们的日常生活、生产建设、管理决策、工作学习、交流沟通、展示表达等环境中，应用越来越普遍。例如，旅游城市繁华街区中的触摸式导游图、种类繁多的各类交通地图、城市地图等。地图作为一种日常商品进入了人们的生活中，地图大众化时代已经到来。

地图大众化促使地图学的飞速发展，但我们也必须清醒地看到，地图的学科应用领域和产品应用范畴的大力扩展，地图大众化和大众化地图的迅猛发展，带来了众多问题，缺少地图常识和制作规范的"垃圾地图"和"错误地图"（亦包括地图上的错误）随处可见。这些现象与大量的非专业人员从事地图制作的事实密切相关，说明地图科学的高速发展和扩展，必然会带来一些不足和缺憾。从学科的专业性和科学性来审视，从地图的市场需求来考虑，从地图的基础科学研究的需要来分析，迫切需要一本通识性的地图学基本原理与应用的读物。本书正是出于以上目的而撰写的。本书旨在比较系统地、完整地阐述地图学的基本原理；突出地图学的应用价值，使非地图学专业的学生和从事有关地图学研究的科研人员能较全面地了解地图学。

本书是在作者十几来年教学和科研的基础上撰写的。全书共11章。第1章，介绍地图和地图学的基本问题，重点论述了地图和地图学的基本特性和现代特征，论述了地图的分类、功能，简单介绍了电子地图的概念、分类和作用，分析了地图学的发展趋势。第2章，介绍了地图的分幅与编号，特别是重点研究了国家基本地形图的分幅与编号及在实际生产中的应用。第3章、第4章和第5章，主要介绍了地图的数学基础，重点论述了地图投影的基本原理，介绍了几种常用的地图投影，分析了地图数学基础设计、地图投影选择识别和地图投影变换的理论和方法。第6章，介绍了地图语言，重点分析了地图内容要素的空间分布特征和变量的量表方法，介绍了地图符号的分类、作用、视觉变量及视觉感受效果，揭示了地理要素的类型、地图符号与视觉变量的关系，讨论了地图符号设计的基本方法，分析了影响地图整体设计的心理因素，探讨了地图色彩设计和地图注记的理论和方法。第7章和第8章，介绍了地图内容的表示方法，分别研究了普通地图和专题地图的特点和分类，普通地图和专题地图的表示要求及表示方法，论述了专题地图表示方法之间的关系。第9章，介绍了地图制图综合，在论述了地图制图综合的实质和概念的基础上，探讨了地图综合的影响因素、基本方法和基本规律。第10章，介绍了地图成图的几种基本方法。第11章，介绍了地形图的应用，主要探讨了地形图阅读的过程，如何在野外使用地形图，地图量算获取的各种知识。

本书的特色和试图努力的方向如下。

（1）本书知识比较全面。特别用了一章的篇幅介绍地图投影基础知识——第3章"地球椭球体基本要素和公式"。

（2）本书比较实用。在地图投影中，对伪圆锥、伪圆柱、伪方位、多圆锥投影介绍得比较少，主要介绍圆锥投影、圆柱投影和方位投影。对制图综合理论只强调基本概念。

（3）本书突出了地图学的应用。特别是加强了地图分幅与编号的应用。

（4）本书在处理难和易、重点和一般的关系方面，从便于自学入手，精选内容，重视难点，突出重点。

（5）本书较好地处理了地图学传统知识与现代知识的衔接。

本书的编写原则：按照"突出原理、厚新薄旧、重视基础、强调应用"的原则，竭力为推动地图学的现代化和我国国民经济建设各行业部门的地图化、数字化服务。

本书撰写时，参考了国内外有关地图学的著作及地图产品，未来得及一一注明，请有关作者见谅。在写作过程中得到多方支持和帮助，在此感谢河南理工大学邹友峰校长、河南理工大学测绘学院郭增长院长在工作上给予的支持，感谢清华大学出版社和北京交通大学出版社同志为本书出版所付出的辛勤劳动。

作者在书中阐述的某些观点，仅为一家之言，欢迎读者争鸣。书中疏漏与欠妥之处，恳请读者批评指正。

编　者

2008 年 3 月于河南理工大学

目 录

第1章　地图及地图学

当人们要出差或旅游时，总是不忘带上一本地图；当要修建一条公路时，首先要做的工作是在相应的地图上规划出公路的路线；在任何战争中，军事指挥官都会在地图上布置战场。因此，地图就在我们每个人的身边，我们都要与地图打交道。

地图应用如此广泛，那么它有哪些基本特征，它的定义是什么，它应该具备哪些内容，它有哪些表现形式，作为一门学科它有哪些研究内容，地图学与哪些学科有关系，这些问题需要我们了解清楚。

本章就上述问题进行研究。

1.1　地图的基本特征和定义

地图，对于每个人都不陌生，在中小学课本及课堂上都见过，在新华书店和一些机关单位也见过不少，如中华人民共和国地图、亚洲地图、世界地图、旅游地图、矿产分布地图等。地图是先于文字形成的、用图解语言表达事物的工具，它是认识、分析和研究客观世界的常用手段，已有几千年的历史，一直没有被其他方式所代替。只是近几十年来，由于摄影技术和运载工具及传输技术的发展，曾有人主张用正射相片或卫星图像代替纸质地图；又当计算机技术引进地图制图领域之后，也有人预言传统的地图将完全被数字信息的存储与处理设备所代替。但事实证明，影像和计算机技术的巨大价值更主要的在于扩大了地图制图实践的领域，提高了地图生产的效率，而纸质地图仍以其特有的性质按自己的规律继续存在和发展。

为什么地图能长期发展和流传下来？地图和地面摄影相片、航空相片、风景画到底有哪些不同？为了能回答这些问题，下面研究地图的基本特征和地图的定义。

1.1.1　地图的基本特征

早期人们把地图看作是地球表面缩小在平面上的图形。今天看来，这种认识不全面也不确切。因为地面的风景照片和风景画也适合这个含义，特别是现代的地图并不局限于表示地面可见的现象，还要表示那些在地理环境中存在、但又无形的现象（如气温、气压等）。因此，要认识地图，就必须分析地图区别于风景照片和风景画的一些特性，即构成地图的数学法则，表达空间诸要素的地图语言和地图综合等。

1. 由特殊的数学法则产生的可量测性

特殊的数学法则包含地图投影、地图比例尺和地图定向等三个方面。

地图投影是指用解析方法找出地面点经纬度（φ，λ）同平面直角坐标（x，y）之间的关系。测量的结果是将自然表面上的点位沿铅垂方向投影到大地水准面上，由于大地水准面是一个不规则的、无法用数学语言描述的表面，学者们用一个十分接近它的旋转椭球面表示它，地图投影的任务就是将椭球面上的经纬度坐标（φ，λ）变成平面上的直角坐标（x，y）。由于旋转椭球面仍然是一个不可延展的曲面，投影的结果存在误差是难免的，地图投影方法可以精确地确定每个点上产生误差的性质和大小。

由于地球表面是曲面，所以必须限定在一个较小的范围内才会有"水平长度"。

地图定向是指确定地图图形的地理方向。没有确定的地理方向，就无法确定地理事物的方位。地图的数学法则中一定要包含地图的定向法则。

使用了特殊的数学法则，地图就具有了可量测性，人们可以在地图上量测两点间的距离、区域面积，并可根据地图图形量测高差，计算出体积、地面坡度、河流曲率等。

2. 运用地图语言

地图语言包括地图符号及符号系统、地图注记和地图色彩。

地图上的符号能起到定位、定性、定量的作用。地图语言的运用使地图具有科学性，这就是地图与风景画和相片的不同之处。图 1-1（a）是某一区域的卫星影像，图 1-1（b）是相同区域的地形图，图 1-2 是同一区域的素描画与地形图。从两者的对比中不难看出，地图是运用易被人们感受的图形符号表示地面景物的，而卫星影像是用影像来反映地面景物的，素描画是通过远小近大的透视方式来模拟地面景物的，因此，它们之间有很大区别。

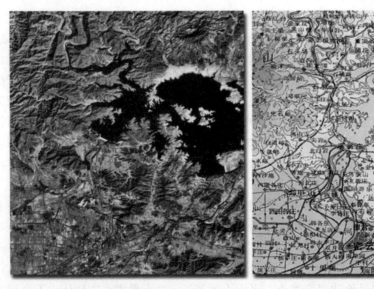

（a）卫星影像　　　　　　　　　　　　　　　（b）地形图

图 1-1　北京某一区域的卫星影像与地形图示例

与风景画及航空相片、卫星影像比较起来，地图由于使用了地图语言表示事物，因而具有许多明显的优点，列举如下。

（1）清晰表示物体复杂的轮廓图形。地面物体往往具有复杂的轮廓外貌，在航空相片和卫星影像上则常因缩小过多而变得难以辨认；而在地图上，可分门别类地使用地图符号，对复杂的事物进行抽象概括，使其图形大大简化。即使地图比例尺缩小，仍具有清晰的图形。

（2）表示实地形体虽小，但有重要意义的物体。实地上形体虽小却很重要的物体在地图上可以根据需要用符号表示出来，即使在较小比例尺的地图上也可以清晰地表示出来。

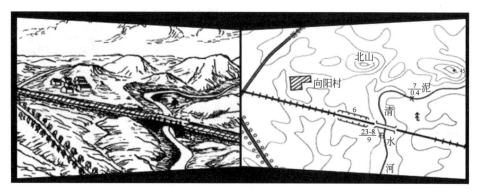

　　　　　（a）素描画　　　　　　　　　　　　　（b）地形图

图 1-2　同一区域的素描画与地形图示例

　　（3）表示事物的质量和数量特征。许多事物虽有其形，但其质量和数量特征却是无法在相片上成像的（如水的性质、温度、深度，土壤的性质，道路的路面材料，房屋的坚固程度，地势起伏的绝对和相对高度等），而在地图上则可以通过符号或注记表达出来。

　　（4）表示地面上被遮盖的物体。地面上一些被遮盖的物体，在相片上无法显示，而在地图上却能使用符号将其表现出来。如用等高线可以不受森林遮盖的影响而正确地表示某地坡向、坡度、高程、高差等特征；隧道、涵洞、地下管道等地下建筑物也能在地图上清晰显示等。

　　（5）表示无形的现象。许多自然现象和社会现象，如行政区划界线、经纬线、等温线、降雨量、人口数、工农业产值、地下径流、太阳辐射和日照等，都是无形的现象，在相片上根本不可能有影像，在地图上则可以通过使用符号或注记表达出来。

　　（6）地图既能精确地显示地物的准确位置，又能在平面上显示出三维空间的立体特征，为在图上量测提供了可能。在航空相片等地面相片上，地貌形态尽管逼真，但未构成立体，因而无法进行量测。

　　（7）地图不仅能表现出地理环境的现状，而且还能反映地理环境的过去和未来。有关地理环境过去和未来的信息，在各种地面相片上都是获取不到的，只有地图通过符号和注记系统才能显示出来。地图通过符号和注记可以再现或塑造出地理环境中不同时期的、有形与无形的、大的与小的、可见与不可见的客观实体或现象，既反映出实体的形态特征，又表现出其质量和数量特征，成为地理环境发展变化的模型。

　　3. 地图综合

　　地图上所表现的地面景物，从数量上看是少了，从图形上看是小了、简化了。这是因为地图上所表现的内容都是经过取舍和化简的。从图 1-3 可以看出，由 1∶5 万比例尺缩小到 1∶10 万比例尺的地图，对原来的内容如不进行取舍和化简，缩小后的地图既不清晰又不易读。这种把实地景物缩小或把原来较详细的地图缩成更小比例尺地图时，根据地图用途或主题的需要，对实况或原图内容进行取舍和化简，以便在有限的图面上表达出制图区域的基本特征和地理要素的主要特点的理论与方法，称为地图综合（也称制图综合）。

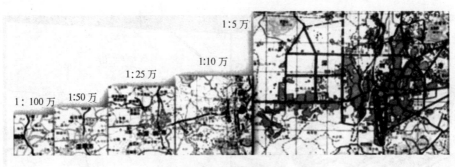

图 1-3   地图概括示意

实施地图综合是指地图作者在制作地图的过程中进行科学的、抽象的再加工，它使制成的地图具有明显的一览性。

地面的事物千差万别，错综复杂。地图使用符号对事物进行分类分级，这本身就是对事物进行了抽象概括，这一过程便是地图作者对客观实际进行的第一次综合；随着编图时地图比例尺的缩小，地图面积在迅速增大，可能表达在地图上的物体（如居民地、道路等）的数量也必须相应地减少，这就势必还要去掉一些次要的物体而选取主要的物体，同类物体也要求进一步减少它们按质量、数量区分的等级，简化其轮廓图形，概括地表示地图内容，这可称为对客观实际进行的第二次综合。

这种制图综合的过程，是地图作者进行思维加工、抽取事物内在的本质特征与联系表现于地图的过程。航空相片和卫星相片也能因比例尺的缩小而机械地"删去"某些细小的物体，这与地图的作者有目的地进行综合是完全不同的，因为通过地图综合使用图者更易于理解事物内在的本质和规律。

地图的特征还很多，如地图的形象直观性、地理方位性和几何精确性等，在这里就不加以论述。

1.1.2   地图的定义

在研究了地图的基本特征之后，可以给地图下一个比较完整的定义：地图是根据一定的数学法则，将地球（或其他星体）上的自然和人文现象，使用地图语言，通过地图综合，缩小反映在平面上，以反映各种现象的空间分布、组合、联系、数量和质量特征及其在时间中的发展变化。

上述定义是地图的经典概念，它较为准确地描述了地图的特性及其同其他表述地球表层事物的手段之间的差别。但是随着科学技术的发展，在与地图相关的领域中发生了许多引人注目的变化。

（1）以计算机为主体的电子设备在制图中的广泛应用，使得地图不再限于用符号和图形表达在纸（或类似的介质）上，它可以以数字的形式存储于磁介质上，或经可视化加工表现在屏幕上。

（2）由于航天技术的发展，出现了卫星遥感影像，这不但给地图制作提供了新的数据源，还可以把影像直接作为地理事物的表现形式，同时把人们的视野从地球拓展到月球和其他星球。

（3）多媒体技术的发展，使得视频、声音等都可以成为地图的表达手段。

这些变化引起了全世界地图学家们对地图定义的讨论。在众多的中外文献中可看到如下关于地图的新的定义。

在《多种语言制图技术词典》中对地图的定义是"地球或天体表面上，经选择的资料或抽象的特征和它们的关系，有规则按比例在平面介质上的描写"。国际制图协会（ICA）地图学定义和地图学概念工作组的负责人博德和韦斯博士给出的定义："地图是地理现实世界的表现或抽象，是以视觉的、数字的或触觉的方式表现地理信息的工具。"也有学者简单地将地图定义为"地图是空间信息的图形表达""地图是信息传输的通道"等。显然，这些定义关注了地图作为地理信息表达工具的功能，突出了数字制图环境下地图表现形式的多样化，也考虑了地图向其他天体的拓展，但却忽视了地图的基本特性。

从现代地图学的观点出发，可以这样来定义地图：地图是根据一定的数学法则，使用地图语言，通过制图综合在一定的载体上，为表达地球（或其他天体）上各种事物的空间分布、联系及时间中的发展变化状态而绘制的图形。

随着人类社会实践、生产实践和科学技术的进步，作为地图学研究的主要对象，地图也经历了一个不断发展的过程，人们对地图的认识也在不断地深化。这最明显地表现在不同时期人们关于地图的定义的演变与进步上。当然，不同时期关于地图的定义都只能反映当时的科学技术水平、制图的水平和人们的认识水平。所以随着科学技术的发展，上述地图的定义将会进一步充实和完善。

1.2 地图的基本内容

地图的基本内容可分成三个部分：数学要素、地理要素和辅助要素。

1.2.1 数学要素

科学的地图都应包含数学要素，它们在地图上表现为控制点、坐标网、比例尺和地图定向。

控制点分为平面控制点和高程控制点。前者又分为天文点和三角点，其中三角点是最重要的，在测图时，它们是图根控制的基础；编图时，它们成为地图内容转绘和投影变换的控制点。高程控制点指有埋石的水准点。控制点一般只在大比例尺地图上才体现，在小比例尺地图上没有控制点。

坐标网分为地理坐标网（经纬线网）和直角坐标网（方里网），它们都同地图投影有密切联系，是地图投影的具体表现形式。

比例尺用于确定地图内容的缩小程度。它虽然只在整饰要素中标出，但在地图制作过程和结果中，其作用却无处不在。

地图定向通过坐标网的方向来体现。

1.2.2 地理要素

地理要素是地图的主体，普通地图和专题地图上表达的地理要素种类有所不同。

（1）普通地图。普通地图上的地理要素是地球表面上最基本的自然要素和人文要素，分为独立地物、居民地、交通网（主要是陆地上的道路网）、水系、地貌、土质和植被、境界线等。

（2）专题地图。专题地图上的地理要素分为地理基础要素和主题要素。

① 地理基础要素是为了承载作为主题的专题要素而选绘的与专题要素相关的普通地理要素，它们通常要比同比例尺的普通地图简略，要素种类根据专题要素的需要进行选择，不一定都要包含普通地图上的各种要素。

② 主题要素是指作为专题地图主题的专题内容，它们通常要使用特殊的表示方法详细描述其数量和质量指标。

1.2.3　辅助要素

辅助要素是一组为方便使用而附加的文字和工具性资料，常包括外图廓（地形图则附有分度带）、图名、接图表、图例、坡度尺、三北方向、图解和文字比例尺、编图单位、编图时间和依据等。

（1）地图图名。指明了地图的主题和用途及地图所包含的范围。

（2）地图图例。列出了图中所有的符号及其对应的实际物体，是读懂地图的保证。

（3）制作和出版单位。犹如产品的品牌，标志着地图的质量和可靠性。

（4）出版时间。犹如产品保质期。世界随时间变化，而地图反映的是出版前的状况，因此，使用时要心中有数。

1.3　地图的功能与应用

随着现代科学技术的发展，电子计算机与自动化技术的引进，信息论与模型论的应用及各门学科的相互渗透，促进了地图的发展，地图的功能与应用也有了新的发展，现概述如下。

1.3.1　地图的功能

1. 地图的模拟功能

模型是根据实物、设计图或设想，按比例制成的与实物相似的物体。地图就是一种经过简化和抽象了的空间模型。它以符号和文字注记描述地理环境的某些特征和内在联系，使之成为一种模拟模型。例如，用等高线表示地貌形态时，等高线不是地面存在的客观实体，而是实际地形的模拟。

如前所述，地图具有严密的数学基础，采用直观的符号系统，经过抽象概括来表示客观实体。它不仅可以表现物体或现象的空间分布、组合、联系，而且可以反映其随时间的变化和发展情况，这就是由于地图具有很强的模拟功能所致。

地图模型较之其他模型（如数学模型、物理模型、表格图表、文字描述、航空与卫星图像等）具有更多的优点。例如，地图模型的直观性、一览性、抽象性、合成性、几何相似性、地理适应性和比例尺的可量测性等，都是其他形式的模型所不完全具备的。

2. 地图的信息载负功能

地图是空间信息的载体，这明确地表明地图所具有的信息载负功能。

既然地图是地理空间信息的载体，自然就涉及地图信息量问题。地图信息量由直接信息量和间接信息量两部分组成。直接信息是地图上图形符号所直接表示的信息，人们通过读图很容易获得；间接信息是经过分析解译所获得的信息，往往需要利用思维活动，通过分析综合才能获得。

地图能容纳和储存的信息量非常大。根据不十分成熟的统计方法，一幅普通地形图能容纳和存储1亿～2亿个信息单元的信息量。如果考虑到目前的激光缩微技术，一幅地形图（50 cm×50 cm）可以缩小至几平方厘米，即意味着几平方厘米缩微地图上可以容纳和载负1亿～2亿个信息单元的信息量。这里所说的信息量是指直接信息量，而间接信息量就更无法估算。因此，由多幅地图汇编的地图集就有"地图信息库"和"大百科全书"之称。

3. 地图的信息传输功能

地图的信息载负功能为信息的传输准备了充分的条件。地图是空间信息的图形传递形式，它已成为信息传输的工具。信息传输的过程是，信息源的信息经过信息发送者的编码（如电报编码），通过一定的通道发送信息（如电波传递），信息接收者接到信号，经过译码（如电码翻译）把信息传输到目的地。地图也具有信息传输功能，编图者（即信息发送者）把对客观世界（信息源）的认识经过选择、概括、简化、符号化（即编码），通过地图（即传输通道）传送给用图者（即信息接收者），用图者经过符号识别（译码），同时通过对地图的分析和解译，形成对客观世界（制图对象）的认识。显然，地图信息传输功能涉及编图者和用图者、制图和用图的整个过程。这就要求地图编制者要深刻认识客观世界，保证出现在地图上的信息准确、易读，不出伪信息，而地图用图者要懂得地图语言，正确分析判读，准确译码，保证没有信息错误。地图信息传输功能把地图生产和地图应用联结成一个有机的整体。

4. 地图的认知功能

地图具有认知功能是地图的本质所决定的。

地图不仅能直观地表示任何范围制图对象的质量特征、数量差异和动态变化，而且能反映各种现象分布规律及其相互联系，所以，地图不仅是区域性学科调查研究成果的很好表达形式，而且也是科学研究的重要手段，尤其是地学、地理学研究所不可缺少的手段，因此，有"地理学第二语言"之称。近年来运用地图所具有的认知功能，把地图作为科学研究的重要手段，越来越被人们所重视。

地图作为表达空间现象的一种主要图形形式，它的认知功能可以体现在许多方面。

（1）可以组成整体、全局的概念，也就是确立地理信息明确的空间位置。运用地图进行方向的确定就是最简单、直观的例子。例如，我国各民族的区域分布十分分散，依靠语言或文字描述，无法构成整体分布状况的概念，而通过绘制"中国民族区域分布图"则能圆满地解决此类问题。

（2）提供空间分布物体和现象的尺寸、维数、范围等概念，形成正确的对比概念、图形感受及制图对象的空间立体分布和时间过程变化，也就是获得物体所具有的定性及定量特征。如运用各类统计地图、剖面图、断面图、过程线等，再结合图形分析及图上量算，便可获得大量有关对象的数量特征。

（3）在形成各种事物或现象形态上分布规律的基础上，进一步探求它们之间可能存在的空间关系，也就是建立地物与地物，或现象与现象之间的空间关系。分布形态具有相似或相关规律时，大多数会存在疏密不等的内在联系，如土壤与植被在垂直与水平分布上的相似规律是与当地的高程及气候分布特点相关的。

（4）易于建立正确的空间图像。如由于存在模糊的地域心象，通常会认为上海比非洲的开罗在地理纬度上要偏北得多，而与巴黎却处于相当的纬度。而实际情况却是上海与开罗均位于北纬 30°附近，而巴黎则为北纬 49°。只有地图才能帮助人们迅速建立正确的空间图像。

当前，应用地图的认知功能，可以在很多方面发挥地图的作用。例如，通过对地图各要素或各相关地图的比较分析，可以确定要素之间的相互联系和不同历史时期自然和社会现象的变迁、发展；通过地图上的各种量算（坐标、长度、深度、高度、面积、体积、坡度、密度、曲率等），可以更深入地认识客观世界；利用地图建立各种剖面、断面图等，可以获得制图对象的空间立体分布特征。总之，发挥地图的认知功能，可以认清规律，进行综合评价、预测预报和规划设计，为各项建设事业服务。

因此，地图是人类认识自己赖以生存的环境最主要的工具。

1.3.2　地图的应用

地图在科学研究、国民经济和国防建设等方面的应用十分广泛。

1. 地图在科学研究方面的应用

在科学研究中，地图主要用来研究各种现象的空间分布和相互联系的规律，研究各种现象的动态变化，对自然条件、资料和环境进行综合评价，进行时间或空间的预测预报。

（1）利用地图研究各种现象的空间分布规律。通过地图分析可以认识和掌握各种制图现象的空间分布规律，这是因为地图直观地反映了各种自然和社会经济现象的分布范围、质量和数量特征、动态变化及各种现象之间的相互联系和制约关系。

分析地形图和小比例尺普通地图，可以认识和掌握水系结构与水网密度的变化规律、地貌的起伏变化（走向、相对和绝对高程）和结构（平原、丘陵、低山、中山、高山、盆地的组合）特点，居民地的类型、规模、集中与分散的形式及密度变化特点与分布规律等。

分析各种专题地图（如地质图、地震图、气温图、植被图等）可以认识掌握各种专题现象的分布特点和分布规律（如地质的区域特点和变化规律，地震分布及其与大地构造关系的规律，气温和植被的变化和分布规律等）。

（2）利用地图研究制图现象的相互联系和制约关系。由于地图特别是系列专题地图和综合地图集具有可比性的特点，所以利用地图分析各种制图现象之间的相互联系和制约关系是特别有效的，一般采用对照比较各种地图的方法。

有些制图现象之间的相互联系与制约关系是通过地形图的分析就可以看出的。例如分析地形图可知，我国江浙水网地区，分散式居民地沿纵横交错的密集河流与沟渠分布排列，在总体上有明显的方向性；而在西北干旱地区，居民地循水源分布的规律性十分明显，水的存在及其利用在很大程度上制约着居民地的分布，居民地通常沿水源丰富的洪积扇边缘，沿河流、沟渠、湖泊、井、泉等分布。地貌对居民地、道路分布的制约关系，只需详细研究地形图便可得知。

（3）利用地图研究各种制图现象的动态变化。由于地图上经常要反映各种制图现象的运动变化，这就为利用地图研究制图现象的动态变化提供了条件。

例如，通过水系变迁图上用不同颜色和形状的线状或面状符号表示的不同历史时期河流、湖泊和海岸线的位置、范围，可以直接了解河流改道、湖泊退缩、海岸进退的变化情况，可以从图上量算出变化的幅度。再如，分析用运动符号法表示现象移动的地图，可以直观地看出台风路径、动物迁移、人口流动、货物流向、对外贸易、军事行动等各种现象的动态变化情况。利用不同时期的地图，对同一现象的位置、形状、范围、面积等进行对照比较，找出它们之间的差异和变化。其中，不同时期出版的地形图是据以进行对照比较的重要资料。例如，根据不同时期的地形图，可以研究居民地的变动和增加，道路的新建和等级的提高，水系的变化（如三角洲位置的变化，水库、沟渠的增加），地貌的变化（如雏谷、冲沟的发展，冰川的伸展与退缩等），森林、灌丛、草地、沼泽、沙漠、耕地等的范围、界线和面积的变化等。

（4）利用地图对自然条件、土地资源和环境质量进行综合评价。利用地图对自然条件、土地资源和环境质量进行综合评价，是指根据地形图、各种专题地图和统计调查提供的资料和数据，对影响自然条件、土地资源和环境质量的各种因素及其主要指标，按照评价标准给出评价值。按多因素评价的数学模型算得的总评价值划分等级，从而可以绘出综合评价图。

（5）利用地图进行预测预报。利用地图进行预测预报已成为科学研究的一种重要方法。它的依据是现象间相互联系的规律和现象发生、发展的规律。利用地图预测预报分为空间预测预报、时间序列预测预报及空间-时间预测预报。

2. 地图在国民经济建设中的应用

（1）利用地图进行区划。区划是根据区域内现象特征的一致性和区域间现象特征的差异性所进行的地域划分，包括自然区划和社会经济区划。自然区划中包括地貌区划、气候区划、水文区划、土壤区划、植物区划、动物地理区划等部门区划和综合自然区划；社会经济区划中包括农业区划、工业区划、交通运输区划、行政区划、旅游区划等部门区划和综合经济区划。其中农业区划还可以区分为粮食作物区划、经济作物区划、畜牧区划和综合农业区划。

区划工作自始至终离不开地图。一般先做部门区划，然后进行综合区划。区划和区划地图的编制是不可分割的，区划地图往往是利用地图进行区划工作结果的主要表现形式。

（2）利用地图进行规划。规划是根据国民经济建设的需要对未来提出的设想和部署。

地图也是制定各种规划不可缺少的工具。利用地图进行全国性或区域性经济建设规划，并编制规划地图，能直观地展现今后发展愿景。规划包括部门规划和综合规划，近期规划与远景规划。规划地图可以在表示现状的基础上重点表示今后的发展，以便对照比较。例如，在城市规划图集中，除表示城市现状外，可重点表示城市总体规划、近期建设规划、道路系统规划、给水排水规划、电力电信规划、人防工程规划等。

（3）利用地图进行资源的勘察、设计和开发。自然资源地图是专题地图的一个重要领域。矿产资源图、森林资源图、水力资源图、油气资源图和地热资源图等，都是记载资源分布、储藏的重要资料，是进行矿产、森林、水力、油气、地热等资源勘察、设计和开发利用的重要依据。

例如，在采矿企业，进行详细勘探和储量计算需要使用 1:2.5 万和 1:1 万甚至更大比例尺的地形图；确定开采方向，核定储量，确定施工地点，计算作业量及开采过程的生产管理等，需要使用 1:5 000、1:2 000，甚至 1:1 000 比例尺的地形图。

各种工程建设的勘察、设计和施工中要使用地图。铁路、公路、水利工程、工厂企业等工程项目的选线、选址、勘察、设计和施工，要使用地图，尤其是大比例尺地形图。例如，在道路的设计中，要利用地形图上的等高线，结合所规划道路的要求（如纵向坡度大小），选择道路线路，确定填、挖土石方数量；在工厂企业的设计中，要根据地形图对厂址用地的地形要求进行分析，包括确定建筑地域的范围和面积，估计建筑前平整地面的困难程度；为了解决排水问题，需要在地形图上确定汇水面积；为了合理利用土地，要通过地图研究改善土地利用条件需要采取的措施。

（4）利用地图进行农业地籍管理、土地利用和土壤改良。农业地籍管理、土地利用和土壤改良在农业现代化建设中具有重要意义，而这些工作都需要使用大比例尺地图和相应的专题地图。

3. 地图在军事上的应用

地图在军事指挥作战方面的作用是很大的。古今中外，许多军事家都非常重视利用地图。管子的《地图篇》中指出的"凡兵主者，必先审知地图"，阐明了地图在军事上的作用和使用地图的方法。我国西汉时期测制的"地形图"和"驻军图"（1973 年在湖南省长沙市马王堆三号汉墓出土，系公元前 168 年的殉葬品），是迄今世界上发现最早的军事地图。现代战争条件下，地图更是军队组织指挥不可缺少的工具。

地图在军事上的应用可以归纳为以下几个方面。

（1）提供战区地形资料。各级指挥员所指挥的战区范围大小是不一样的，但都面临一个掌握战区全局的问题。由于地图具有将整个战区展示于指挥员面前，起到解决实地视力所不及而又必须统观全局的矛盾的独特作用，而且使用地图不受时间、地点、天气等条件的限制，所以地图在提供战区地形的资料方面所起的作用是其他方法无法替代的。

（2）提供战区兵要资料和数据。要掌握战争的主动权，从地图上获得兵要资料和数据是十分重要的，而且这种要求随着各军兵种武器装备的不断改进日趋迫切。如果说早期的战争只需从地图上取得"定性"的资料就基本上够用了，那么现代战争就进而要求地图提供"定量"的数据。例如，欲计划军队的机动，就需要获取道路的类型、等级、路面质量和宽度、通行程度、坡度及弯曲程度等数据；要计划部队的徒涉和架桥，就需取得河流的流速、水深、底质、河宽等数据；要部署部队隐蔽和构筑工事用材，就必须获取森林的树种、树的粗度和高度等数据。所有这些资料和数据都是可以从现代地图上获得。

（3）提供现地勘察地形的工具。现地勘察地形是军事指挥员必须进行的战前准备之一，平时军事训练尤其如此。现地使用地形图主要包括确定站立点、按地图行进和研究地形等几个方面。现地用图一般都是大比例尺实测地图，这些地图内容详细，精度高，能够与实地对照，并能在图上进行各种量测。

（4）为国防工程的规划、设计和施工提供地形基础。各种国防工程的规划、设计和施工离不开地图，尤其是大比例尺地图。使用方法和解决的问题与地图在民用工程中勘察、设计和施工的应用基本相同。

（5）提供合成军队作战指挥的共同地形基础。诸军兵种合成军队作战、训练需要统一的协同作战指挥，而地图特别是近些年来编制的协同作战用图能为这种统一的作战指挥提供共同的作战基础，提供统一的位置坐标和高程以及统一的坐标网和参考系，保证在实施统一作战指挥时，实现时间、地点和战术协同。

（6）提供标图和图上作业的底图。标图和实施图上作业是军队用图的重要方面。标绘要图是指挥员组织、实施指挥的一种重要方法。将迅速变化着的敌我双方态势标绘在地图上，用于分析动态，制定对策；将敌情侦察结果标绘在地图上，分析敌之兵力部署和火力配系；把首长的决心编绘成要图，较之冗长的文字更简明、清楚；标绘战斗进程状况的战斗经过要图，则是向上级汇报情况，进行战斗总结的依据；甚至行军路线、宿营计划也常常是以要图形式下达。地图能为标绘要图提供底图，这是因为地图的比例尺系列和内容等能满足各种标图的需要。

实施图上作业是各军兵种使用地图的一种重要方式。例如，航空图可供航空兵部队在图上计划航线（标出起止机场位置，划出航线，量出方位角，确定沿途检查点，查对沿线最大高程及确定航高等）；大比例尺地图（大于或等于 1∶5 万）可供炮兵在图上确定炮位，实施阵地联测及取得射击诸元（方位、距离、位置等），供工程兵部队规划作业和计算土方工程等。

（7）数字地图是现代化武器系统的重要组成部分。巡航导弹等现代化武器系统，在其发射、飞行、瞄准及命中目标的全过程中，都要用到数字地图或数字图像，这叫作地形匹配制导。其基本原理：导弹到达预定地形匹配制导区后，弹载计算机根据雷达（或激光）测高仪的记录，计算弹导航迹的实时高程断面，并将该高程断面与存储在计算机内的数字高程模型——参考数字地图进行数字序列匹配，确定实际航迹与预定航迹间的偏差，指令自动驾驶仪调整导弹姿态，直至导弹命中目标。

（8）数字地图提供对己透明的数字化战场。数字地图是数字化战场的空间数据基础设施，其他一切与军事有关的信息都必须以数字地图作为定位的基础。

以数字地图作为空间数据框架的数字化战场，对自己的指挥自动化系统是透明的，对武器是透明的，对作战部队是透明的。例如，据美国国家影像制图局（NIMA）在因特网上提供的消息，在 1999 年空袭南联盟的军事行动中，NIMA 专门研制了一种数字化地图保障系统配属参战部队，其名称为"装在匣子中的 NIMA"，美国的一支搜索与救援直升机部队正是利用这个"装在匣子中的 NIMA"，仅花费 90 分钟就营救出被击落在科索沃西北部地区并被团团包围的一架 F-16 战斗机的飞行员。

4. 地图的教育功能

地图又是教育工作的重要工具。学校教育和校外教育，特别是地理教学中，地图是不可缺少的教具。这是因为根据地图可以确定地球上任何一点的地理位置，根据位置可以知道其太阳辐射情况、气候特性和土壤特性、经济意义等；可以在地图上指出与人类利害相关的地面上有关现象的分布位置；从地图上可以对某个区域一览无余，可以对地理综合体的各种要素间相互联系和依赖关系及各种现象的发展规律进行研究。地图还显示出地理现象的大小、形状、地面高低、沼泽地深浅、气候带、有用矿藏、土壤植被分布、交通道路、农业、工业、城镇居民地集中状况等，可以说地图是地理知识的重要来源。利用地图进行地理教育，可以激发学生的感觉器官，促使他们的想象力活跃起来，发展他们的思维。

地图也是思想政治教育的重要工具。在地图上可以看到祖国的广大领土，看到社会主义建设事业的不断发展、人民福利事业的不断增长。利用地图进行爱国主义教育，非常生动直观，具有很强的感染力。

1.4　地图的种类

随着社会生产力的发展、国民经济和国防现代化建设需求的增强及人们认识客观世界的不断深入，地图的应用越来越普遍，选题范围越来越广泛，种类越来越多，数量也越来越大。因此，有必要对种类繁多的地图加以分类。

地图的科学分类，有利于研究各类地图的性质和特点，并发展地图的新品种；有利于有针对性地组织与合理安排地图的生产；有利于地图编目及其存储，便于地图的管理和使用；在地图资料服务中引用自动化手段后，地图分类对于处理和检索地图资料、地图的网上申领具有重要意义。

地图可以按照标志进行分类，例如，地图的主题（内容）、比例尺、制图区域和地图用途等。

同任何科学的分类一样，地图的分类应遵循一系列逻辑原则。例如，必须按照由总概念（类）到局部概念（亚类、属和种）的次序，即由较广义的概念向较狭义的概念过渡；每一分类等级必须采用固定的分类标志，即一个分类等级不能同时采用两种或两种以上的分类标志；上一分类等级应包含下一分类等级的总和。

随着科学技术的发展，人类对地图的认识会越来越深入，地图分类的标志也会越来越多，因而地图的分类是不断发展变化的。

1.4.1　按地图内容分类

按地图内容可将地图分为普通地图和专题地图两大类。

普通地图基本上是综合反映地面上各种自然（如水系、地形、土质、植被）和社会现象（如居民点、交通线路、行政区划）的地图。

普通地图又可按内容的概括程度进一步划分为地形图和地理图。地形图是表示地表上的地物、地貌平面位置及基本的地理要素且高程用等高线表示的一种普通地图，内容详细，比例尺一般大于或等于1∶100万。地理图具有一览图的性质，内容概括程度较高，用以反映各要素基本分布规律，比例尺一般小于1∶100万。

我国把1∶500、1∶1 000、1∶2 000、1∶5 000、1∶1万、1∶2.5万、1∶5万、1∶10万、1∶25万、1∶50万和1∶100万等11种比例尺的地形图规定为国家基本地形图。这种地形图有严密的大地控制基础，采用统一投影（除1∶100万地形图），统一分幅编号，根据国家颁布的测绘规范和图式测制。这种地图能全面反映自然地理条件和社会经济状况，能够满足国民经济建设、国防建设和科学文化教育事业的需要。

专题地图是突出而详细地表示某一种或几种主题要素或现象的地图。专题地图的主题内容，可以是普通地图上所固有的一种或几种基本要素，也可以是专业部门特殊需要的内容。关于专题地图的进一步分类，各专业部门都有自己的划分指标，很不统一。

1.4.2　按地图比例尺分类

地图比例尺常常是地图内容详细程度和使用范围及使用特点的主要标志。按地图比例尺一般将地图划分为大、中、小等三类。

　　大比例尺地图是大于 1∶10 万，包括 1∶10 万比例尺的地图。

　　中比例尺地图是小于 1∶10 万至大于 1∶100 万比例尺的地图。

　　小比例尺地图是小于 1∶100 万，包括 1∶100 万比例尺的地图。

　　最后还必须说明，按照地图比例尺的划分只是一种习惯用法，对于不同的使用对象有不同的分法。例如，在城市规划中，把 1∶1 000 及更大比例尺的地图称为大比例尺地图，1∶1 万比例尺的地图被认为是小比例尺地图；在房地产行业和地籍管理中，使用地图的比例尺更大。

1.4.3　按制图区域分类

　　各种地图所包括的空间范围有很大区别，按制图区域分类时，总是由总体到局部，由大到小依次予以划分。首先是世界地图，其次为大洲图和大洋图，在大洲（或大陆）内再按行政区或自然区划分。如按行政区划分，则依国家或国内的一级行政区、二级行政区等逐级划分。根据行政区划分有较大意义，因为大多数地图都是按行政区划为限定范围进行编制的。另一种是按自然地理区域划分，可分为大洋图、流域图、海湾图、海峡图，或再细分为长江流域图，还可再分为三峡图、江汉平原图、长江下游平原图等。

1.4.4　按地图用途分类

　　按地图用途可将地图分为通用地图和专用地图。

　　通用地图是指为广大读者提供科学或一般参考的地图，如地形、中华人民共和国行政区划图等。

　　专用地图是指为各种专门用途制作的地图，它们是各种各样的专题地图，如航海图、水利图、旅游图等。

1.4.5　按地图视觉化状况分类

　　按地图视觉化状况可将地图分为实地图和虚地图。

　　实地图是指空间数据可视化的地图，不管是印刷在纸上，还是显示在屏幕上，或者是制成地景立体模型，或者是使用虚拟现实技术提供一个"可进入"的地形仿真环境，都称为实地图。

　　虚地图是指存储于人脑或电脑中的地图，即可指导人的空间认知能力和行为或据以生成实地图的知识和数据，如心象地图、数字地图等。

　　心象地图也称认知地图，指的是人通过多种手段获取空间信息后，在头脑中形成的关于认知环境（空间）的"抽象代替物"，它可以通过人的视觉或触觉来获得。心象地图形成的过程也就是环境信息加工的过程。

1.4.6　按地图表现形式分类

　　按地图表现形式可将地图分为模拟地图和电子地图。

　　模拟地图是指利用经过人工抽象和符号化的图形图像描述制图的内容，它是可视的地面图像的模拟，来源于地面（或照片）又高于地面（或照片）。

　　电子地图见 1.6 节。

1.4.7　按地图瞬时状态分类

按地图瞬时状态可将地图分为静态地图和动态地图。

静态地图是指制图信息被固化了的地图，即它只是变化的瞬时记录，如常见的绘制和印刷的地图就属于静态地图。

动态地图是指制图内容可以随时任意变化的地图。

1.4.8　按地图维数分类

按地图维数可将地图分为平面地图、立体地图和可进入地图。

1.4.9　按其他指标分类

按地图使用方式，可将地图分为桌面地图、挂图、屏幕地图和随身携带地图等。

按地图外形特征，可将地图分为平面地图、三维立体地图和地球仪等。

按地图图幅形式，可将地图分为单幅地图、多幅地图、系列地图和地图集等。

按地图感受方式，可将地图分为视觉地图、触觉地图（盲人地图）和多媒体声像地图等。

总之，随着人类对地图的认识和应用及地图的发展，地图的分类会越来越多。

1.5　数字地图

随着计算机技术的发展，为了能在计算机环境下识别和使用地图，要求将地图上的内容以数字的形式来组织、存储和管理，这种形式的地图就是数字地图。数字地图是随着计算机技术的应用而出现的一类不同于纸质地图的新型地图产品。

1.5.1　数字地图的基本概念

以数字形式记录和存储的地图，也就是把地图（或影像图）上所有的内容经过数字化转换成点的 X，Y 平面坐标和 Z 特征值（高程或其他特征值），用磁带或光盘记录存储，形成由数值组成的空间地图模型，并同计算机连接可随时进行分析处理和应用。因此，数字地图是一种不显示图形的地图。

1.5.2　数字地图的类型

数字地图按数据组织形式和特点可分为数字线划地图、数字栅格地图、数字高程模型和数字正射影像地图等四种。

1. 数字线划地图

数字线划地图（digital line graphic，DLG）也叫数字矢量地图，是地形图或专题图经扫描后，依据相应的规范和标准对地图上的各种内容进行编码和属性定义，确定地图要素的类别、等级和特征；然后用其编码、属性描述加上相应的坐标位置来表示，对一种或多种地图要素进行跟踪矢量化，再进行矢量纠正形成的一种矢量数据文件。现在通常采用数字摄影测量的方法直接获取，也可以通过对现有地图数字化及对已有数据进行更新等方法来实现。数字线划地图的优点是数据量小、便于分层，能快速生成专题地图。这种数据满足地理信息系统（geographic information system，GIS）进行各种空间分析的要求，被视为带有智能的数据，可随机进行数据选取和显示，与其他几种产品叠加，便于分析、决策。各种以矢量为基础的地图均可视为 DLG。

2. 数字栅格地图

数字栅格地图（digital raster graphic，DRG）是基础地理信息数据中的一种数据形式，是一种由像素所组成的图像数据，所以又称为数字像素地图。它的生产是通过对现有纸质地图或分色胶片进行扫描而获得。这种类型的数字地图制作方便，能保持原有纸质地图的风格和特点，通常作为地理背景使用，不能进行深入分析和内容提取。

3. 数字高程模型

传统的地形图是用等高线和地貌的图式符号以及必要的数字注记表示地形起伏，这种图解表示方法的优点是比较直观，但它不便于地形图的修测、存放和检索。此外，由于地形图的负载量是有限的，地面的很多信息不能直接表示在地形图上，而且成图过程不便于自动化。随着计算机的发展、工程设计自动化和建立 GIS 的需要，出现了数字高程模型（digital elevation model，DEM），即用数字方式表示地面的起伏形态。

DEM 实际上是指地表一定间隔网点上的高程数据，用来表示地表面的高低起伏，这种数字地图通过人工采集、数字测图或对地图上等高线进行扫描矢量化等方法生成和建立。

与传统的地图比较，DEM 作为地表信息的一种数字表达形式有着无可比拟的优越性。首先，它可以直接输入计算机，供各种计算机辅助设计系统利用；其次，DEM 可运用多层数据结构存储丰富的信息，包括地形图无法容纳与表达的垂直分布地物信息，以适应国民经济各方面的需求；此外，由于存储的信息是数字形式的，便于修改、更新、复制及管理，也可以方便地转换成其他形式（包括传统的地形图、表格）的地表资料文件及产品。

4. 数字正射影像地图

数字正射影像地图（digital orthophoto map，DOM）是对航空（或航天）相片进行数字微分纠正和镶嵌，按一定图幅范围裁剪生成的数字正射影像集。它是同时具有地图几何精度和影像特征的图像。数字正射影像地图的实质是根据有关参数和 DEM 将影像的中心投影利用数字微分纠正技术变换为成图比例尺的正射影像，消除了由于地面起伏引起的投影差，恢复地物在相片平面上正确的几何关系，建立可以量测的影像图。

DOM 具有精度高、信息丰富、直观逼真、获取快捷等优点。可作为地图分析背景控制信息，也可从中提取自然资源和社会经济发展的历史信息或最新信息，为防治灾害和公共设施建设规划等提供可靠依据；还可从中提取和派生新的信息，实现地图的修测更新；其评价其他数据的精度、现实性和完整性都很优良。

随着数字地图需求量的急剧增加，必须生产更多的数字地图，并对此进行有效的管理和应用，由此地图数据库便应运而生。地图数据库是用数据库的技术和方法来管理数字地图，用一整套方法和技术完成数字地图内容的存储、修改、检索、拼接和应用，并保证数字地图的安全性和共享性。这样就使数字地图的生产、更新、管理和应用走上现代化的发展道路。地图数据库的建立对数字地图的建设有着重要的作用，它能为社会各部门、各行业及时提供适应计算机技术发展的数字测绘产品，满足当今信息社会对数字地图的需要。

1.5.3　数字地图的应用领域

数字地图可以非常方便地对普通地图的内容进行任意形式的要素组合、拼接，形成新的地图。数字地图可以进行任意比例尺、任意范围的绘图输出。它易于修改，可极大地缩短成图时间；可以很方便地与卫星影像、航空照片等其他信息源结合，生成新的图种。可以利用数字地图记录的信息，派生新的数据。如地图上等高线表示地貌形态，但非专业人员很难看懂，利用数字地图的等高线和高程点可以生成 DEM，将地表起伏以数字形式表现出来，可以直观立体地表现地貌形态。这是普通地形图不可能达到的表达效果。

数字地图适应高新技术的发展，在经济、军事等方面发挥着重要作用。

DLG 主要用于分析叠加信息，提取属性数据，根据矢量对象查询属性，根据属性查询矢量对象，易于更新、编辑、创建专题属性，绘制专业地图等。

DRG 主要用于查询边角信息，计算多边形面积，查询原始数据信息，计算行程，查询点位坐标，量测坡度，根据坐标定位目标点，可重采样、量算任意折线距离，图幅拼接与裁切处理，统计图幅中各种颜色所占比例等。

DOM 主要用于农村土地发证，指认宗地界址并数字化其点位坐标，土地利用调查等。数字正射影像地图可作为独立的背景层与地名注记、图廓线公里格、公里格网及其他要素层复合，制作各种专题图。数字正射影像地图还有其他方面的应用，例如，洪水监测、河流变迁、旱情监测、农业估产、土地覆盖与土地利用的土地资源动态监测、荒漠化监测与森林监测、海岸线保护、生态变化监测等。

DEM 目前用途是最广的，在此就不再介绍，可参阅有数字高程模型的书籍。

以 DLG、DEM、DOM 和 DRG（即"4D"产品）为核心的空间数据是国民经济建设中最常用的数字产品。

1.6　电　子　地　图

电子地图是 20 世纪 80 年代初利用计算机辅助地图制图技术而形成的地图新品种。随着信息科学和计算机技术的发展，尤其是 PC 功能的大幅度提高、图形设备的快速发展和更新，电子地图得到了迅速的运用和普及。目前，国内外已有一定数量的电子地图（集）投放市场，例如，《世界数字地图集》（the digital atlas of world）、《加拿大电子地图集》（Canada electronic of atlas）、中国科学院地理研究所制作的《京津唐地区生态环境地图集》等。

1.6.1　电子地图的定义与特点

电子地图是地图制作和应用的一个系统，是由电子计算机控制所生成的地图，是基于数字制图技术的屏幕地图，是可视的实地图。"在计算机屏幕上的可视化"是电子地图的根本特征。

电子地图与纸质地图相比，具有许多优点。

1. 交互性

纸质地图一旦印刷完成即固定成型，不再变化。电子地图则是使用者在不断与计算机的对话过程中动态生成的，使用者可以指定地图显示范围，设定地图显示比例尺并自由组织地图上出现的地物要素种类、个数等。使用者每发布一个指令，即能生成一张新的地图。使用者与计算机对话的过程称为交互式操作。因此，电子地图比纸质地图更具有使用上的灵活性。

2. 无缝性

纸质地图受纸张幅面大小限制，图幅总是有一定范围，一个地区可能需要多张图幅才能容纳。计算机屏幕虽然一般比地图纸张要小，但是电子地图却能"漫游"和"平移"。电子地图能一次性容纳一个地区的所有地图内容，不需要地图分幅，所以是无缝的，这样能避免由地图分幅和接边引起的误差。

3. 动态载负量调整

载负量是信息载体上信息的密度，地图载负量一般为地图上地物的密度。地图载负量小，是指地图上地物太稀疏，使得地图所具有的信息量不够；地图载负量大，是指地图上地物太密集，使得地图杂乱难读。因此，纸质地图在比例尺固定后，必须通过地图概括处理，使得地图上出现的内容保持一定的密度。电子地图因为可以无级缩放，所以一般带有自动载负量调整系统，能动态调整地图载负量，使得屏幕上显示的地图保持适当的载负量，以保证地图的易读性。例如，反映城市交通的电子地图，当显示的图形为全市范围时，就没有必要显示出每条道路的名称，可能只需要显示少数主要干道的名称，而当地图放大到几个街区范围时，每条道路的名称都应该显示出来。这一切均由计算机按照预先设计好的模式，动态调整载负量。比例尺越小，显示的信息越概要；反之，比例尺越大，显示的信息越详细。

4. 多维化

纸质地图常常是二维矢量图形，如果要反映三维分布的地图信息，例如地形、气压分布等，经典的方法是采用等高线、等值线等方法。电子地图除了能显示等高线和等值线外，还能直接生成三维立体影像，甚至还能在地形三维影像上叠加遥感图像，能很逼真地再现或者模拟真实的地面情况。其他一些传统的地图要素，例如政区界线、地物标注等也能被三维投影后，叠加显示到三维图像上。这些三维地图图像都能交互式地由使用者任意缩放和移动观测，这是纸质地图很难实现的功能。此外，运用计算机动画技术，还产生了两种新的地图形式。

（1）飞行地图。飞行地图能够模拟乘坐在飞行器上，按一定高度和路线所观测到的三维图像，高度和飞行路线可以自行设定。

（2）演进地图。演进地图能够连续显示地物的演变过程，例如，在一幅反映"第二次世界大战"历史的电子地图中，以动画形式连续显示了纳粹德国在欧洲的扩张过程，非常直观。使用者能随时停止播放，观看静止图像，还能直接跳转到任意年代，看当时的国际形势图。

5. 信息丰富

由于受到比例尺、图幅范围和载负量的限制，纸质地图能反映的信息量有限，只能采用地图符号的结构、色彩和大小来反映地物的属性。电子地图能反映的信息量则大得多，它除了具备各种地图符号，还能配合外挂数据库来使用和查询。计算机屏幕采用多窗口技术，在交互式操作中，使用者随时可以查询地物的信息，将信息在额外的属性窗口中显示出来，阅毕再关闭属性窗口，继续地图操作，从而大大丰富了地图所表现的内容。

6. 共享性

数字化使信息容易复制、传播和共享。电子地图能够大量无损失复制，并且能通过计算机网络传播。存放在 CD-ROM、DVD-ROM 上的地图目前已经相当普及。在 Internet 上也有了地图库，使用者能迅速方便地查找到世界上很多地区和各种类型的地图。

7. 计算、统计和分析功能

在纸质地图上可以进行一些比较简单的量算和分析，但一般比较费时，精度也不易保证。用电子地图进行计算、统计和分析则非常便捷。

1.6.2 电子地图的应用举例

电子地图的功能和特点，决定了电子地图的应用范围。作为信息时代的新型地图产品，电子地图不仅具备了地图的基本功能，在应用方面还有其独特之处。它可以科学而形象地表示和传递地形环境信息，作为人们快速了解、认识和研究客观世界的重要工具，因而广泛地应用于经济建设、教学、科研、军事指挥等各领域；电子地图是和计算机系统融为一体的，因此，可使其充分利用计算机信息处理功能，挖掘地图信息分析的应用潜力，进行空间信息的定量分析；可以利用计算机的图形处理功能，制作一些新的地图图形，如地图动画、电子沙盘等；电子地图是在计算机环境中制作的，可以实时修改发生变化的信息，更改内容，缩短制作地图的周期，为分析地图内容和利用地图表达信息提供了方便。

1. 在地图量算和分析中的应用

在地图上量算坐标、角度、长度、距离、面积、体积、高度、坡度、密度、梯度、强度等是地图应用中常遇到的作业内容。这些工作在纸质地图上实施时，需要使用一定的工具和手工处理方法，通常操作比较烦琐、复杂，精度也不易保证。但在电子地图上，可直接调用相应的算法，操作简单方便，精度仅取决于地图比例尺。生产和科研部门需要经常利用地图进行问题的分析，若使用电子地图进行，则更方便快捷。

2. 在规划管理中的应用

规划管理需要大量信息和数据支持，地图作为空间信息的载体和最有效的表达方式，在规划管理中是必不可少的。规划管理中使用的地图不仅要覆盖其规划管理的区域，而且应具有与使用目的相适宜的比例尺和地图投影，要求内容现势性强，并具有多级比例尺的专题地图。电子地图检索调阅方便，可进行定量分析，实时生成、修改或更新信息，能保证规划管理分析所用资料的现势性，利于辅助决策，完全能符合现代化规划管理对地图的要求。此外，电子地图也可作为标绘专题信息的底图，利用统计数据快速生成专题地图。

3. 在军事指挥中的应用

在军队自动化指挥系统中，指挥员将通过电子地图的系统与卫星联系，从屏幕上观察战局变化，研究战场环境和下达命令，指挥部队行动。作为现代武器装备的标志，在现代的飞机、舰船、汽车甚至坦克上，都装有电子地图系统，可将所在的位置实时显示在电子地图上，供驾驶人员观察、分析和操作。目前各种军事指挥辅助决策系统中的电子地图都具有地形显示、地形分析和军事态势标绘的功能。

4. 在其他领域中的应用

电子地图的应用领域十分广泛，各种与空间环境有关的信息系统，都可以利用电子地图。天气预报电子地图与气象信息处理系统相连接，是表示气象信息处理结果的一种形式。

国家防汛指挥中心使用电子地图进行防汛抗洪指挥。

1.7　影　像　地　图

影像地图的发展与航空摄影、航空测量技术、航天技术发展息息相关。航空摄影测量经历了从 20 世纪 30 年代的模拟测量到 20 世纪 70 年代的解析摄影测量；从 20 世纪 80 年代末的数字摄影测量，发展到当今的全数字化摄影测量阶段。核心技术得益于计算机技术、通信技术、航空（天）遥感技术和数字图像理论技术的发展，由于"3S"（GPS、RS、GIS）高科技的渗入，使得影像地图充满传奇般绚丽色彩。

在我国，随着数字摄影测量技术的不断发展，可以预计今后，影像地图将很快得到普及应用，可广泛应用于现代国防军事、农业可持续发展、精细农业、防灾减灾、城乡建设与环境保护、重大基本建设工程、林业防护、交通指挥、土地规划利用、国土资源勘查等领域。

1.7.1　影像地图的定义

影像地图（photographic map）是一种带有地面遥感影像的地图，是以航空和航天遥感影像为基础，经几何纠正，配合以线划和少量注记，将制图对象综合表示在图面上的地图，是利用航空相片或卫星遥感影像，通过几何纠正、投影变换和比例尺归化，运用一定的地图符号、注记，直接反映制图对象地理特征及空间分布的地图。

影像地图综合了航空相片和线划地形图两者的优点，既包含航空相片的丰富内容信息，又能保证地形图的整饰和几何精度。

因此，影像地图是具有影像内容、线划要素、数学基础、图廓整饰的地图。

1.7.2　影像地图的特点

影像地图的特点在于以地表影像直接显示自然地理要素和某些易于识别的地物，如地势、地貌、水系、森林、耕地、居民点、道路网等；影像无法显示或不易识别的地物，则用符号或注记表示，如等高线、高程点、特征地物、地名及各种属性注记等。具有形象、直观、富立体感、易读及地物平面精度较高、相对关系明确、细部反映真实、成图周期短等优点。由于地表自然地理特征千差万别，影像地图在制作技术、表现形式、规范化、标准化等方面尚在探索和试验中，主要应用于各种资源调查与专题制图。随着计算机辅助制图技术的发展及航天摄影测量的实用化，影像地图作为一种"影像地图化"方向和产品，势必得到迅速发展和广泛利用。除以上特点，它还具有以下特点。①它既具有立体效应的丰富影像信息，又有一定地图精度的组合图形。这种形象逼真的影像地图，具有影像和地图的双重作用。②地面信息丰富，内容层次分明，图面清晰易读。③简化和革新了地图编制工艺，改善了制图条件，加快了成图速度，缩短了制图周期，是现代地理制图自动化的一个新途径。④遥感资料周期快、现势性强，是开展多时相遥感数据或多种信息源复合研究，建立地学编码影像数据库的重要基础。

1.7.3　影像地图类型

影像地图依据遥感资料的不同，分为航空影像地图和卫星影像地图；按地图的性质，分为专题影像地图和普通影像地图；按分幅的形式，分为单张影像地图、单幅区域影像地图和标准分幅影像地图；按出版的颜色，分为黑白影像地图和彩色影像地图；按成图制印的方法，分为光学合成影像地图和制印合成影像地图等。

下面简单介绍有关影像地图的种类。

1. 普通影像地图

普通影像地图是综合了遥感影像和地形图的特点，在影像的基础上叠加了等高线、境界线、沟渠、道路、高程注记等内容，以需求的不同，制成黑白、彩色、单波段和多波段合成的影像地图。按遥感资料的性质，又可分为航空影像地图和卫星影像地图。前者的比例尺较大，影像分辨率高，适用于工程设计、地籍管理、区域规划、城市建设以及区域地理调查研究和编制大比例尺专题地图；后者是由陆地卫星多光谱扫描仪扫描获得的 MSS4、MSS5、MSS6、MSS7 等波段的影像经纠正后编制的，属于中小比例尺影像地图，区域总体概念清晰，有利于大范围的分析，适用于研究制图区域全貌、大地构造系统区域地貌、植被分布，制定工农业总体规划，进行资源调查与专题制图等。

2. 专题影像地图

专题影像地图是以影像地图作基础底图，通过解译并加绘有专题要素位置、轮廓界线和少量注记制成的一种影像地图。因照片上有丰富的影像细节，专题要素又以影像作背景，两者可以相互印证，又不需要编制地理底图，因而具有工效高、质量好等优点，是有发展前途的一种新型地图。

3. 电子影像地图

电子影像地图以数字形式存储在磁盘、光盘或磁带等存储介质上，需要时可由电子计算机的输出设备（如绘图机、显示屏幕等）恢复为影像地图。与传统的影像地图相比，它保留了影像地图的基本特征如数学基础、图例、符号、色彩等，只是载负影像地图信息的介质不同。

4. 多媒体影像地图

多媒体影像地图是电子地图的进一步发展。传统的影像地图主要给人提供视觉信息，多媒体影像地图则增加了声音和触摸功能，用户可以通过触摸屏，甚至是声音来对多媒体影像地图进行操作，系统可以将用户选择的影像区域放大，直观形象的影像信息再配以生动的解说，使影像地图信息的传输和表达更加有效。

5. 立体全息影像地图

立体全息影像地图利用从不同角度摄影获取的区域重叠的两张影像，构成像对，阅读时，需戴上偏振滤光眼镜，使重建光束正交偏振，将左右两幅影像分开，使左眼看左面影像，右眼看右边影像，利用人的生理视差，就可以看到立体全息影像。

影像地图的种类比较多，除了上面介绍的几种外，还有黑白快速影像地图、彩色快速影像地图、多色正规影像地图、彩色正规影像地图、综合影像地图、双面影像地图、黑白影像地图、重叠片影像地图、互补色影像地图、立体影像地图和语言影像地图等。

1.7.4　影像地图的制作

目前对于影像地图的制作，主要是采取遥感影像，因此，下面只介绍遥感影像地图的制作过程。

1. 遥感图像信息的选择

根据影像地图的用途、精度等要求，尽可能选取制图区域时相最合适、波段最理想的数字遥感图像作为制图的基本资料。基本资料是航空相片或影像胶片，还需要经过数字化处理。

2. 遥感影像的几何纠正与图像处理

有关几何纠正与图像处理的方法可参阅遥感图像处理教程，在此就不进行讲述，这里需要注意的是，制作遥感影像地图时，更多的是以应用为目的，注重图像处理的视觉效果，而并不一定是解译效果。

3. 遥感影像镶嵌

如果一景遥感影像不能覆盖全部制图区域，就需要进行遥感影像的镶嵌。目前，大多数 GIS 软件和遥感影像处理软件都具有影像镶嵌功能。镶嵌时，要注意使影像投影相同，比例尺一致，并且图像彼此间的时相要尽可能保持一致。

4. 符号注记层的生成

符号和注记是影像地图必不可少的内容。但在遥感影像上，以符号和注记的形式标绘地理要素与将地图上的地理要素叠加在影像上是完全不同的两个概念。影像地图上的地图符号是在屏幕上参考地图上的同名点进行的影像符号化，生成符号注记层，即在栅格图像上用鼠标输入的矢量图形。目前，大多数制图软件都具备这种功能。

5. 影像地图的图面配置

与一般地图制图的图面配置方法一样，将在第 9 章讲述。

6. 遥感影像地图的制作与印刷

目前，有两种方法，一种是利用电分机对遥感影像负片进行分色扫描，经过计算机完成色彩校正、层次校正、挂网等处理过程得到遥感影像分色片。分色片经过分色套印，即可印制遥感影像地图。另一种方法是将遥感数据文件直接送入电子地图出版系统，输出分色片或彩色负片，在此基础上印制遥感影像地图。

1.8　地图集和系列地图

1.8.1　地图集

1. 地图集的定义

地图集是围绕特定的主题与用途，在地学原理指导下，运用信息论、系统论、区位理论，遵循总体设计原则，经过对各种现象与要素的分析与综合，形成具有一定数量地图的集合体。因此，地图集不是简单意义上多幅地图的任意叠加。

2. 地图集的特点

地图集是一部完整的作品，地图集的主要特点如下。

(1) 政治思想性是衡量地图集质量的重要标准之一。各个国家对国际事务的立场、观点和态度，对各国的关系和历史事件的处理等都会在他们所编的地图集中反映出来。因此，在阅读任何一本地图集时，应注意其政治思想性。

(2) 地图集是科学成果的综合总结。国家或区域性地图集，是衡量该国家或地区经济、科技发展水平的综合性标志之一，专题地图集则是专题研究水平的综合性标志，是与其他最终研究成果（文字总结、论文集等）具有同等重要意义的独立成果。地图集也能反映编制者在地图学方面的综合水平。

（3）地图集对所选主题具有系统、完备的内容。以反映我国教育专题的地图集为例，首先选取了与发展教育直接有关的背景图件，然后以初等、中等、高等教育等三个层次对不同类型教育形式（全日制、成人、业余、职业、特殊）及教育领域的不同专题作详尽的图形表述，用地图语言系统完整地总结了我国教育事业的现状及发展。

选题内容的系统、完备，并不意味着体系和内容"大而全"，而应当紧扣主题。选取必需的、相关的图幅，删除与图集主题无关的图幅，合并对表现图集主题意义不太大或内容较少的地图。

（4）地图集必须实现内容、形式等诸方面的统一与协调。统一与协调首要的是内容，同时还包括地图投影、比例尺、表示方法、地图概括、色彩系统、注记、图面配置等各方面。但统一不是单一，高质量的地图应当既是统一协调、又是丰富多样的。通常通过下列几方面来保证图集内部的统一协调性。

① 投影选择和图幅安排的统一协调。根据地图的主题、用途和制图区域来选择恰当的投影，但不宜过多。各类地图的安排既要全面，又应有所侧重，体现一般和特殊相结合的原则。根据幅面大小和制图区域的特点，设计几种简单的、易于比较的比例尺，从而使图幅之间具有科学而严密的逻辑性。

② 采用统一的原则来设计地图内容，对同类现象采用共同的表示方法和统一的指标。

③ 采用统一协调的制图综合原则。主要体现在图例的统一分类、分级和内容概括的相互协调上。

④ 采用统一协调的整饰方法。例如，采用统一协调的色标，同类现象在不同的地图上采用相同的符号。

⑤ 采用统一协调的地理底图。由于制图区域的范围和各类地图的内容不同，对底图的投影和地理基础内容有着不同的要求，为了保证地图中底图的统一性，又要顾及其特殊性，故底图可分为若干系列。

（5）表示方法多样。各种不同类别的资料及专题内容，需要多种形式的表示方法支持。即使同一类型的资料或专题，也需要对相同表示方法采取形状、色彩、结构的变化，并运用多种图面配置加以配合，增强视觉感觉效果。应当尽量避免连续多幅地图、甚至整册图集在表示方法、色彩、图面配置上的雷同，如果这样，容易使读图者产生疲倦的感觉，降低读图效果。

（6）地图是科学性与艺术性相结合的成果。各类地图在科学性上的要求是共同的，而在艺术处理上，地图集就有更多的空间体现编图人员的创意，如色彩及符号的风格、图面配置、封面及装帧等。现有的许多计算机图形设计软件，更有助于地图的艺术创作。

（7）编图程序及制印工艺复杂。地图集编制工作所涉及图幅的内容、数量及参加编图的人员，都大大超过单幅地图。因此，组织好编图过程，协调好编图人员，制定科学、合理的制印工艺，都是十分复杂的。电子地图集的出现，进一步促进了地图制印技术的发展与提高。

（8）地图集由于其集成化和系列化的特点，把不同的地域空间（如从世界—国家—地区

一城市）与不同的要素（如自然、经济、人文、历史），从整体与局部、空间与时间、数量
与质量等诸方面表示出来，为用图者有效地建立了多维、深入的空间认知环境。

　　3. 地图集的分类

　　地图集的种类及成图方法多。地图科学的不断发展及地图集显示的强大应用功能，使更
多的领域及专业需要编制地图集，这就增加了地图集的种类及成图方法。

　　按常用的几项指标：内容、区域范围、用途、成图方法，地图集可以分为不同的类型。

　　（1）按内容。地图集按内容可以分为普通地图集、专题地图集、综合性地图集。《中华
人民共和国国家地图集》就是由普通地图集、自然地图集、社会经济地图集和历史地图集等
四部分组成的特大型综合性地图集。

　　（2）按制图区域。地图集按制图区域可分为：世界地图集，包括大洲、大洋地图集；国
家地图集；区域地图集。

　　（3）按用途。地图集按用途可分为教学地图集、旅游地图集、军事地图集、参考性地图
集等。

　　（4）按成图方法。地图集按成图方法，可以分为传统编制工艺的地图集及多媒体电子地
图集两大类。20 世纪 90 年代以来，加拿大、美国、荷兰等国家已制作了国家电子地图集或
区域性、专题性的电子地图集。我国的《中华人民共和国国家经济地图集》《中华人民共和
国国家普通地图集》等大型图集的纸介质出版后，也已着手进行电子版的编制，有的已
经问世。这类电子地图集今后将凭借其科技优势迅猛发展。而以传统方式编制的地图集，
通常是一个时期或阶段人类认识客观世界及科学技术发展的总结，也是当前对空间数据
可视化最有效、最简便的工具。两种不同成图方式的地图集在今后仍将发挥各自的优势
而长期共存。

　　由此可见，地图集的编制，尤其是大型地图集的编制是一项大型的制图系统工程，地图
集作品是众多科学家和专家、专业人员和地图工作者及制印工人共同完成的大协作成果，是
集体智慧的结晶。

　　地图集并不是任意地图简单机械的拼凑，而是有机联系的、互相补充的、完整的地图系
统。地图集除了必须具备最基本的选题，还包括一些补充选题；除了制图区域整个范围的地
图，还常以典型区域地图作为补充，起"特写镜头"的作用；此外，还常附有图表、照片和
文字说明。近些年国内外地图集在选题和内容方面，除了注意科学的系统性外，还越来越注
意生产的实用性。即注意增加与经济建设和人类生活有直接关系的选题，包括增加自然资源
及其开发利用，自然灾害及其防治，环境污染及其治理，疾病地理分布及其预防，人口增长
及其控制等方面的地图，从而提高了地图集的使用价值。

　　编制出版大型地图集，是经济建设和科学教育发展的需要，而且也是国际学术交流
的需要。一部大型的国家地图集或世界地图集，被认为是衡量一个国家科学文化水平的
标志之一。因为地图集的各幅地图能够反映各学科，尤其反映地学、生物学、海洋学、
环境科学等自然科学和人口、经济、历史等社会科学研究的广度与深度；反映国民经济
各部门的发展水平，也反映地图学理论与技术水平。所以，世界各国都很重视各种地图
集的编制。

1.8.2 系列地图

1. 系列地图的定义

系列地图是指根据同一信息源,由统一设计和编制的反映同一制图区域多种要素或现象的一组(套)图。

系列地图的内容比单幅地图丰富,选题比地图集精练,一般只选择表示自然或社会经济要素中最基本的或最主要的内容,通常由数种或十余种地图组成。为便于对比和使用,多取挂图或挂图桌图兼用形式。在教学、宣传、科研和规划中应用较广。

2. 系列地图的种类

系列地图通常可按区域、比例尺和部门加以分类。

1)按区域划分的系列地图

(1)全国性的系列图。全国性的系列图是主要反映全国基本自然条件的系列地图。其内容包括地势、地质、地貌、植被、土壤等地图,比例尺大小不一。例如,墨西哥利用航空相片编制了全国性的1:5万系列地图,其中包括地形、地质、水文地质、土壤、土地利用潜力等几种地图,为其开发利用土地和其他自然资源提供了科学依据。但大多数国家编制比例尺为1:20万至1:100万全国基本自然条件系列图,一般包括地势、地质、地貌、植被、土壤等地图。

(2)地区性系列图。地区性系列图是反映地区的基本自然条件或主要社会经济要素的系列地图。例如,我国的云南腾冲航空遥感系列图,山西太原利用卫星相片解译的系列图等都属此范围。

2)按比例尺划分的系列地图

该系列地图包括以下几类。

国家基本比例尺地形图,如比例尺为1:500、1:1 000、1:2 000、1:5 000、1:1万、1:2.5万、1:5万、1:10万、1:25万、1:50万、1:100万的地形图。

国家基本比例尺地质图,如比例尺为1:5万、1:20万、1:100万的地质图。

全国基本自然条件图,如俄罗斯有比例尺为1:250万、1:400万、1:500万、1:1 000万的全国自然条件系列图。

3)按部门划分的系列地图

该系列地图包括反映某专业部门的基本内容的系列地图。例如,地质系列地图,其中包括普通地质图、矿产图、水文地质图、地貌图、第四纪地质图、工程地质图等;环境污染系列地图,包括空气污染、水体污染、土壤污染和环境噪声等地图;军事系列专题地图,包括越野通行图、通行情况图、隐蔽与掩蔽图、通视与射界图、炮兵专用成果图等。

3. 系列地图的意义

(1)利于对制图区域整体性认识。系列地图制图的对象是既有统一又有差异的地理环境综合体。这个综合体的外部形态错综复杂,但内部组成却互相制约和互为联系,因此,在同一地区、同一时间,采用统一的信息源和基础资料,通过分析观察,编制不同专业的系列图件,不仅能阐明组成要素的特有规律,而且彼此能相互论证和互为补充,还能在制图中相互核对与检查,这有利于全面认识和理解区域环境的整体特征。

(2)利于认识各专题差别和联系。系列地图制图的基础是获取制图信息的统一性和相互一致性，这在科学内容和分类体系上有助于各专业所提出的制图单元与主要类型界线的统一协调工作的进行。这样在制图中既有利于保持各专题地图的差别，又有利于对各组成要素的相互联系性认识。

（3）利于专题地图的规范化和自动化。系列地图制图的系统论思想和系统工程方法，决定了系列地图编制的系统方法和工艺流程，为其应用的对比性、互补性和多要素叠加分析的可能性提供了保证；加上在遥感与计算机制图技术的支持下，有可能实现专题地图制图的规范化和专题内容应用的自动化，更增强了地图为生产直接服务的功能。

4. 系列地图的编制特点

（1）图幅尺寸的一致性。系列地图幅面尺寸设计一致性，主要依据是制图区域的一致、地理基础的统一、综合概念的一致与便于制印等。这一特点同时也是一种系列性标志。

（2）比例尺的一致性。系列地图比例尺的一致性（指内容系列图），主要依据是便于地图叠置分析，便于在建立信息系统时，数据的采集和系列制图方法的使用。这同时也是系列的重要标志之一。

（3）图型特征的一致性。系列地图图型本身就是地图内容与表示方法综合的存在形式，专题地图图型特征十分明显。最好的图型就是将地图内容与其制图方法最佳结合的图型。图型特征一致性建立的基础在于专题系列地图的专业特征本身，除保留与主题特征关系密切的各选题地图专业特征外，主要依赖于选题对主题的倾向性、图面配置方式及作用。

（4）整饰效果的一致性。系列地图整饰效果的一致性更多是一种对地图技术美学的追求，例如，基本色调、基本图式符号、基本制图效果等。这同时也可以是某种特定系列的标志。

5. 系列地图的特点

系列地图的显著特点是以自然综合体为对象，采取综合制图方法进行制图。即将各有关人员组织在一起，选择共同的考察路线与观察地段，先编制"自然轮廓图"，在此基础上再分别编制各要素的专题地图，最后进行统一协调，定稿后即成系列地图。

（1）自然轮廓图编绘。不同等级的自然综合体是客观存在的，各组成要素相互制约和相互依存，它们可以区分相应的等级和类型，而各要素相应类型的轮廓界线在许多情况下是不一致的。在野外考察和制图时，共同分析考察地段的地貌、植被、土壤、土地利用等方面的特征及其类型，分析判别相片的影像与色调特征，找出直接的和间接的解译标志，把能够区分的轮廓界线都勾绘出来。然后根据共同掌握和建立的相片解译标志，进行相片解译并同时结合地形图分析，编绘出整个区域的"自然轮廓图"。

（2）各专题图的编绘。在整个区域的自然轮廓图基础上，各专业组将考察分析解译出有关信息在相应的土地单元范围内图示，便得到相应的专题地图。以自然轮廓图为基础，可以避免各专题地图在分类分级、图例和轮廓界线等方面产生的矛盾和分歧，有利于提高成图速度和质量。

我国云南腾冲航空遥感系列地图就是利用同一航空摄影的相片，由各专业人员分别考察、解译和制图，然后将各专业人员分别完成的专题地图进行统一的协调而制成的。

1.9　地图成图方法

由于制图对象多种多样，地图的比例尺和用途也不相同，因此，各种地图的资料来源、表示方法和制图方法都有很大差别。归纳起来，主要有下列几种制图方法。

1. 实地测图和摄影测量制图

这是一种使用地面普通测量仪器或航空摄影与地面立体摄影测量仪器测制地图的方法。用这种方法可以测制大比例尺地形图、水利图、工程平面图、城市平面图等，而所测制的地图内容详细准确，几何精度较高。目前已普遍采用全球定位系统定位与数字测图技术，包括地面全站仪数字测图及航空与卫星数字摄影测量技术测制地籍图与地形图。其中航空与卫星数字摄影测量技术测制地图必须有 40％～60％ 的影像重叠，同时地面和航空与卫星数字摄影测量技术测制都必须有一定数量的大地与水准控制点，以便根据控制点进行各项纠正处理，最后通过建立光学立体地形模型或数字立体模型，通过立体测量与数字解析测图仪完成大中比例尺地形图测制。

2. 野外调查制图

这种制图方法是指通过野外实地踏勘、考察和调查，进行观察分析，在已有的地形图上填绘专业内容和勾绘轮廓界线。所以这种方法也称为野外填图。在野外考察和调查中还需采集一些标本（如岩石、植物、土壤等标本）进行室内定性定量分析，这有助于类型的正确划分。在野外填图的基础上，室内再进行地理内延外推，编绘整个地区的专业内容与轮廓界线。这是编制大中比例尺地质、地貌、土壤、植被、土地利用等专题地图的主要方法。

3. 数据资料制图

这种制图方法是指利用各种观测记录数据（包括固定或半固定台站、不固定测站、航空或遥控观测记录数据）、统计数据（包括人口普查、经济统计资料），经过分析整理计算，编制成各种地图。这是编制地磁、地震、气象气候、水文、海洋、环境污染和各种人口、经济统计地图的主要方法。其中气象、水文要素台站积累了较长期的观测数据，而且这类要素一般呈周期性且有一定幅度的变化，因此，必须取多年平均值，有时以半定位的观测数据作补充。数据资料制图需根据数据内容的详细程度和地图用途选择反映制图对象数量特征的指标与图型，然后合理选择数量分级与梯度尺，进行计算处理和地图编绘。

4. 地图资料制图

这种制图方法是指利用地图资料编制地图。它是中小比例尺地图编制的主要方法之一，主要内容如下。

（1）利用大中比例尺地图资料缩编同类中小比例尺地图。主要是利用大比例尺地形图编制中比例尺地形图和中小比例尺普通地图；利用大中比例尺专题地图编制中小比例尺专题地图。

（2）利用地形图或其他地图量算出来的数据，编制形态矢量地图，如地面坡度图、地貌切割程度图，水系密度图等。

（3）利用单要素地图分析编制综合地图、合成地图，或利用不同时期地图编制动态变化（变迁）地图。

5. 文字资料制图

这种制图方法是指利用文献资料（包括历史资料、考古资料、地方志等）编制地图。如利用历史地震记载（根据地方志等资料整理的地震年表）编制历史地震分布图，利用考古和历史文献资料编制历史地图、各历史时期人口分布图、各历史时期动物分布图等。

6. 遥感资料制图

这种制图方法是指利用航空和卫星影像编制地图。一般是利用黑白、多波谱段、多频率雷达、红外等航空或卫星影像，在室内分析判读的基础上，经过实地验证，利用所建立的影像判读（解译）标志编制各种专题地图。目前还可借助于图像假彩色合成、影像增强和密度分割等光学仪器处理以及光学立体转绘，提高影像分析解译的能力和内容转绘的精度。采取电子计算机与图像处理设备，利用数字影像通过非监督分类、监督分类或其他图像分析模型自动分类，并与地形图或地理底图匹配，已成为编制各种专题地图的主要方法。

7. 计算机制图

这种制图方法是指利用计算机及某些输入输出设备自动编制地图。一般经过资料输入、计算机处理、图形输出等三个基本过程。按输入资料的形式可分地图资料、数据资料和影像资料等三种。数据资料可直接输入计算机，地图和影像必须先经过图数转换。一般通过荧光屏显示、绘图机、彩色喷墨绘图仪、彩色静电绘图仪等形式输出地图产品。计算机制图能够大大提高制图速度，扩大制图范围，是当今信息时代的主要制图方法。

目前这 7 种制图方法常常结合使用。例如野外调查制图与遥感资料制图相结合，数据资料制图与计算机制图相结合，地图资料制图与计算机制图相结合，遥感资料制图与计算机制图相结合等。总之遥感资料制图与计算机制图已成为当今最主要的制图方法。

1.10　地图学的定义及学科体系

1.10.1　地图学的现代特征

关于地图学的现代特征，国内外学者有许多研究，提出了各种各样的看法，可以归纳如下。

1. 地图学已跨界于多个学科门类

现代地图学的重要特征之一，就是打破了学科的界线，学科之间的界线变得越来越模糊，学科前沿不断向前推进。正如国际制图协会前任主席莫里逊于 1995 年在西班牙巴塞罗那举行的第 17 届国际制图大会的主题报告中指出的，现代地图学已经成为一门跨越学科界线的科学。也可以说，地图学是一门交叉科学。所谓交叉科学，是指诸学科门类知识之间的交叉和相互作用。

2. 横断科学为地图学的理论化提供了有力的工具

所谓横断科学，是指可以作为其他科学的基础的科学。例如，哲学、数学、信息科学和系统科学是自然科学、技术与工程科学、社会与人文科学的方法和基础。

在相当长的一段时间里，地图制图工作者曾为寻找地图学的理论基础而徘徊。回顾 20世纪五六十年代，除了“地图投影”“地图综合”“地图表示法”等问题还可以做点文章外，“地图学的贫困”已使许多地图学家都感到无所作为了。而一些横断科学，如信息论、系统论、传输论的诞生，立即受到了国内外地图制图工作者的重视，进入 20 世纪 60 年代以后，世界各国开始探讨技术革命的趋势，把“信息”当作人类社会的三大资源之一（与能源、材料并列）给予特别重视。捷克的卡拉斯尼提出了地图信息传输的观点和传输模式，在世界地图学界引起强烈反响。虽然要研究的问题还很多，但他把信息论、系统论和传输论结合起来，从总体上认识地图学的功能，抓住了问题的要害。

3. 地图学在地图生产、应用与研究上的计量化

地图学过去一直被认为是一门"经验科学"，甚至被怀疑其称为"科学"是否恰当，而只把它当作一种工艺。但近些年来数学方法在地图学中的广泛应用，已使它逐步地向系统的、理论的科学过渡，带来了可喜的进步。从前，数学好像只有在地图投影中才得到应用，而现在这种状况已明显地改变了。在数据采集、整理时，研究地图综合指标和方法时，用地图分析某种自然、社会现象并探讨它们的规律时，用检测视觉感受效果的方法来提高地图的设计水平时，对专题数据进行分类、分级和趋势预测时，都需要使用数学方法进行数据处理。在计算机地图制图、地图数据库和地理信息系统建立和应用中，数学建模更是一切工作的前提。这就告诉我们，在地图学的领域中需要有一个新的环节或层次，这就是"地图制图数据处理"，或称"地图数学制图模型"。作为地图学和数学的"接口"，这是国内外很多专家已经注意到并已着手探索的一个新的领域，已取得可喜的进展。可以预计这将是地图学领域极为重要的内容，它已不是传统工程数学所能胜任得了的，必须引入许多现代数学方法，如拓扑学、图论、模糊数学、灰色系统理论、多元统计分析、数学形态学、分形与分维、小波理论和方法，等等。可以这样说，如同数学是自然科学、社会与人文科学、技术与工程科学的方法和基础那样，数学已经成为地图学的方法和基础，这标志着地图学的计量化。

4. 信息科学和计算机技术拓宽了地图学的领域

计算机技术被引进地图学以后，对学科建设和发展起了巨大的促进作用，从最初的计算机辅助地图绘制，发展到现在的基于地图数据库的全数字式"地图设计、编绘与分色挂网胶片输出"的一体化，地图生产方式正在实现由模拟的手工方式向数字式的自动或半自动方式转变。其结果是：减轻了制图技术的劳动强度，增加了地图生产过程的科技含量；缩短了地图生产周期，加快了地图生产的速度；丰富和科学化了地图的内容，增加了地图的品种；扩展了地图的功能，尤其是在地图信息的实时显示、对比和预测等方面有特别的效果；改变或部分改变传统的地图生产体制、分工和作业人员的结构；等等。

1.10.2　地图学的定义

地图学的发展可以明显地分为两个阶段，前一阶段是研究制作地图的，又称为"地图制图学"。20 世纪 70 年代以后，明确提出了地图应用是地图学的组成部分，形成了完整的地图学概念。

关于地图学的定义，有各种各样的说法。英国皇家学会的制图技术术语词汇表中，将地图学定义为"制作地图的艺术、科学和工艺学"；苏联从 20 世纪初就开始了正规的制图高等教学，当时把制图学理解为技术学科，"它研究地图编绘与制印的科学技术方法和过程"；瑞士地图学家英霍夫强调"地图制图学是一门带有强烈艺术倾向的技术科学"，他的这个认识在德语系国家中有着重要影响，他们强调地图制图学的艺术成分，把图形表示法的共同规律当作地图制图学的核心，把地图制图学看成探求图形特征的显示科学。作为地理学者的萨里谢夫，特别强调"地图制图学是建立在正确的地理认识基础上的地图图形显示的技术科学"，这种显示在于"描写、研究自然和社会现象的空间分布、联系及随时间的变化"。

20 世纪 70 年代以后，地图应用被纳入地图学的范畴，地图学是"研究地图及其制作理

论、工艺技术和应用的科学"。随着地图制作技术的发展，制图理论也在不断创新和完善。传输的观点逐渐被接受，"地图学的任务是通过地图的利用来传输地理信息"。从传输的观点看，地图的制作和应用被同等看待。人们通过测量、调查、统计、遥感等多种方式将客观环境的一部分转换成被认识的地理信息，再通过制图的方法制成地图（客观世界的模型），读者通过阅读、分析、解译获得对客观世界的认识，这显然是一个地理信息的传递过程，其中又涉及符号理论、感受和认知理论等。在这个背景下，人们对地图学下了各种定义，"地图学是研究空间信息图形表达、存储和传递的科学"；"地图学是以地理信息传递为中心的、探讨地图的理论实质、制作技术和使用方法的综合性科学"；"地图学是用特殊的形象符号模型来表示和研究自然和社会现象空间分布、组合、相互联系及其在时间中变化的科学"。

　　要给地图学下一个准确的定义，就必须研究地图学的本质、概念、理论和方法，特别是地图学在现代技术条件下发生的变化。在数字地图的条件下，可视化（视觉化）是现代地图学的核心，空间认知和传输是可视化的重要内容，形式化则是可视化的工具和技术支持。为此，可给出地图学的定义为"地图学研究地理信息的表达、处理和传输的理论和方法，以地理信息可视化为核心，探讨地图的制作技术和使用方法"。

1.10.3　传统地图（制图）学

　　传统的地图（制图）学以手工描绘地图图形为基础，以制图为中心。这时，地图（制图）学研究制作地图的理论、技术和工艺。制作地图采用各种手持工具，从毛笔（西方采用羽管笔）、雕刻刀到小钢笔、针管笔、各种刻图工具等。在印刷术发明以前，提供给用户的地图都是手工绘制的，其用户面极其有限。19 世纪照相术的发明及照相术同印刷术的结合，使地图得以用比较廉价的方法大规模地复制，地图用户数量急剧增加。到 20 世纪，世界上已出现了许多经营地图的机构，地图成为一个引人注目的行业，这大大地促进了地图学的发展。

　　传统的地图学有以下三个基本特征：①个人技术对地图质量有显著的影响；②实践经验积累是获取知识的主要渠道；③传统的师徒传授技艺起主导作用。

　　所以，严格来讲，直到 20 世纪初，地图（制图）学仍然停留在传统的手工艺阶段，不能称为现代意义上的科学。

1.10.4　现代地图学的产生

　　以电子计算机为主体的电子设备的应用，彻底改变了手工制图的状态，使制图进入高科技时代。它不仅改进了制图技术，而且从根本上改变了制图工艺，与之相适应产生了制图的新理论。同时，电子技术把用图者（通常是各行各业的专家）纳入制图过程中，使制图和用图成为一个整体，逐渐形成了现代地图学。

　　在形成现代地图学的过程中，以下事实有着重大的影响。

　　以苏联地图学家萨里谢夫和苏霍夫为首的一批学者在第二次世界大战期间及以后，创造了一整套的地图综合理论，并在地图和地图集的设计方面取得了很大进展。法国人贝尔廷1961 年提出的一整套视觉变量理论，美国人莫里斯在哲学理论的基础上提出的形式语言学，共同形成了地图符号学的核心。波兰地图学家拉多依斯基运用信息论的观点研究地图信息的传递特点后，提出了地图学的结构模式。英国学者博德提出了地图模型论。捷克人克拉斯尼根据信息论中信息传输的概念提出了信息传输模型。德国学者在图形心理学方面的理论研究（格式塔理论），对地图阅读规律的研究有指导意义。

从 20 世纪 50 年代开始的计算机制图技术发展到可以投入大规模生产的阶段，技术变革和理论上的拓展构成了现代地图学的基础。在众多的地图学工作者不断实践、创新、充实、完善的基础上，在 20 世纪的八九十年代逐渐形成了现代地图学。

1.10.5　地图学的学科体系

传统的地图（制图）学的结构较为简单，它包含地图绘制、地图概论、地图投影、普通地图编制、专题地图编制、地图整饰、地图设计、地图制印等课目。

现代地图学由于众多新概念和新理论的出现，在国内外都有学者对学科体系的研究发表不同的见解。英霍夫在 20 世纪 50 年代末最早提出把地图学分为理论地图学和实用地图学的主张，苏联的地图学家也曾有类似的看法。英国和法国的地图学家则主张将地图学分为地图理论和制图技术两部分。

20 世纪 70 年代以后，对地图学体系的认识发生了重要的变化。波兰学者拉多依斯基提出一个较为详细的地图学结构模式，他把地图学分为理论地图学和应用地图学两部分，前者有三个主要方向，第一个是关于理论方面的，以地图信息传递理论为基础，研究地图信息传递功能、地图信息变换、地图图形理论（符号学）和地图内容的地图综合理论等；第二个是关于地图评价方面的，以地图知识为理论基础，包括地图学历史，地图的分类和评价标准，地图功能、表示方法等问题；第三个是关于应用方面的，以制图方法论为基础，包括制图方法（含地图制图自动化方法）、地图复制方法和地图分析解译方法。第三个方向被认为是理论和实际的结合。应用地图学则包括地图生产（地图编制、绘制、复制和编辑加工），机助制图的应用（数据采集和变换），地图和地图集（在教学、科研、生产活动中）的应用，地图作品收集及地图教育等五个方面。

德国地图学家费赖塔格用地图信息传递论和符号理论相结合的观点，于 1980 年在拉多依斯基模式的基础上研究了地图学结构问题，他提出地图学应当分为三个分支：地图学理论、地图学方法论和地图学实践。地图学理论（地图术语和表述系统）包括格式塔理论（图形心理学）、图形语义（表示、空间拓扑关系、语义综合及地图模型）理论、图形效果理论和地图信息传递理论；地图学方法论（制图规则系统）包括符号识别规则，地图系统分析方法，地图设计与标准化方法，地图分类和使用方法，地图制作及信息传递的评价、优化方法等；地图学实践（国际活动系统）包含地图生产组织及流通方面的内容，如地图组织机构、地图编辑、地图生产、地图发行、地图使用及地图学训练等。以上体系他称之为"普通地图学"。除此之外，他还分出两个辅助系统，即"比较地图学"（研究地图学的理论、方法和实践等各方面的比较）和"历史地图学"（研究地图学的理论、方法和实践的发展历史）。

荷兰地图学家博斯用一个类似于物质的分子和原子结构的功能模型来解释地图学各个领域及其同其他边缘学科的关系，如图 1-4 所示。其核心是地图设计，围绕这个核心的是五个分支学科：地图内容、地图生产计划、地图配置、符号设计和地图综合。在其周围是与其有联系的其他边缘学科，如空间数据、地图感受、图形艺术、制图条件和制图技术等，它们又各自为次级核心再联系其他分支。该模型形象地描述了地图学的核心问题及其与各分支学科的联系。

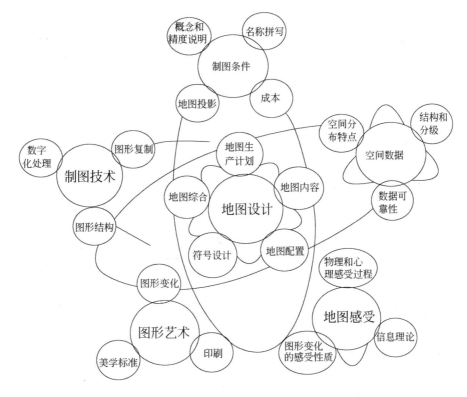

图 1-4　地图学功能模型

我国学者廖克根据现代地图学发展的特点和趋势，特别是我国的学科现状，提出现代地图学应当分成理论地图学、地图制图学、应用地图学三大分支，每个分支都有自己的研究内容，如图 1-5 所示。

现代地图学体系的研究适应了当代地图科学技术的发展，也展示了地图学的广阔领域和发展前景，更重要的是可以让我们拓宽视野，在边缘、交叉学科领域寻找地图学新的生长点。

1.10.6　地图学与其他学科的联系

地图学的任务是用图解语言表现客观世界，这就注定它与有关描述对象、描述方法等众多学科有着密切的联系。在科学技术不断进步的过程中，这种联系不断加强。在解决共同的复杂问题时，促进了学科之间的交叉渗透，产生了许多新的边缘学科。

（1）马克思主义哲学。为了正确地研究和反映客观实际，用辩证唯物主义的思想方法去认识和揭示自然界、人类社会和思维的一般规律是十分重要的。离开马克思主义哲学，就不可能正确解释地理事物的发展规律，不能理解地图综合中的诸多概念，不能对制图经验和地图学中的许多理论问题做出正确分析。

（2）地理学。地图学作为地理学的一个二级学科，同地理学的联系是不言而喻的。地理环境是地图表示的对象，地理学以自然和人文地理规律的知识武装制图人员，另外，地理学又利用地图作为研究的工具。地图学与地理学交叉形成许多新的边缘学科，如地貌制图学、土壤制图学等。

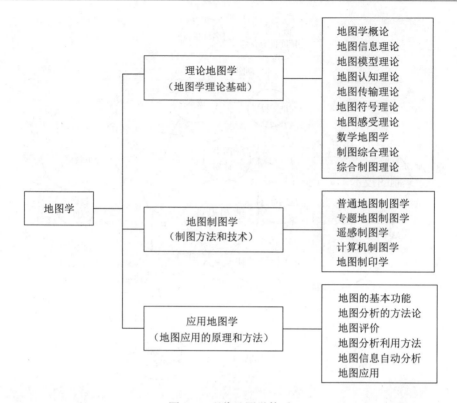

图 1-5　现代地图学体系

（3）数学。地图学自古就与数学有着密切的联系。从地图学诞生那时起，数学就是它的基础。地图学的地图投影就是以数学为工具阐明其原理和方法的，运用数理统计和概率论知识确定地图内容的选取指标；定量分析处理制图资料和制图区域的研究，无不与数学发生关系；遥感制图与电子计算机地图制图更需要广泛应用数学知识。在地图的分析使用中，进行各种量算，运用数理统计分析法和数学模型分析法提取地图信息等，都显示出地图学与数学的密切关系。因此，数学分析、数理统计学、线性代数、图论、模糊数学、拓扑学等数学分支在地图学中的应用，将是地图学走向现代化的必要条件之一。

（4）地理信息系统。地理信息系统脱胎于地图，是地图（制图）学中一个重要部分在信息时代的新发展。地图和地理信息系统都是信息载体，都具有存储、分析、显示功能，地图是地理信息系统最重要的数据源和输出形式，地图数据库是地理信息系统数据库的核心。但地图注重数据分布、符号化和显示，地理信息系统则注重地理分析。

（5）测量学。地图（制图）学和测量学同是测绘科学与技术的组成学科。测量学研究地面点定位及测制大比例尺地形图的方法，为制作地图提供点位坐标及精确的制图资料，摄影测量和遥感相片是地图的数据源，特别是地图更新的重要依据，制图中的许多数据处理模型和方法都来自测量学；反过来，大比例尺测图过程中又要使用制图的符号系统、综合原则和地图数据库技术等。全球定位系统同电子地图相结合，才能充分发挥其导航（汽车、飞机、舰艇）、移动定位、制导作用。

（6）计算机技术。计算机技术对地图学的深刻影响是不言而喻的。它空前扩大了可能制图的领域，增加了地图内容的深度，提高了制图生产的效率，计算机技术对地图的介入程度，甚至成了地图学现代化的一个重要标志。

（7）艺术。欧洲长时间把地图制图看作"制图的艺术、科学和工艺"。著名地图学家英霍夫认为"地图制图学是带有强烈艺术倾向的技术科学"，他认为制作一幅艺术品肯定不是地图学家的任务，但要制作一幅优秀的地图，没有艺术才能是不能成功的。艺术是用艺术形象反映客观世界，制图则是在科学分类和概括的基础上借助抽象的艺术手段反映客观世界，不能简单地认为地图就是艺术作品，但艺术装饰对于提高地图的可视化效果肯定是非常有效的。

地图学与其他学科的联系的增强，是科学技术进步的必然结果。物理学、化学、电子学的新成就对于改善地图制作技术及地图复制都是非常重要的。信息论、系统论、控制论等不但为地图制作提供认识事物的观点和思想方法，它们的许多原理和方法也在计算机制图中得到了直接应用。

1.11　地图学的历史与发展

地图学是一门古老的科学，几乎与世界最早的文化有着同样悠久的历史，在长期的历史发展中逐渐充实和完善起来，如今已成为一门拥有一定理论基础和现代化技术手段的科学。研究地图学发展的历史轨迹，对于认识地图学发展的基本规律，理解当今地图学的发展趋势，把握地图科学前沿，具有现实而深远的意义。

1.11.1　古代地图学的萌芽与发展

1. 地图的起源和萌芽

地图起源于上古时代，它的产生和发展是人类活动的实际需要。埃及尼罗河的季节性泛滥和我国黄河流域堤防和灌溉工程的兴建，诞生了农田水利测量即原始地图的测绘。

在国外，已经发现的最古老的原始地图是古巴比伦人在陶片上绘制的美索不达米亚地区的古巴比伦地图，如图 1-6 所示，迄今已有 4 500 余年的历史；埃及东部沙漠地区的金矿图，是古埃及人在公元前 1330—前 1317 年绘制的，如图 1-7 所示。

图 1-6　陶片上的古巴比伦地图　　　　　图 1-7　古埃及绘在苇草上的金矿图

在中国，地图的传说可以追溯到 4 000 年前的夏朝或更早的时期。记载于《左传》中的

《九鼎图》和后来在《山海经》中绘有山、水、动植物及矿物的原始地图等，是当时史料中众多关于地图的记述的代表。我们的祖先一直寻找描述和分析地球表面空间事物的工具，从交通运输、农田水利、市政建设管理、疆土区域的划分及行军打仗，都离不开空间信息，长期以来最普通的工具就是地图。

2. 古代地图的发展

无论是在西方还是在东方，古代地图的发展都有光辉灿烂的一页。

在国外，公元前 6 世纪至公元前 4 世纪，古希腊在自然科学方面有很大发展，尤其在数学、天文学、地理学、大地测量学、地图制图学等领域，涌现出了一批卓越的学者，他们在许多方面都提出了新概念。例如，米勒人阿那克西曼德（前 610—前 547）提出了地球形状的假说，认为地球是一个椭圆形；到了公元前 2 世纪，地球是球体的学说为更多的人所接受；埃拉托斯芬（前 276—前 195）首先利用子午线弧长推算地球大小，从日影测算出地球的子午圈长为 39 700 km，第一次编制了把地球当作球体的地图；天文学家吉帕尔赫（前 160—前 125）创立了透视投影法，利用天文测量方法测定地面点的经度和纬度，提出将地球圆周划分为 360°；等等。

在中国，地图经过春秋战国时期的广泛应用，在内容选取和表示方法上都积累了不少经验。秦始皇统一中国后，对地图的需求量进一步加大。从划分郡县，到实行行政和经济管理；从修筑长城，到兴建遍布全国的交通要道、兴修水利、开凿运河等大型工程，都离不开地图。所以，秦始皇很重视地图的制作和收藏。尽管秦王朝的统治只有 20 多年，但到汉灭秦时，秦地图的数量已相当可观了。汉代西域地图的制作，与两汉（东汉、西汉）通西域有直接关系。西域地图多用于军事，所以这些地图也可以称之为军事地图。但关于这些军事地图都只有一些零星的文字记载，而无实物地图保存。幸运的是，1973 年湖南长沙马王堆三号汉墓出土的三幅地图，即地形图、驻军图和城邑图，均绘在帛上，是公元前 168 年以前的作品，为人们提供了研究汉代地图的珍贵实物史料。

3. 古代地图学的基石

古希腊的托勒密（90—168）和我国的裴秀（224—273）好似两颗灿烂的明星，东西辉映。他们的著作（托勒密的《地理学指南》和裴秀的《禹贡地域图十八篇·序》）标志着上古时代地图学的总结性成就，反映了东方和西方研究地图的珍贵实物史料，对于后来的地图制图生产产生过长期而深远的影响。

公元 2 世纪，古希腊地图学的发展达到了顶峰。其中，特别值得提出的是，著名数学家、天文学家、地理学家和地图制图学家托勒密对地图学的发展所做出的巨大贡献。他的《地理学指南》是古代地图学的一部巨著。在这部著作中，他阐述了应如何编制地图的问题，并对将地球曲面表示为平面的问题提出了一些处理方法。托勒密的《地理学指南》共 8 卷。卷一内容包括地图制图的理论、两种投影方法（球面投影和普通圆锥投影）及一些说明文字；卷二至卷七为地名资料，用经纬度标明，地名包括城市、河源、河口、山脉、海角及半岛名称等约 8 000 个，对当时已知的地球各个部分做了比较详细的叙述；卷八除少数文字说明外，有 26 幅分区图和 1 幅世界图，这是世界上最早的地图集雏形，其中的世界图采用圆锥投影，包括经度 180°、纬度 80° 的地域。该图在西方古代地图史上具有划时代的意义，一直被使用到 16 世纪。

裴秀以当时的《禹贡》为依据，进行了核查，绘制了 18 幅《禹贡地域图》，并将《天下大图》缩制为《方丈图》。更为重要的是，裴秀总结了前人和自己的制图经验，创立了新的制图理论——"制图六体"，即分率、准望、道里、高下、方邪、迂直。"分率"，即比例尺；"准望"，即方位；"道里"，即距离；"高下"，即相对高程；"方邪"，即地面坡度起伏；"迂直"，即实地的高低起伏距离与平面图上距离的换算。裴秀还反复阐述了"六体"之间的相互制约关系及其在制图中的重要性。他认为，绘制地图如果只有图形而没有比例尺（分率），便无法进行实地和图上距离的比较和量测；如果有比例尺而不考虑方位（准望），那么在地图的一隅虽然可能达到足够的精度，但在地图的其他部分就一定会相差很远；有了方位而没有道路里程（道里），就不知道图上各地物的远近，居民地之间就如同山海阻隔，"不能相通"；有了"道里"而没有按"高下""方邪""迂直"来校正，那么道路的里程必然与实际的距离有差别，结果方位又会发生偏差。所以"制图六体"在绘制地图时是缺一不可的六个方面。裴秀的《禹贡地域图十八篇·序》涉及地图制图学内容之广泛，概括之精辟，是我国古代制图理论书籍中少有的作品，特别是"制图六体"，不仅开我国地图编制理论之先河，而且在世界地图学史上也是一个重大发现。

这两部不朽的著作奠定了古代地图学的基石，但是，公元 300 年至 1300 年间，在地图学史上是一个漫长的黑暗年代，托勒密和裴秀培育起来的地图学幼苗，很长一段时间没有得到进一步发展的土壤。

4. 中世纪西方地图学的倒退和我国唐、宋、元、明朝时期地图学的发展

中世纪是指西方世界从古希腊、古罗马文化衰落至文艺复兴前这一段时期，这是地图学史上的一个漫长而黑暗的年代。中世纪初期在西方世界叫作蒙昧时代，由于宗教占支配地位，地球是球形的概念遭到排斥，地图不再是反映地球的地理知识的表现形式，而成为神学著作中的插图。这类地图几乎千篇一律地把世界画成一个圆盘，既无经纬网格，又无比例尺，完全失去了科学和实用价值。这个时代一直持续到公元 1000 年，启蒙思想才开始在地图学和地理学领域表现出来。

唐代贾耽（730—805）通过对古今地图的对比分析和调查访问，编制了《关中陇右及山南九州等图》和《海内华夷图》。

北宋统一不久便编绘出第一幅规模巨大的全国总舆图，即《淳化天下图》，该图系根据各地所贡地图 400 余幅编制而成。在著名的西安碑林中，保存有一块南宋绍兴七年（1137）刻的石碑，碑的两面分别刻着《华夷图》和《禹迹图》。宋代有代表性的地图学家沈括（1031—1095），博学善文，精通天文、历法、数学、物理、医学、地理学等，晚年写成《梦溪笔谈》，在地图测绘方面也有很多贡献。例如，为疏通渠道做过 420 km 的水准测量，发现地磁偏角的存在，改进了指南针的装置方法；他编绘了《守令图》，即《天下州县图》。

中国著名的航海家郑和（1371—1435）先后七次航行在南洋和印度洋上，历时 20 余年（1405—1431），经历了 30 多个国家，远到非洲东海岸的木骨都束（今索马里共和国首都）和阿拉伯海、红海一带。郑和不仅揭开了 15 世纪海上探险的序幕，而且有许多不同于 15 世纪其他西方探险的特点。郑和的同行者留下四部重要的地理著作，产生了我国第一部航海图集《郑和航海图集》，对我国地图学的发展做出了巨大的贡献。

1.11.2　近代地图测绘与传统地图学的形成

近代地图学是 14 世纪以后欧洲新兴资本主义发展的产物。这个时期地图学发展的主要

历史事件是：15 世纪末至 17 世纪中叶的地理大发现，奠定了世界地图的地理轮廓；16 世纪地图集的盛行，总结了 16 世纪以前东方和西方地图学的历史性成就；17 世纪后的大规模三角测量和地形图测绘，奠定了近代地图测绘的基础；18 世纪后专题地图的萌芽和发展，照相制版方法的出现和航空摄影测量技术的发明，导致地图生产技术工艺的变革；19 世纪末和 20 世纪初，形成了系统而完整的关于地图制作的技术、方法、工艺和理论。

1. 地理大发现奠定了世界地图的地理轮廓

15 世纪以后，欧洲各国的资本主义开始萌芽，哥伦布进行了三次航海探险，发现了通往亚洲和南美洲大陆的新航路和许多岛屿。麦哲伦第一次完成了环球航行，证实了地球是球体的学说，这些航海和探险使人们对地球各大陆与海洋有了新的认识，这些地理大发现为新的世界地图编制奠定了基础。

2. 16 世纪地图集的兴起和盛行，总结了之前东方和西方地图学的历史性成就

荷兰墨卡托的《世界地图集》和中国罗洪先的《广舆图》作为地图集代表总结了 16 世纪以前东方和西方地图学的历史性成就。

墨卡托（1512—1594）是欧洲文艺复兴时期的地理学家和地图制图学家。他一生致力于地图制图工作。主要作品有：巴勒斯坦地图 1 幅（1537），世界地图 1 幅（1538），佛兰德地图 1 幅（1540），地球仪 1 个（1541），天球仪 1 个（1551），欧洲地图 15 幅（1554），不列颠群岛地图 8 幅（1564）。他创立了等角正轴圆柱投影，并于 1568 年用这种投影编制了著名的航海图——世界地图。由于他是把这种投影用于航海图编制的第一人，所以后人将其命名为墨卡托投影。在墨卡托投影的海图上，等角航线表示成直线，航海作业十分方便，至今仍被各国广泛采用。1569 年开始出版他的《欧洲国家地图集》的第一部分；第二部分分别于 1585 年、1589 年出版；第三部分在他逝世后于 1595 年出版。全图集共 107 幅图。在图集的封面上有古希腊半人半神阿特拉斯（Atlas）研究天地万物的标记，从此"Atlas"一词便成为地图集的专称。

罗洪先（1504—1564）是明代一位杰出的地图学家。在调查的过程中，他偶得元人朱思本地图，并把朱图与以前所见地图做比较，认为朱图坚持我国传统的计里画方制图法，有较好的精度，各地物要素丰富。于是，罗洪先决定把朱思本地图作为绘制新图的蓝本，扬长避短，并把收集到的地理资料补入新图，积十年之寒暑而后成，取名为《广舆图》，发展成为我国最早的综合性地图集。据考证，《广舆图》确实继承了《舆地图》的许多优点，克服了不足，从而把朱图发展到一个新的高度。这主要表现在，按照一定的分幅方法改制成地图集的形式；除 16 幅分省图、11 幅九边图和 5 幅其他诸边图是根据朱图改绘的外，其余地图均为罗洪先所增；创立地图符号 24 种，很多符号已抽象化、近代化，它对增强地图的科学性、丰富地图的内容起到重要作用，在我国地图学史上是一个重要的进步。正因为如此，《广舆图》成为明代有较大影响的地图之一，前后翻刻了六次，自明嘉靖直到清初的 250 多年间流传甚广，基本上支配了这一时期地图的发展。

3. 17 世纪后大规模三角测量与地形图测绘，奠定了近代地图测绘的基础

随着资本主义的发展，航海、贸易、军事及工程建设越来越需要精确、详细的更大比例尺地图。加之工业革命后，科学技术水平得到了提高，新的、高精度的测绘仪器相继发明，如平板仪及其他测量仪器，使测绘精度大为提高，三角测量成为大地测量的基本方法，很多国家进行了大规模、全国性三角测量，为大比例尺地形测图奠定了基础。由于采用平板仪测

绘地图，使地图内容更加丰富，表示地面物体的方法由原来的透视写景符号改为平面图形，地貌由原来用透视写景表示改为用晕滃法，进而改为用等高线法；编绘地图的方法得到了改进，地图印刷由原来的铜版雕刻改用平版印刷。到了 18 世纪，很多国家开始系统测制以军事为目的的大比例尺地形图。

西方科学制图方法在我国引起重视，是从清初康熙年间测绘《皇舆全览图》开始的。康熙聘请了德国、比利时、法国、意大利、葡萄牙等国的一批传教士，采用天文测量和三角测量相结合的方法，进行了全国性的大规模的地理经纬度和全国舆图的测绘。

康熙、乾隆两朝实测地图的完成，把我国地图学的发展推到了一个新的水平，并影响了各省区地图集的编制，各种版本的省区地图集不断涌现。

辛亥革命后，南京临时政府于 1912 年设陆地测量总局，实施地形图测图和制图业务。到 1928 年，全国新测 1∶25 万比例尺地形图 400 多幅，1∶5 万比例尺地形图 3 595 幅，在清代全国舆地图的基础上调查补充，完成 1∶10 万和 1∶20 万比例尺地形图 3 883 幅，并于 1923—1924 年编绘完成全国 1∶100 万比例尺地形图 96 幅。除了军事部门以外，水利、铁路、地政等部门的测绘业务也有所发展，测制了一些地图。到 1948 年止，全国共测制 1∶5 万比例尺地形图 8 000 幅，又于 1930—1938 年、1943—1948 年先后两次重编了 1∶100 万比例尺地图。在地图集编制方面，1934 年由上海申报馆出版的《中华民国地图集》，采用等高线加分层设色表示地貌、铜凹版印刷，在我国地图集的历史上有划时代的意义。

19 世纪各资本主义国家出于对外寻找市场和掠夺的需要，产生了编制全球统一规格的详细地图的要求。1891 年在瑞士伯尔尼举行的第五次国际地理学大会上，讨论并通过了编制国际百万分之一世界地图的决议，随后于 1909 年在伦敦召开的国际地图会议上，制定了编制百万分之一世界地图的基本章程，1913 年又在巴黎召开了第二次讨论百万分之一地图编制方法和基本规格的专门会议，这对国际百万分之一世界地图的编制起到了积极的作用。与此同时，出现了大量的专题地图，比较有代表性的有德国的《自然地图集》《气候地图集》等。

20 世纪由于摄影测量的产生和发展，对地图制作产生了极大的影响，出现了大批具有世界影响的地图作品。其中较有影响的有以苏联为首的 7 个东欧社会主义国家编制的《1∶250 万世界地图》，英国的《泰晤士地图集》，意大利的《旅行家俱乐部地图集》，德意志民主共和国的《哈克世界大地图集》，美国的《国际标准世界地图集》。特别值得提出的是苏联的《世界大地图集》和《海图集》，这些图集都是旷世之作。

4. 专题地图的兴起与发展

从 19 世纪开始，由于自然科学的进步与深化，普通地图已不能满足需要，于是产生了地质、气候、水文、地貌、土壤、植被等各种专题地图。

我国专题地图的编制主要表现在历史地图方面。杨守敬（1839—1915）集前人之大成，经过 15 年的努力，编制了《历代舆地沿革图》70 幅，是我国历史沿革地图史上旷世绝学的一部历史沿革地图集。该图为后代研究郡县变化、水道迁移等方面的科学问题提供了非常有用的资料，它对历代地理志的考证、补充，为我国历史地理学和历代沿革地图的发展做出了不可磨灭的巨大贡献。

5. 中华人民共和国成立以来我国地图学的发展

中华人民共和国成立后，地图制图学得到了迅速的发展。1950 年组建军委测绘局（后改为总参测绘局），1956 年组建国家测绘局，领导全国的地图测绘和编绘工作。

在完成覆盖全国的 1：5 万和 1：10 万地形图的基础上，1：5 万地形图已更新三次，1：10 万地形图也已更新两次。完成了全国 1：5 万、1：10 万、1：20 万、1：25 万、1：50 万和 1：100 万地形图的编绘工作，并已建成了 1：5 万、1：10 万、1：25 万、1：50 万和 1：100 万数字地图数据库。

1953 年总参测绘局组织编制了 1：150 万的全国挂图《中华人民共和国全图》，由 32 个对开拼成。1956 年出版了 1：400 万《东南亚形势图》。20 世纪 50 年代后期，先后三次编制出版了 1：250 万《中华人民共和国全图》，以后又多次修改、重编出版，成为我国全国挂图中稳定的品种。该图内容丰富，色彩协调，层次清晰，较好地反映了中国的三级地势和中国大陆架的面貌。20 世纪 70 年代，各省（市、自治区）测绘部门分别完成了省（市、自治区）挂图和大量的县市地图的编绘工作。

在地图集的编制方面，首推国家大地图集的编制。1958 年 7 月，由国家测绘局和中国科学院发起，吸收 30 多个单位的专家，组成国家大地图集编委会，确定国家大地图集由普通地图集、自然地图集、经济地图集、历史地图集等四卷组成，后来又将农业地图集和能源地图集列入选题。先后出版了《中华人民共和国自然地图集》《中华人民共和国经济地图集》《中华人民共和国农业地图集》《中华人民共和国普通地图集》《中华人民共和国历史地图集》。这些地图集在规模、制图水平及印刷和装帧等多方面都达到了国际先进水平。在国家大地图集的带动下，各省、市相关部门都编制出版了各种类型的地图集，其中不乏高质量的地图。由原武汉测绘科技大学土地科学学院编制的《深圳市地图集》于 1999 年第一次为我国的制图作品拿到了国际制图协会评出的地图集类"杰出作品奖"。自动晕渲的大型挂图《深圳市地图》于 2001 年在国际地图展览会上再次获得最高奖。

6. 传统地图学的形成

传统地图学的形成与建立在三角测量基础上的近代地图测绘是紧密联系的。经过两次世界大战以后，在 20 世纪 50 年代末和 20 世纪 60 年代初，地图学作为一门独立的科学已经形成。作为地图学分支学科的地图投影、地图编制、地图整饰和地图印刷等已趋于稳定。我们把这以前的地图学称为传统地图学。

传统地图学研究的对象是地图制作的理论、技术和工艺。在地图制作的理论方面，地图投影（设计、选择和计算）、地图综合（基本原则、各要素地图综合方法）、地图内容表示法（符号系统和色彩运用）等是研究的核心；在地图制作的技术方面，主要围绕地图生产过程研究编绘原图制作技术、出版原图制作技术和地图制版印刷技术；在地图制作的工艺方面，主要研究地图生产特别是地图印刷工艺。很明显，传统地图学是以地图制作和地图产品的输出作为自己的目标的。

传统地图学是 20 世纪 50 年代以前地图学成果的积累和科学的总结，又是现代地图学形成与发展的基石和起点。

1.11.3　地图学的现代革命

1. 传统地图学"封闭体系"的扬弃

传统地图学是地图生产之本，长期以来它成功地指导着地图的生产，今后也还会发挥重要作用。然而，很明显，传统地图学存在三个主要缺陷：其一，以经验总结为主，忽视基本理论的建设与研究；其二，以联系对本学科有直接关系的学科为主，忽视同更高层次的学科之间的联系；其三，以地图制作为主，忽视地图应用的研究，尤其忽视地图制图者自身认识活动和地图使用者认识活动规律的研究。

基于上述分析，可以认为传统地图学是一个比较封闭的体系，它以地图制作过程作为一个系统，以地图产品的输出为目标，仅注意生产过程中各环节的机械联系，而忽视系统中各因素的内在联结机制和生产活动背后的制图规律，如地图学同地图、地图同实际、地图制作者同地图、地图同地图使用者、地图内部、对外作用方式等。在这种情况下，传统地图学要获得实质性的进展是困难的，甚至是不可能的，因为传统地图学仅提供了自身所存在的问题，而导致问题的矛盾又不属于它所在体系的层次。这就迫使地图学学者不得不走出传统地图学的封闭体系，向系统外部从深层结构来寻求地图学进一步发展的源泉。而这一切正好是发生在 20 世纪 50 年代信息论、控制论、系统论等三大科学理论问世和电子计算机诞生之后，它无疑也为地图学的发展指明了前进的方向。从此，地图学进入了新的发展时期，标志着传统地图学向现代地图学的历史性转变。

2. 地图制图技术上的革命

当地图学走出传统的"封闭体系"后，伴随而来的是地图制图技术上的革命。这主要表现在：电子计算机技术和自动化技术为地图学的发展开辟了崭新的道路，遥感图像制图的兴起为地图信息的获取和处理提供了新的方法和手段，地图印刷新材料、新技术、新工艺为提高地图印刷质量创造了有利条件。

20 世纪 50 年代开始机助地图制图研究，经历了原理探讨、设备研制、软件设计。

20 世纪 60 年代迅速发展起来的遥感技术已在天气预报、资源调查、灾害监视、环境监测等方面发挥越来越大的作用。遥感信息已成为地图与地理信息系统的重要资料来源，遥感图像制图已成为专题地图制图的主要方法。

地图印刷在材料和技术工艺等方面都发生了很大变化。在印刷材料方面，印刷油墨的品种及技术指标均能满足要求，地图用纸已定型生产，电子分色扫描片、拷贝片、感光撕膜片及 PS 版的质量不断提高；在印刷技术工艺方面，软片化生产工艺、地图"四色印刷"及"减色印刷"工艺已被广泛采用；在印刷标准化及质量控制、测绘图像色彩数据库、色彩传输的数学模型、印刷过程的自动控制等方面也取得了明显进展。

20 世纪 70 年代机助地图制图系统在地质、石油、水文、气象、环境监测、测绘等许多部门得以应用。

20 世纪 80 年代后，开始应用一些高速度、高精度新型机助制图设备，对机助制图软件的研究也越来越重视，各国纷纷着手建立地图数据库，在地图数据库基础上，由单一的或部门的机助制图系统发展为多功能、多用途的综合性地图信息系统或地理信息系统。

进入 20 世纪 90 年代以来，地图电子编辑出版系统相继问世，打破了长期以来传统地图制图与出版的分工界线，出现了以全数字地图制图与出版方式代替传统手工生产方式的新的契机，并着手研究数字环境下"地图设计—地图编绘—分色挂网胶片输出"的一体化数字制图与出版系统，生产了一批地图或地图集。进而研究直接数字地图制版、直接数字地图印刷新技术。这必然导致地图制图技术上的根本性变革，地图生产已开始由传统手工方式向数字化方式转变。

3. 理论地图学的提出

理论地图学的提出，有思维变化背景（突破传统地图学的封闭体系）、社会背景（20 世纪50年代信息论、系统论和控制论等三大理论的出现）和技术背景（地图制图技术上的革命）。20世纪60年代中期，有的地图学者开始把地图学分为"理论地图学"和"实用地图学"等两部分。尽管存在上述不同的观点和分歧，但有一点是公认的，即地图学家必须引进和应用横断科学中的一些理论和概念，与地图学嫁接，发展和建立理论地图学。

每一门学科都需要有自身的理论体系。在地图学面临着严重挑战的形势面前，在信息论、系统论、控制论"三大"理论的冲击下，在计算机技术、遥感技术和专家系统技术等引入地图学以后，地图学的理论、方法和技术已经发生了深刻变化的情况下，地图学需要新的理论体系。理论是绝对必要的，没有先进理论指导的技术是盲目的技术，没有先进技术支持的理论是落后的理论，对地图学尤为如此。

1.12　现代地图学理论

关于地图学中包括多少分支学科众说纷纭，这里只对认识比较统一的主要分支加以介绍。

1.12.1　理论地图学

1. 地图信息论

地图信息论研究环境地理信息的表达、变换、传递、存储和利用的理论问题。地图信息包括地图符号和地图图形所具有的地理含义，它们不仅仅是符号所代表的内容，还包含这些符号所构成的空间实体在时空中的演化规律。地图信息是制图对象和时间、空间的组合信息，它具有定量、定位和可测度的特性。

地图信息是指地球和其他天体的空间信息，运用特定的符号、载体和技术方法，在按特殊的数学法则确定的平面上表示的可感知的时空化了的地域信息及其所蕴涵的地理规律。

从信息阅读的特性出发，地图信息分为直接信息和间接信息。直接信息是通过图形和符号，可以直接在地图上读取的信息，分为语义信息、注记信息、位置信息和色彩信息等四个部分。间接信息是通过对地图上的要素分布、相互联系及所处的地理环境进行分析获得的新的知识。

从信息的语言学特性出发，地图信息分为语义信息、语法信息和语用信息。语义信息指地图符号的含义所包含的信息，即符号同实际物体间的关系；语法信息是由符号与符号的配合使用及其分布、联系所派生的地理规律所产生的信息；语用信息指读者所领悟的信息，它不仅同地图的质量有关，与读者本身的知识素养也有极大的关系。

2. 地图信息传递论

地图信息传递论是研究地图信息传递过程和方法的理论。地图信息传递模型是从地图制图到用图过程的概括。

地图信息传递的过程是：客观事物（制图对象）通过制图者的认识，形成概念，使用地图符号（地图语言）变成地图，地图的使用者通过对地图符号和图形的解译和分析，形成对客观事物认识的概念。这同通信中的编码和译码的模式是相同的。根据这个模式，捷克地图学家柯拉斯尼提出了一个被广泛接受的地图信息传递结构模型（见图1-8）。

从图1-8中可以看出，当编码信息得到辨认和解译时，地图信息的传递就完成了。地图

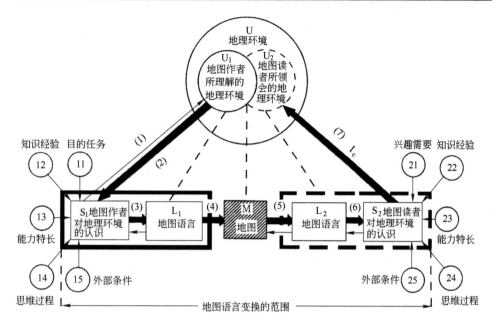

图 1-8　地图信息的传递模型

作为传递通道，将地图作者和读者连接起来。制图者采用图形和文字相结合的方法将环境信息转换为地图信息，用图者又将地图信息转变为环境信息。正是这种转换，将地理环境、制图者、地图和用图者组成一个相互联系的完整系统。

3. 地图感受论

地图感受是应用生理学和心理学的理论来探讨读图过程。视觉感受的研究对于设计最佳的地图图形和色彩提供了科学依据。到目前为止，大部分地图信息是通过视觉传送的。读者通过视觉系统将图形信息传送到大脑，在一些心理因素的作用下对其做出判别。

对图形、符号的感受中，研究符号的图形特征上的各种变化，形成视觉变量。运用视觉变量引起的视觉感受上的变化，可以形成图形的整体感、数量感、质量感、动态感和立体感的效果，达到更有效地传递地图信息的目的。

地图感受论研究视觉阅读地图的感受过程、视觉变量及视觉感受等方面的问题。

4. 地图模型论

用模型方法去研究系统，可大大减少认识系统所花费的代价。地图模型论就是将地图作为客观世界的空间模型，用模型方法研究地图，对深刻认识地图的功能及其在地理学科中的作用有重要意义。

地图既是客观世界的物质模型，又是概念模型。作为物质模型，人们可以在模型上进行地面的模拟实验工作，如量测长度和面积、进行区域规划设计等。作为概念模型，它不仅仅是对客观物体的描写，还包括对客观世界认识的结果。在概念（思想）模型中又可分为形象模型和符号模型，前者是运用思维能力对客观世界进行简化和概括，后者借助专门的符号和图形，按一定的形式组合起来去描述客观世界。地图具有这两方面的特点，所以是形象符号模型。

5. 地图空间认知理论

认知科学是由计算机科学、哲学、心理学、语言学、人类学、神经科学交叉，于 20 世纪 70 年代末才形成的关于心智、智能、思维、知识的描述和应用的学科，研究智能和认知行为的原理和对认知的理解，探索心智的表达和计算能力及其在人脑中的结构、功能和表示。

认知地图也称心象地图，它是人们通过感知途径获取空间环境信息后，在头脑中经过抽象思维和加工处理所形成的关于认知环境的抽象替代物，是表征空间环境的一种心智形式。这种将空间环境现象的空间位置、相互关系和性质特征等方面的信息进行感知、记忆、抽象思维、符号化加工的一系列变换过程，被称为心象制图。

在地图设计和编制过程中，地图编辑首先根据各种资料来认识地理环境，再根据地图的用途和要求，构思表示方法、地图内容、制图工艺等，形成新编地图在作者头脑中的构图，即心象地图。经过比较、试验、修改的过程，形成地图的设计方案。

由于现有的人工智能理论还不足以精确描述大脑的思维过程，关于制图专家系统的研究很难获得突破。地图认知理论的研究必将为计算机制图系统，特别是制图专家系统的智能化提供帮助。

为使用地图而进行的地图空间认知比较容易理解。地图用户通过阅读地图，在大脑中形成由形象思维产生的心象环境，这就是对地图认知的结果，从这里出发才能实现需要根据地图实现的目标。

6. 地图信息可视化理论

可视化在西方多称为视觉化，解释为"不可直接察觉的某种事物的直观表示"。这本是一个计算机科学中的概念，它是指将数据转化为图形，以便于研究人员观察计算过程。在数字地图条件下，地图信息的可视化已经成为当代地图学研究中的一个重要领域。

在地图和地理信息系统中，利用可视化技术可以直观显示物体的空间位置，可将地理环境现象空间分析（统计、关联、对比、运输、迁移、经济发展）的过程和结果直观、形象地描述出来并传递给用户。利用三维、动态可视化技术，既可以制作二维平面上的视觉三维图像，也可以制作随时间变化的三维动态地图。在制图过程中，则利用可视化技术对地图数据的存储、传递、处理过程进行监控。

总之，计算机制图离不开可视化。这就引起了对可视化的研究，产生了空间信息可视化这样一个全新的概念。

7. 地图符号论

地图符号论又称地图语言学，是 20 世纪末才提出的地图学新理论。它是在 20 世纪 60 年代提出的地图符号系统和视觉变量理论的基础上，结合形式语言学逐步形成的。

地图符号论是研究作为地图语言的地图符号系统及其视觉特征的理论，探讨地图符号和图形的构图规律、地图符号及其系统结构。目前地图符号理论的研究主要包括：地图符号关系学、地图符号语义学和地图符号的效用。

8. 地图综合理论

地图综合理论对传统地图学和现代地图学来说都是基本理论，它研究编制地图的过程中对地图内容进行概括和取舍处理的原理和方法，是对制图数据处理的根据，其最终目的是合理反映制图区域的地理特征。

现代地图学的地图综合有了很大的发展，这包括制图数学模型的广泛应用，运用数据库技术利用特殊的存储结构实现综合，到现在的基于地理特征分析的自动地图综合。地图综合仍然是数字制图中最重要的瓶颈问题，解决自动地图综合实用化的问题将对地图制图和 GIS 发展、数据库建设起到极大的推动作用，正在引起越来越多的制图专家的关注。

9. 地学信息图谱理论

地学信息图谱是陈述彭院士等提出的新概念与新方法。"图"主要是指空间信息图形表现形式的地图，也包括图像、图解等其他图形表现形式；"谱"是众多同类事物或现象的系统排列，是按事物特征或时间序列所建立的体系。图谱兼有"图形"与"谱系"的双重特性。地学信息图谱是由遥感、地图数据库，地理信息系统与数字地球的大量数字信息，经过图形思维与抽象概括，并以计算机多维动态可视化技术，显示地球系统及各要素和现象空间形态结构与时空变化规律的一种手段和方法。同时这种空间图形谱系经过空间模型与地学认知的深入分析，可进行推理、反演与预测，形成对事物和现象更深层次的认识，有可能总结出重要的科学规律或规划决策的具体方案。因此，地学信息图谱是地图学更高层次的表现形式与分析研究手段。

1.12.2　地图制图学

地图制图学是包含实际制作地图的工艺方法和应用理论的学科。

（1）普通地图制图学。这是以普通地图制图为研究对象的学科，研究普通地图的内容和表示方法、地图符号设计、编图技术方法、各要素的地图综合（数据处理）、地图编辑和设计等。

（2）专题地图制图学。这是以专题地图制图为研究对象的学科，研究专题地图的内容和表示方法，专题地图上主题要素的资料收集和处理，各种类型专题地图的编制，专题地图的制图工艺和编辑、设计等问题。

（3）遥感制图学。这是以遥感数据为数据源制作地图或修正地图为研究对象的学科。主要内容包括遥感图像的成像原理、图像性质、图像判读、图像增强，数字图像特征及数字图像处理、增强、变换，遥感图像的制图应用、编图技术方法和遥感制图精度分析等。

（4）计算机制图学。这是以计算机为主导的电子仪器为制图工具，研究地图制图方法的学科。它仅仅是制图方法的变化，地图本身并没有变化，严格来说它并不是一个完整的学科。由于以计算机为工具是制图技术革命的重要标志，人们在一定阶段会特别强调它的地位，产生了这门以研究制图电子设备的性能、使用方法，地图数据获取、存储、传递，地图制图软件、地图数据库、地图数据处理方法为主要内容的特殊的学科。

（5）地图制印学。这是以大量制印地图为研究对象的学科。传统的地图制印学包括对复照、翻版、分涂、制版、打样、印刷等工序的研究。数字制图技术的发展使地图制印产生了根本的变化，编印一体化技术可在数据处理过程中区分不同颜色，并经打样检查后按预定比例输出四张（红、黄、蓝、黑）胶片，直接去印刷厂制版印刷。进一步的发展是省掉分色胶片，直接将数据输入印刷机进行印刷。

1.12.3　应用地图学

应用地图学研究地图应用的原理和方法。在应用地图学体系中，实际建立的学科有地图分析、地图解释和应用。

（1）地图分析。这是以分析地图的方法为主体，包括分析目的、分析方法、分析结果和分析精度等四个部分为研究对象的学科。分析目的是确定在地图上分析研究的方向和可能的用途，这包括根据地图获得数量特征，研究结构和差异，揭示联系和从属性，分析动态，预测预报和质量评价。分析方法包括描述法、图解法、图解解析法（地图量测和形态量测）和解析法（各种数学模型方法）。通过这些分析方法将获得不同形式的结果供实际应用。作为应用的依据，还要分析这些结果可能达到的精度。

（2）地图解释和应用。地图解释和应用的主体是各行业的专家，他们根据使用地图的目的选择合适的方法，对分析结果加以应用，如城市规划、地籍管理、道路设计和施工、地质调查等。

本 章 小 结

本章介绍了地图的基本特征、定义、内容和种类，阐述了数字地图、电子地图、影像地图、地图集和系列地图的定义、种类、作用，介绍了地图成图的基本方法，分析了地图学的定义及其学科体系，研究了现代地图学的内容，简单介绍了地图学的历史与发展。

复习思考题

1. 地图的基本特性是什么？
2. 地图的基本内容是什么？
3. 结合自己所学地图知识谈谈地图的功能与应用有哪些。
4. 简述数字地图的定义。
5. 数字地图有哪几种类型？
6. 简述电子地图的定义与特点。
7. 地图集的类型有哪些？
8. 地图集有哪些特性？
9. 系列地图的种类有哪些？
10. 简述影像地图的特点。
11. 如何对地图学进行定义？
12. 试述现代地图学的基本特征。
13. 现代地图学形成过程中有哪些重大影响的理论和技术创新？
14. 现代地图学理论包括哪些方面？
15. 我国古代有哪些著名的地图学家？他们有哪些主要贡献？
16. 简述实地图和虚地图的定义。
17. 简述地图成图的方法。
18. 试述数字地图与电子地图的联系与区别。
19. 试述地图学与测绘学、地理学有什么联系。

第 2 章　地图的分幅与编号

地图的种类和数量是非常多的，如何对地图进行保管、存放、查询和管理是一个非常重要的问题，其影响到地图发挥作用。本章就对此进行研究。

2.1　地图分幅与编号的定义与作用

对于一个确定的制图区域，如果要求内容比较概括，就可以采用较小的比例尺，将整个制图区域绘制在一张图纸上；如果要求内容表示详细，就要采用较大的比例尺，这时就不可能将整个制图区域绘制在一张图纸上，特别是地形图。为了不重测、漏测，就需要将地面按一定的规律分成若干块，这就是地图的分幅。为了科学地反映各种比例尺地形图之间的关系和相同比例尺地图之间的拼接关系，为了能迅速找到所需要的某个地区、某种比例尺的地图，为了便于平时和战时地图的发放、保管和使用，需要将地形图按一定规律进行编号。

2.1.1　地图分幅

分幅是指用图廓线分割制图区域，其图廓线圈定的范围成为单独图幅。图幅之间沿图廓线相互拼接。通常有矩形分幅和经纬线分幅两种分幅形式。前者用于部分国家基本比例尺地形图，后者用于工程建设大比例尺地形图。

1. 矩形分幅

用矩形的图廓线分割图幅，相邻图幅间的图廓线都是直线，矩形的大小根据图纸规格、用户使用方便及编图的需要确定，相邻图幅以直线划分，根据纸张和印刷机的规格（全开、对开、四开、八开等）而定。

矩形分幅又可分为拼接的和不拼接两种。拼接使用的矩形分幅是指相邻图幅有共同的图廓线，使用地图时可按其共同边拼接起来。不拼接的矩形分幅是指图幅之间没有公共边，每个图幅有其相应的制图主区，各分幅图之间常有一定的重叠（见图 2-1），而且有时还可以根据主区的大小变更地图的比例尺。

墙上挂图、地图集、各种工程建设地图和专题地图，多采用矩形分幅的形式，其优点是图幅之间结合紧密，便于拼接使用，各图幅的印刷面积可以相对平衡，有利于充分利用纸张和印刷机的版面。可以使分幅有意识地避开重要地物，以保持其图形在图面上的完整；主要缺点是整个制图区域只能一次投影制成。

2. 经纬线分幅

图廓线由经线和纬线组成，大多数情况下是上下图廓为曲线的梯形。这是当前世界各国地形图和大区域的小比例尺分幅地图所采用的主要分幅形式，我国部分基本比例尺地图就是以经纬线分幅制作的。

经纬线分幅的主要优点是每个图幅都有明确的地理位置概念，因此，适用于很大区域范围

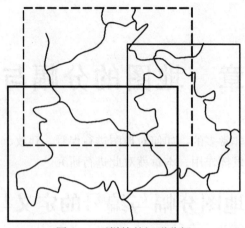

图 2-1　不拼接的矩形分幅

（全国、大洲、全世界）的地图分幅。其缺点是经纬线被描述为曲线时，图幅拼接不方便；它的另一个缺点是随着纬度的增高，相同的经纬差所限定的面积不断地缩小，因而图幅不断变小，不利于有效利用纸张和印刷机的版面（为了克服这个缺点，在高纬度地区不得不采用合幅的方式，这样就干扰了分幅的系统性）；此外，经纬线分幅还经常会破坏重要物体（如大城市）的完整性。

2.1.2　地图编号

编号就是将划分的图幅，按比例尺大小和所在的位置，用文字符号和数字符号进行编号。编号是每个图幅的数码标记，它们应具备系统性、逻辑性和唯一性。

常用的地图编号法有行列式编号法、自然序数编号法、行列-自然序数编号法和西南角图廓点坐标公里数编号法等。

1. 行列式编号法

将制图区域划分为若干行和列，并相应地按数字或字母顺序编上号码，行和列号码的组合即为图之编号。图 2-2 中绘有晕线的图幅编号为 SF53（南半球，图号前冠以 S），编号是先行后列或先列后行，自上而下或自下而上。

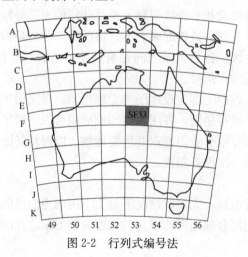

图 2-2　行列式编号法

2. 自然序数编号法

将分幅地图按自然序数编号（见图 2-3）。它可以从左到右，自上而下，也可以是其他的排列。小区域的分幅地图或挂图采用这种方法编号。

3. 行列-自然序数编号法

这是指行列式编号法和自然序数编号法相结合的编号方法。即在行列编号的基础上，用自然序数或字母代表详细划分的较大比例尺图的代码，两者结合构成分幅图的编号。图 2-4 编号为 F-53-57。

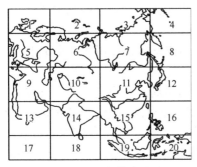

图 2-3　自然序数编号法

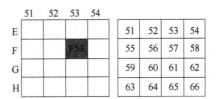

图 2-4　行列-自然序数编号法

4. 西南角图廓点坐标公里数编号法

图幅编号按西南角图廓点坐标公里数编号，按其纵坐标 x 在前，横坐标 y 在后，以短线相连，即" x - y "的顺序编号。

这种编号方法主要用于工程用图等大比例尺地图。

2.1.3　地图分幅编号的作用

地图的分幅编号，在地图的生产、管理和使用方面都有重要意义。

（1）测制地图的需要。就测制某种比例尺地图而言，按每一分幅地图的范围和图号下达任务，不仅可以避免测制地图过程中遗漏或重复，节资增效，而且还能使所测地图的幅面控制在适当范围内，避免因幅面过大使绘图作业难以操作，影响绘图质量。

（2）印制地图的需要。若不分幅，地图幅面过大，一般印刷设备难以满足要求，势必要增加成本，而在复制时会给图面带来较大的边缘误差，影响地图的几何精度。

（3）管理和发行的需要。地图分幅编号后，便于分类分区有序地存储；大小规格一致，易于包装、运输和存放；统一编号，有利于快速检索和发行。

（4）用图的需要。地图分幅编号后，便于快速检索，有利于及时提供，提高工效；图面过大，则不便于折叠、携带和展阅，只有将图面控制在一定大小范围内才便于在室内外的应用；分幅可以扩大地图的比例尺，便于更详细地表示各种地理要素，增加地图信息，以便更好地满足社会多方面的需求。

2.2　国家基本比例尺地形图的分幅与编号

2.2.1　国家基本地形图

我国的地形图是按照国家统一制定的编制规范和图式图例，由国家统一组织测制，提供各部门、各地区使用，所以称为国家基本地形图。

　　国家基本地形图比例尺分为 1：500、1：1 000、1：2 000、1：5 000、1：1 万、1：2.5
万、1：5 万、1：10 万、1：25 万、1：50 万、1：100 万等 11 种比例尺。

　　1：500、1：1 000 地形图主要用于初步设计，施工图设计，城镇、工矿总图管理，竣
工验收，运营管理等。

　　1：2 000 地形图主要用于可行性研究，初步设计，矿山总图管理，城镇详细规划等。

　　1：5 000 和 1：1 万地形图是农田基本建设和国家重点建设项目的基本图件，也常用于
部队基本战术和军事工程施工。

　　1：2.5 万地形图是农林水利或其他工程建设规划或总体设计用图，在军事上是基本战
术用图，作为团级单位部署兵力、指挥作战的基本用图。

　　1：5 万地形图是铁路、公路选线、重要工程规划布局，地质、地理、植被、土壤等专
业调查或综合科学考察中野外调查和填图的地理底图，也可以作为县级规划部门进行全县范
围农林水利交通总体规划的基本用图，军事上可供师、团级指挥机关组织指挥战役用。

　　1：10 万地形图可以作为地区或县范围总体规划用图或各种专业调查或综合考察野外使
用的地理底图，军事上供师、军级指挥机关指挥作战使用。

　　1：25 万地形图可作为各种专业调查或综合科学考察总结果的地理底图，以及地区或省级机
关规划用的工作底图。军事上供军以上领导机关使用，以及用于空军飞行领航时寻找大型地标。

　　1：50 万地形图是省级领导机关总体规划用图或相当于省（区）范围各专业地图的地理
底图。军事上供高级司令部或各种兵种协同作战时使用。

　　1：100 万地形图可作为国家或各部门总体规划或作为国家基本自然条件和土地资源地
图的地理底图。军事上主要供最高领导机关和各军兵种作为战略用图。

2.2.2　旧的分幅和编号方法

　　我国以前只有 8 种基本比例尺地形图，即 1：5 000、1：1 万、1：2.5 万、1：5 万、
1：10 万、1：25 万、1：50 万、1：100 万，后来增加扩大将 1：500、1：1 000、1：2 000
纳入基本比例尺地形图系列。

　　表 2-1 是我国 8 种基本比例尺地形图的图幅范围大小及图幅间的数量关系。

表 2-1　8 种基本比例尺地形图的图幅范围大小及其图幅间的数量关系

比例尺		1：100 万	1：50 万	1：25 万	1：10 万	1：5 万	1：2.5 万	1：1 万	1：5 000
图幅范围	经差	6°	3°	1°30′	30′	15′	7′30″	3′45″	1′52.5″
	纬差	4°	2°	1°	20′	10′	5′	2′30″	1′15″
图幅间数量关系		1	4	16	144	576	2 304	9 216	36 864
			1	4	36	144	576	2 304	9 216
				1	9	36	144	576	2 304
					1	4	16	64	256
						1	4	16	64
							1	4	16
								1	4

　　1. 1：100 万比例尺地形图的编号

　　1：100 万比例尺地形图的编号采用"列-行"编号，该编号方法于 1891 年第五届国际

地理学大会上提出，逐渐统一规定后制定。

列：从赤道算起，纬度每 4° 为一列，至南北纬 88° 各有 22 列，用大写英文字母 A，B，C，…，V 表示，南半球加 S，北半球加 N，由于我国领土全在北半球，N 字省略。

行：从 180° 经线算起，自西向东每 6° 为一行，全球分为 60 行，用阿拉伯数字 1，2，3，…，60 表示。

单幅：经差 6°，纬差 4°；纬度 60° 以下。

双幅：经差 12°，纬差 4°；纬度 60° 至 76°。

四幅：经差 24°，纬差 4°；纬度 76° 至 88°。

纬度 88° 以上合为一幅。我国处于纬度 60° 以下，没有合幅。如北京在 1∶100 万图幅中位于东经 114°～120°，北纬 36°～40°，编号：J-50。

2. 1∶50 万、1∶25 万、1∶10 万比例尺地形图的编号

这三种比例尺地形图都是在 1∶100 万地形图图号的后面加上自己的代号形成自己的编号。这三种比例尺地形图的代号都是自然序数编号，它们的编号方法属行列式-自然序数编号法，由"列-行-代号"构成（见图 2-5）。

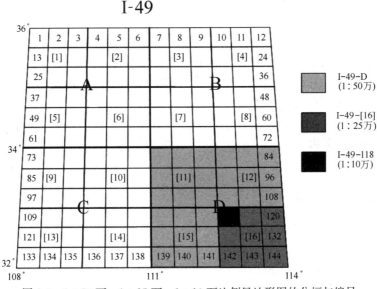

图 2-5　1∶50 万、1∶25 万、1∶10 万比例尺地形图的分幅与编号

（1）1∶50 万比例尺地形图的编号。1∶100 万地形图分为 2 行 2 列，其代号分别用大写字母 A，B，C，D 表示，图 2-5 中指出的 1∶50 万地形图的编号是"I-49-D"。

（2）1∶25 万比例尺地形图的编号。1∶100 万地形图分为 4 行 4 列，其代号分别用 [1]，[2]，…，[16] 表示，图 2-5 中指出的 1∶25 万地形图的编号是"I-49-[16]"。

（3）1∶10 万比例尺地形图的编号。1∶100 万地形图分为 12 行 12 列，其代号分别用 1，2，…，144 表示，图 2-5 中指出的 1∶10 万地形图的编号是"I-49-118"。

3. 1∶5 万、1∶2.5 万、1∶1 万、1∶5 000 比例尺地形图的编号

这四种比例尺地形图都是在 1∶10 万的基础上形成的。1∶2.5 万地形图的图号从 1∶5 万比例尺地形图衍生出来，1∶5 000 地形图的图号从 1∶1 万比例尺地形图衍生出来，而 1∶1 万地形图的图号并不和 1∶5 万、1∶2.5 万比例尺地形图发生联系（见图 2-6）。

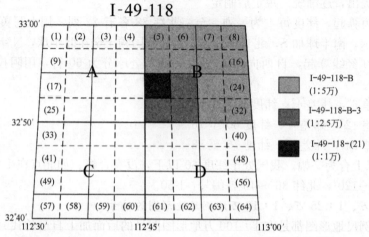

图 2-6 1:5 万、1:2.5 万、1:1 万比例尺地形图的分幅与编号

(1) 1:5 万比例尺地形图的编号。1:10 万地形图分为 2 行 2 列，其代码分别用大写字母 A，B，C，D 表示，图 2-6 中指出的 1:5 万比例尺地形图的编号为"I-49-118-B"。

(2) 1:2.5 万比例尺地形图的编号。1:5 万地形图分为 2 行 2 列，其代码分别用阿拉伯数字 1，2，3，4 表示，图 2-6 中指出的 1:2.5 万比例尺地形图的编号为"I-49-118-B-3"。

(3) 1:1 万比例尺地形图的编号。1:10 万地形图分为 8 行 8 列，其代码分别用 (1)，(2)，…，(64) 表示，图 2-6 中指出的 1:1 万比例尺地形图的编号为"I-49-118-(21)"。

(4) 1:5 000 比例尺地形图的编号。1:1 万地形图分为 2 行 2 列，其代码分别用小写英文字母 a，b，c，d 表示，图 2-6 中指出的 1:1 万比例尺地形图所包含的四幅 1:5 000 比例尺地形图的编号分别为"I-49-118-(21)-a"、"I-49-118-(21)-b"、"I-49-118-(21)-c"、"I-49-118-(21)-d"。

2.2.3　新的分幅与编号方法

1991 年制定的《国家基本比例尺地形图分幅和编号》（GB/T 13989—2012）规定，新系统的分幅未做任何变动，但编号方法有了较大的变化。

1. 1:100 万比例尺地形图的编号

1:100 万比例尺地形图的编号没有实质性的变化，只是由"列-行"式变为"行列"式，把行号放在前面，列号放在后面，中间不用连接号。但同旧系统相比，列和行对换了，新系统中横向为行、纵向为列，因此，行列号不变，所以其结果变化不大，例如，北京所在的 1:100 万地形图的图号由旧的"J-50"变换为新的"J50"。

2. 1:5 000～1:50 万比例尺地形图的编号

这七种比例尺地形图的编号都是在 1:100 万地形图的基础上进行的，它们的编号都由 10 位代码组成，其中前三位是所在的 1:100 万地形图的行号（1 位）和列号（2 位），第四位是比例尺代码，如表 2-2 所示，每种比例尺有一个特殊的代码。后六位分为两段，前三位是图幅的行号数字码，后三位是图幅的列号数字码。行号和列号的数字码编码方法是一致的，行号从上而下，列号从左到右顺序编排，不足三位时前面加"0"（见图 2-7）。

表 2-2　比例尺代码

比例尺	1∶50万	1∶25万	1∶10万	1∶5万	1∶2.5万	1∶1万	1∶5 000
代码	B	C	D	E	F	G	H

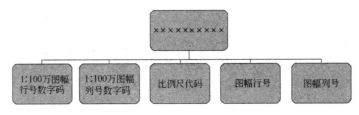

图 2-7　1∶5 000～1∶50 万地形图图号的构成

1∶5 000～1∶50 万比例尺地形图的行、列划分和编号如图 2-8 所示。

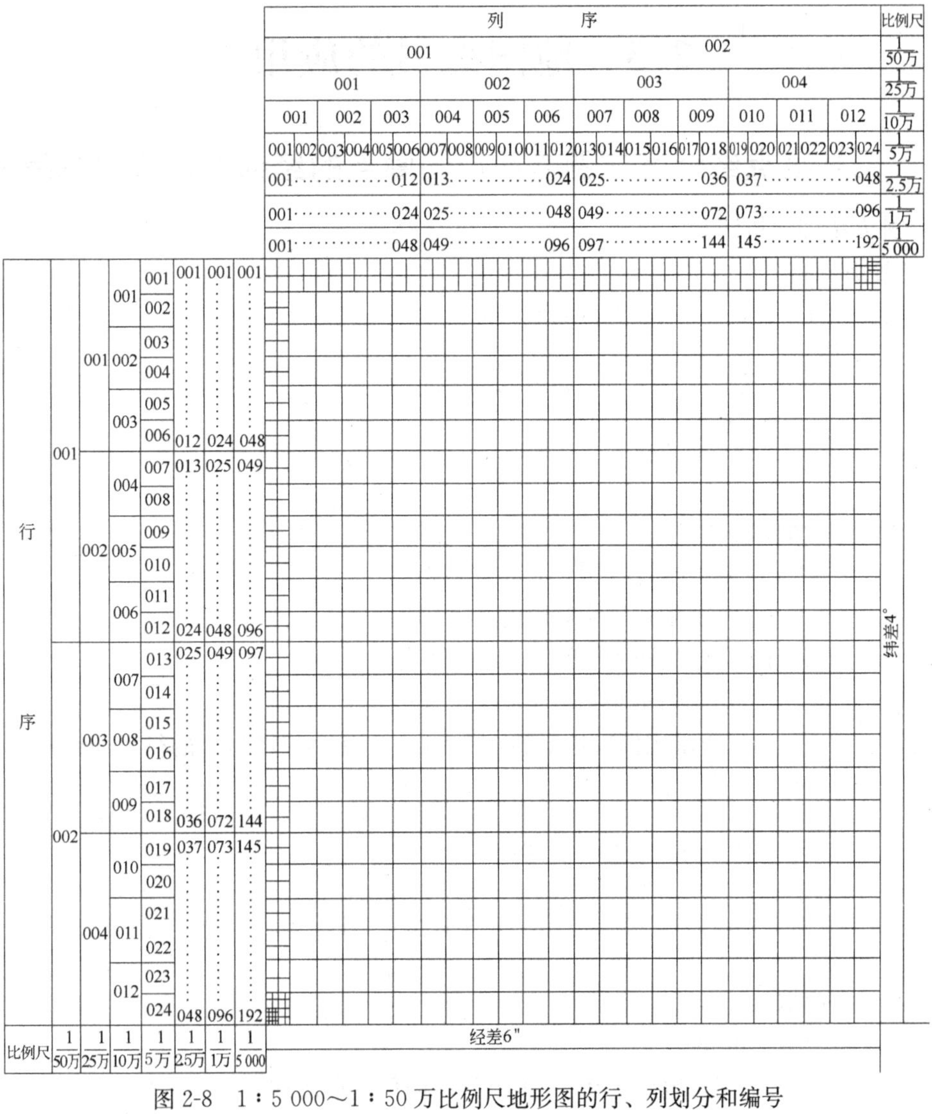

图 2-8　1∶5 000～1∶50 万比例尺地形图的行、列划分和编号

图 2-9 所示图号为 J50B001002；图 2-10 所示图号为 J50C003003。

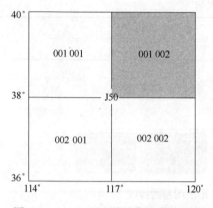

图 2-9　1：50 万地形图分幅编号示意

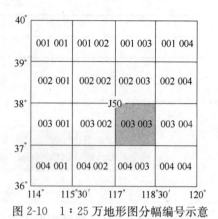

图 2-10　1：25 万地形图分幅编号示意

2.3　地图编号的应用

2.3.1　已知某点经纬度或图幅西南图廓点的经纬度计算图幅编号

有两种方法即解析法和图解法。

1. 解析法步骤

① 按式（2-1）计算 1：100 万图幅编号。

$$
\begin{aligned}
a &= \left[\frac{\varphi}{4^\circ}\right] + 1 \\
b &= \left[\frac{\lambda}{6^\circ}\right] + 31（东经）
\end{aligned}
\tag{2-1}
$$

式中：[ ]——分数值取整；

a——1：100 万图幅行号所对应的数字码；

b——1：100 万图幅列号所对应的数字码；

λ——某点的经度或图幅西南图廓点的经度；

φ——某点的纬度或图幅西南图廓点的纬度。

② 按式（2-2）计算所求比例尺地形图在 1：100 万比例尺图号后的行、列编号。

$$
\begin{aligned}
c &= \frac{4^\circ}{\Delta\varphi} - \left[\left(\frac{\varphi}{4^\circ}\right) \div \Delta\varphi\right] \\
d &= \left[\left(\frac{\lambda}{6^\circ}\right) \div \Delta\lambda\right] + 1
\end{aligned}
\tag{2-2}
$$

式中：( )——商取余；

[ ]——分数值取整；

c——所求比例尺地形图在 1：100 万比例尺地形图编号后的行号；

d——所求比例尺地形图在 1：100 万比例尺地形图编号后的列号；

λ——某点的经度或图幅西南图廓点的经度；

φ——某点的纬度或图幅西南图廓点的纬度；

$\Delta\lambda$——所求比例尺地形图分幅的经差；

$\Delta\varphi$——所求比例尺地形图分幅的纬差。

2. 图解法步骤

① 计算 1：100 万图幅编号。与解析法一样。

② 确定相应的 1：100 万图幅范围，计算和分割出 1：100 万地形图包含相应地形图的图幅数。

③ 根据实际的经纬度，直接得到图幅号。

[例 2-1]　某点经度为 114°33′45″，纬度为 39°22′30″，计算其所在 1：10 万比例尺地形图的编号。

解：① 按式（2-1）求该点所在 1：100 万图幅的图号。

$$a = \left[\frac{39°22′30″}{4°}\right] + 1 = 10（字符为 J）$$

$$b = \left[\frac{114°33′45″}{6°}\right] + 31 = 50$$

该点所在 1：100 万图幅的图号为 J50。

② 按式（2-2）求该点所在的 1：10 万地形图的编号。

$$\Delta\varphi = 20′, \quad \Delta\lambda = 30′$$

$$c = \frac{4°}{20′} - \left[\left(\frac{39°22′30″}{4°}\right) \div 20′\right] = 002$$

$$d = \left[\left(\frac{114°33′45″}{6°}\right) \div 30′\right] + 1 = 002$$

1：10 万地形图图号为 J50D002002。

[例 2-2]　已知某点位于北纬 32°54′，东经 112°48′，用图解法求该点所在 1：25 万图幅的编号。

解：① 求该点在 1：100 万图幅的图号。

$$a = \left[\frac{32°54′}{4°}\right] + 1 = 9（字符为 I）$$

$$b = \left[\frac{112°48′}{6°}\right] + 31 = 49$$

该点所在 1：100 万图幅的图号为 I49。

② 计算和图解出相应的图幅号（见图 2-11）。

③ 根据已知的经纬度可以直接得到 1：25 万地形图的图幅号为：I49C004004。

[例 2-3]　已知制图区域的经纬度范围如图 2-12 所示，编制该地区的地图时，需收集 1：10 万地形图作为编图资料，请算出所需 1：10 万图号并将相邻图幅编号填入表 2-3。

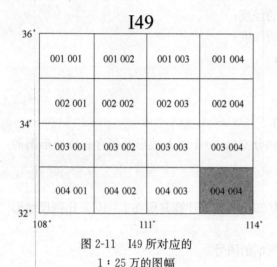

图 2-11　I49 所对应的
1：25 万的图幅

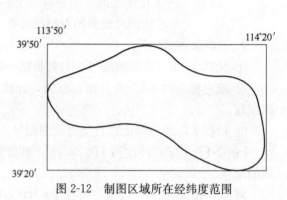

图 2-12　制图区域所在经纬度范围

表 2-3　图幅编号

	K49D012012	K50D012001	
J49D001011	J49D001012	J50D001001	J50D001002
J49D002011	J49D002012	J50D002001	J50D002002
	J49D003012	J50D003001	

解： ① 利用式（2-1），求出各图廓点在 1：100 万图中的图幅号。

西南角对应的 1：100 万图幅编号：

$$a = \left[\frac{39°20'}{4°}\right] + 1 = 10（字符为 J）$$

$$b = \left[\frac{113°50'}{6°}\right] + 31 = 49$$

该点所在 1：100 万图幅的图号为 J49。

西北角对应的 1：100 万图幅编号：

$$a = \left[\frac{39°50'}{4°}\right] + 1 = 10（字符为 J）$$

$$b = \left[\frac{113°50'}{6°}\right] + 31 = 49$$

该点所在 1：100 万图幅的图号为 J49。

东南角对应的 1：100 万图幅编号：

$$a = \left[\frac{39°20'}{4°}\right] + 1 = 10（字符为 J）$$

$$b = \left[\frac{114°20'}{6°}\right] + 31 = 50$$

该点所在 1：100 万图幅的图号为 J50。

东北角对应的 1：100 万图幅编号：

$$a = \left[\frac{39°50'}{4°} \right] + 1 = 10(字符为 J)$$

$$b = \left[\frac{114°20'}{6°} \right] + 31 = 50$$

该点所在 1：100 万图幅的图号为 J50。

② 利用式（2-2），求出在 1：10 万图幅中各点的编号。

西南角所在的 1：10 万图幅编号：

$$\Delta\varphi = 20', \quad \Delta\lambda = 30'$$

$$c = \frac{4°}{20'} - \left[\left(\frac{39°20'}{4°} \right) \div 20' \right] = 2 = 002$$

$$d = \left[\left(\frac{113°50'}{6°} \right) \div 30' \right] + 1 = 12 = 012$$

该点所在 1：10 万图幅的图号为 J49D002012。

西北角所在的 1：10 万图幅编号：

$$\Delta\varphi = 20', \quad \Delta\lambda = 30'$$

$$c = \frac{4°}{20'} - \left[\left(\frac{39°50'}{4°} \right) \div 20' \right] = 1 = 001$$

$$d = \left[\left(\frac{113°50'}{6°} \right) \div 30' \right] + 1 = 12 = 012$$

该点所在 1：10 万图幅的图号为 J49D001012。

东南角所在的 1：10 万图幅编号：

$$\Delta\varphi = 20', \quad \Delta\lambda = 30'$$

$$c = \frac{4°}{20'} - \left[\left(\frac{39°20'}{4°} \right) \div 20' \right] = 2 = 002$$

$$d = \left[\left(\frac{114°20'}{6°} \right) \div 30' \right] + 1 = 1 = 001$$

该点所在 1：10 万图幅的图号为 J50D002001。

东北角所在的 1：10 万图幅编号：

$$\Delta\varphi = 20', \quad \Delta\lambda = 30'$$

$$c = \frac{4°}{20'} - \left[\left(\frac{39°50'}{4°} \right) \div 20' \right] = 1 = 001$$

$$d = \left[\left(\frac{114°20'}{6°} \right) \div 30' \right] + 1 = 1 = 001$$

该点所在 1：10 万图幅的图号为 J50D001001。

从计算结果可知，四个角点之间的图幅号是相接的，中间没有别的图幅存在。

2.3.2　已知图号计算该图幅西南图廓点的经纬度

按式（2-3）计算该图幅西南图廓点的经纬度。

$$\lambda = (b - 31) \times 6° + (d - 1) \times \Delta\lambda$$

$$\varphi = (a - 1) \times 4° + \left(\frac{4°}{\Delta\varphi} - c \right) \times \Delta\varphi$$

(2-3)

式中各符号的意义同前。

[例 2-4] 已知某图幅图号为 J50B001001，求其西南图廓点的经纬度。

解：按式（2-3）计算

$$a=10,\ b=50,\ c=001,\ d=001,\ \Delta\varphi=2°,\ \Delta\lambda=3°$$

$$\lambda=(50-31)\times 6°+(1-1)\times 3°=114°$$

$$\varphi=(10-1)\times 4°+\left(\frac{4°}{2°}-1\right)\times 2°=38°$$

该图幅西南图廓点的经、纬度分别为 114°，38°。

2.3.3　不同比例尺地形图编号的行列关系换算

由较小比例尺地形图编号中的行、列代码计算所含各种较大比例尺地形图编号中的行、列代码。

最西北角图幅编号中的行、列代码按式（2-4）计算。

$$c_{大}=\frac{\Delta\varphi_{小}}{\Delta\varphi_{大}}\times(c_{小}-1)+1$$
$$d_{大}=\frac{\Delta\lambda_{小}}{\Delta\lambda_{大}}\times(d_{小}-1)+1 \tag{2-4}$$

最东南图幅编号中的行、列代码按式（2-5）计算。

$$c_{大}=\frac{\Delta\varphi_{小}}{\Delta\varphi_{大}}\times c_{小}$$
$$d_{大}=\frac{\Delta\lambda_{小}}{\Delta\lambda_{大}}\times d_{小} \tag{2-5}$$

式中：$c_{大}$——较大比例尺地形图在 1：100 万地形图编号后的行号；

　　　$d_{大}$——较大比例尺地形图在 1：100 万地形图编号后的列号；

　　　$c_{小}$——较小比例尺地形图在 1：100 万地形图编号后的行号；

　　　$d_{小}$——较小比例尺地形图在 1：100 万地形图编号后的列号；

　　　$\Delta\varphi_{大}$——大比例尺地形图分幅的纬差；

　　　$\Delta\varphi_{小}$——小比例尺地形图分幅的纬差；

　　　$\Delta\lambda_{大}$——大比例尺地形图分幅的经差；

　　　$\Delta\lambda_{小}$——小比例尺地形图分幅的经差。

[例 2-5] 1：10 万地形图编号中的行、列代码为 004001，求所包含的 1：2.5 万地形图编号的行、列代码。

解：已知 $c_{小}=004$，$d_{小}=001$，$\Delta\varphi_{小}=20'$，$\Delta\varphi_{大}=5'$，$\Delta\lambda_{小}=30'$，$\Delta\lambda_{大}=7'30''$

因此，按式（2-4）最西北角图幅编号中的行、列代码为

$$c_{大}=\frac{20'}{5'}\times(4-1)+1=013;\quad d_{大}=\frac{30'}{7'30''}\times(1-1)+1=001$$

按式（2-5）最东南图幅编号中的行、列代码为

$$c_{大}=\frac{20'}{5'}\times 4=016;\quad d_{大}=\frac{30'}{7'30''}\times 1=004$$

所包含的 1：2.5 万地形图编号中的行、列代码为

013001	013002	013003	013004
014001	014002	014003	014004
015001	015002	015003	015004
016001	016002	016003	016004

由较大比例尺地形图编号中的行、列代码计算包含该图的较小比例尺地形图编号中的行、列代码。

较小比例尺地形图编号中的行、列代码按式（2-6）计算。

$$c_{小} = \left[(c_{大} - 1) \times \frac{\Delta\varphi_{大}}{\Delta\varphi_{小}} \right] + 1$$
$$d_{小} = \left[(d_{大} - 1) \times \frac{\Delta\lambda_{大}}{\Delta\lambda_{小}} \right] + 1 \tag{2-6}$$

式中各符号的意义同前。

[例 2-6]　1∶2.5 万地形图图号中的行、列代码为 013003，计算包含该图的 1∶10 万地形图图号中的行、列代码。

解：由题知 $c_{大} = 013$，$d_{大} = 003$，$\Delta\varphi_{小} = 20'$，$\Delta\varphi_{大} = 5'$，$\Delta\lambda_{小} = 30'$，$\Delta\lambda_{大} = 7'30''$
按式（2-6）可得

$$c_{小} = \left[12 \times \frac{5'}{20'} \right] + 1 = 4 = 004; \quad d_{小} = \left[2 \times \frac{7'30''}{30'} \right] + 1 = 1 = 001$$

包含行、列代码为 013003 的 1∶2.5 万地形图的 1∶10 万地形图的行、列代码为 004001。

2.3.4　旧图幅号向新图幅号的转换

对于小于或等于 1∶10 万的旧的图幅号可以用图解法进行转换。对于大于 1∶10 万的旧的图幅号一般用解析法进行转换。

1. 图解法

首先判断对应的比例尺是多少；其次根据比例尺，判断旧的图幅号在 1∶100 万的位置；第三根据其位置，判断在图中处于几行几列；第四根据其行列位置则可以得到新的编号。

[例 2-7]　把 J-50-[6] 转换成新的图幅号。

解：由题知其比例尺代码为 1∶25 万。

图 2-13 表示其位置。

可以判断出在 2 行 2 列的位置，根据新的编号则为：
J50C002002。

[1]	[2]	[3]	[4]
[5]	[6]	[7]	[8]
[9]	[10]	[11]	[12]
[13]	[14]	[15]	[16]

图 2-13　J-50-[6]
的位置示意

2. 解析法

先计算旧的图幅号的经纬度范围，再计算新的图幅的图号。

2.4　大比例尺地形图的分幅与编号

2.4.1　大比例尺地形图的特点

（1）没有严格统一规定的大地坐标系统和高程系统。

有些工程用的小区域大比例尺地形图，是按照国家统一规定的坐标系统和高程系统测绘的；有的则是采用某个城市坐标系统、施工坐标系统、假定坐标系统及假定高程系统。

（2）没有严格统一的地形图比例尺系列和分幅编号系统。

有的地形图是按照国家基本比例尺地形图系列选择比例尺；有的则是根据具体工程需要选择适当比例尺。

（3）可以结合工程规划，施工的特殊要求，对国家自然资源部的测图规范和图式做一些补充规定。

2.4.2 大比例尺地形图分幅与编号

为了适应各种工程设计和施工的需要，对于大比例尺地形图，大多按纵横坐标格网线进行等间距分幅，即采用正方形分幅与编号方法。图幅大小如表 2-4 所示。

图幅的编号一般采用坐标编号法。由图幅西南角纵坐标 x 和横坐标 y 组成编号，1∶5 000 坐标值取至 1 km，1∶2 000、1∶1 000 取至 0.1 km，1∶500 取至 0.01 km。例如，某幅 1∶1 000 地形图的西南角坐标为 $x = 6\ 230$ km、$y = 25\ 110$ km，则其编号为 6230.0-25110.0。

也可以采用基本图号法编号，即以 1∶5 000 地形图作为基础，较大比例尺图幅的编号是在它的编号后面加上罗马数字。

例如，一幅 1∶5 000 地形图的编号为 20-60，则其他图的编号如图 2-14 所示。

表 2-4 正方形分幅的图幅规格与面积大小

地形图比例尺	图幅大小/cm	实际面积/km²	1∶5 000 图幅包含数
1∶5 000	40×40	4	1
1∶2 000	50×50	1	4
1∶1 000	50×50	0.25	16
1∶500	50×50	0.062 5	64

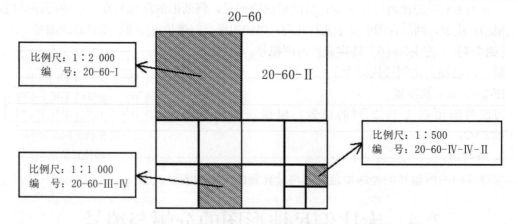

图 2-14 1∶500～1∶5 000 基本图号法的分幅编号

若为独立地区测图，其编号也可自行规定，如以某一工程名称或代号（电厂、863）编号，如图 2-15 所示。

××电厂

电-1	电-2	电-3	电-4	电-5
电-6	……			
电-11	……			
电-16	……			
电-20				电-25

图 2-15　某电厂 1∶2 000 地形图分幅总图及编号

本 章 小 结

本章对地图的分幅与编号进行了介绍，主要讲述了地图分幅的定义与编号的方法、国家基本比例尺地形图的分幅与编号、国家基本比例尺地形图的应用和大比例尺地形图的分幅与编号。一定要掌握国家基本比例尺地形图的应用。

复习思考题

1. 简述地图分幅与编号的定义与作用。

2. 地图编号有哪几种常见的方法？

3. 简述我国基本比例尺地形图的分幅与编号。

4. 比较矩形分幅与经纬线分幅的优缺点。

5. 已知某地地理坐标为北纬 $30°18'10''$，东经 $120°09'15''$，求它在 1∶50 万比例尺地形图中的编号。

6. 请把 J-50-100 转换成新的图幅号。

7. 已知某图图幅号为 149B002001，求其西南图廓点的经纬度。

8. 1∶50 万地形图编号中的行、列代码为 002001，计算所包含的 1∶10 万地形图编号的行、列代码。

9. 1∶10 万地形图图号中的行、列代码为 011008，计算包含该图的 1∶50 万地形图图号中的行、列代码。

10. 已知某地位于东经 $120°10'15''$，北纬 $30°15'10''$，求该地所在的 1∶1 万地形图的图号。

11. 设某地的地理坐标 $λ=120°09'15''$，$φ=30°18'10''$，求其所在 1∶10 万地形图的图号。

12. 已知某图幅的图号为 J50D002002，求其所在的地理位置。

13. 已知某地的地理坐标为东经 $118°56'10''$，北纬 $32°09'31''$，试求所在 1∶100 万、1∶50 万、1∶25 万、1∶10 万、1∶5 万、1∶2.5 万、1∶1 万和 1∶5 000 地形图的编号。

14. 已知某点 $λ=114°12'24''$，$φ=28°05'10''$，求（1）所在 1∶10 万比例尺地形图的编号；（2）该图幅相邻的 1∶10 万比例尺地形图的编号。

15. 已知某点 $λ=115°02'24''$，$φ=31°05'10''$，求其所在 1∶10 万、1∶25 万和 1∶50 万比例尺地形图的编号。

第3章 地图投影的基本理论

地球表面是一个不规则的曲面，而地图是一个无缝、无皱褶的平面，采取什么方法将地球表面绘制到平面上呢？即使采用了一定的方法使地球球面展绘到平面上，地物在球面上和平面上肯定有区别，也就是有变形，如何变形的？变形有何规律？

上述提到的问题是地图学需要解决的主要问题，本章就对此问题进行研究。

3.1 地球椭球体基本要素和公式

3.1.1 地球的形状和大小

1. 地球自然表面

关于大地是球体的早期认识，是由古希腊学者毕达格拉斯和亚里士多德提出的，他们在两千多年前就确信地球是圆的。后因宗教迷信和封建统治，压制了对天体的自由研究。直到公元前 200 年，才由古希腊学者埃拉托色尼具体量算出地球的周长，17 世纪末，牛顿推断地球不是圆球而是呈椭圆球，并为以后的经纬度测量所证实。

地球近似一个球体，它的自然表面是一个极其复杂而又不规则的曲面。在大陆上，最高点珠穆朗玛峰 8 844.43 m，在海洋中，最深点为马里亚纳海沟−11 034 m，两点高差近两万米。

通过天文大地测量、地球重力测量、卫星大地测量等精密测量，发现：地球不是一个正球体，而是一个极半径略短、赤道半径略长、北极略突出、南极略扁平，近于梨形的椭球体。

随着现代对地观测技术的迅猛发展，人们发现地球也不是完全对称的椭球体，椭球子午面南北半径相差 42 m，北半径长了 10 m，南半径短了 32 m；椭球赤道面长短半径相差72 m，长轴指向西经31°。地球形状更接近于一个三轴扁梨形椭球，且南胀北缩，东西略扁。

2. 地球体的物理表面——大地水准面

由于地球表面高低起伏，且形态极为复杂，不能作为测量与制图的基准面，这就提出了需要用一个曲面来代替地球表面的问题？大地水准面——将一个与静止海水面相重合的水准面延伸至大陆，所形成的封闭曲面。大地水准面所包围的球体称为大地体。大地水准面是描述地球形状的一个重要物理参考面，是大地测量基准之一。以铅垂线作为测量的基准线。由于地球内部物质分布的不均匀性，因此，大地水准面也是一个不规则的曲面，它也不能作为测量计算和制图的基准面。

3. 地球体的数学表面——地球椭球面

由于大地水准面的不规则性，不能用一个简单的数学公式来表达，因此，这个曲面不能作为测量和制图的基准面。所以必须寻找一个与大地体极其接近，又能用数学公式表达的规则形体来代替大地体，这就是地球椭球体。它的表面称为地球椭球面，作为测量计算的基准面。为了便于测绘成果的计算，选择一个大小和形状同它极为接近的旋转椭球面来代替，即以椭圆的短轴（地轴）为轴旋转而成的规则椭球体称为地球椭球体，它的表面称之为地球椭球面。它是一个纯数学表面，可以用简单的数学公式表达，有了这样一个椭球面，我们即可将其当作投影面，建立与投影面之间一一对应的函数关系。

地球自然表面、大地水准面和地球椭球面之间的关系如图 3-1 所示。

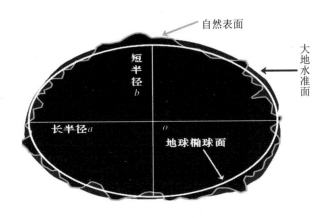

图 3-1　地球三面位置关系

地球椭球体的形状和大小常用下列符号表示：长半径 a（赤道半径）、短半径 b（极轴半径）、扁率 α，第一偏心率 e 和第二偏心率 e'，这些数据又称为椭球体元素。它们的数学表达式如下。

$$\alpha = \frac{a-b}{a} \tag{3-1}$$

$$e^2 = \frac{a^2-b^2}{a^2} \tag{3-2}$$

$$e'^2 = \frac{a^2-b^2}{b^2} \tag{3-3}$$

决定地球椭球体的大小，只要知道其中两个元素就够了，但其中必须有一个是长度（a 或 b）。e，e' 和 α 除了与 a，b 有关系外，它们之间还存在着下列关系。

$$e^2 = \frac{e'^2}{1+e'^2}; \quad e'^2 = \frac{e^2}{1-e^2}; \quad e^2 \approx 2\alpha \tag{3-4}$$

由于国际上在推求年代的方法及测定的地区不同，故地球椭球体的元素值有很多种，国际主要的椭球参数如表 3-1 所示。

我国 1952 年前采用海福特（Hayford）椭球体。1953—1980 年采用克拉索夫斯基椭球体（坐标原点是苏联玻尔可夫天文台）；我国在积累了 30 余年测绘资料的基础上，通过全国天文大地网整体平差建立了我国的大地坐标系，该坐标系采用 1975 年国际大地测量与地球物理联合会第 16 届大会推荐的地球椭球参数，并确定陕西泾阳县永乐镇北洪流村为"1980西安坐标系"大地坐标的起算点。我国规定从 2008 年 7 月 1 日起采用 2000 坐标系，采用的是 CGCS 2000 椭球。

表 3-1　国际主要的椭球参数

椭球名称	年代	长半径 a/m	短半径 b/m	扁率 α
埃弗勒斯	1830	6 377 276	6 356 075	1∶300.80
贝塞尔	1841	6 377 397	6 356 079	1∶299.15
克拉克Ⅰ	1866	6 378 206	6 356 534	1∶294.98
克拉克Ⅱ	1880	6 378 249	6 356 515	1∶293.47
海福特	1909	6 378 388	6 356 912	1∶297.00
克拉索夫斯基	1940	6 378 245	6 356 863	1∶298.30
WGS-72	1972	6 378 135	6 356 750	1∶298.26
GRS-75	1975	6 378 140	6 356 755	1∶298.257
GRS-80	1979	6 378 137	6 356 752	1∶298.257
CGCS2000	2008	6 378 137	6 356 752	1∶298.257

4. 地球的三级逼近

（1）地球形体的一级逼近。大地体即大地水准面对地球自然表面的逼近。大地体是对地球形状的很好近似，其面上高出的与面下缺少的相当。

（2）地球形体的二级逼近。在测量和制图中就用旋转椭球体来代替大地体，这个旋转椭球体通常称为地球椭球体，简称椭球体。它是一个规则的数学表面，所以人们视其为地球体的数学表面，这是对地球形体的二级逼近，用于测量计算的基准面。

（3）地球的三级逼近。对地球形状 a，b，α 测定后，还必须确定大地水准面与椭球体面的相对关系。即确定与局部地区大地水准面符合最好的一个地球椭球体——参考椭球体，这项工作就是参考椭球体定位。

通过数学方法将地球椭球体摆到与大地水准面最贴近的位置上，并求出两者各点间的偏差，从数学上给出对地球形状的三级逼近。

3.1.2　地理坐标系

确定地面点或空间目标的位置所采用的参考系称为坐标系，坐标系的种类有很多，与地图测绘密切相关的有地理坐标系和平面坐标系。

地理坐标系就是用经纬度表示地面点位的球面坐标系，在大地测量中，又分为天文坐标系、大地坐标系和地心坐标系。

1. 天文坐标系

天文坐标系是以大地水准面为基准面，铅垂线为基准线，以天文经纬度表示点位坐标的系统。

天文经纬度，表示地面点在大地水准面上的位置，用天文经度和天文纬度表示。

（1）天文经度 L。观测点天顶子午面与格林尼治天顶子午面间的两面角。在地球上定义为本初子午面与观测点之间的两面角。

（2）天文纬度 ϕ。在地球上定义为铅垂线与赤道平面间的夹角。

2. 大地坐标系

大地坐标系是以参考椭球面为基准面，以法线为基准线，用 φ、λ 表示地面或空间点位坐标的系统。

（1）大地经度 λ。指参考椭球面上某点的大地子午面与本初子午面间的两面角。东经为正，西经为负。

（2）大地纬度 φ。指参考椭球面上某点的垂直线（法线）与赤道平面的夹角。北纬为正，南纬为负。

大地坐标（λ，φ）因所依据的椭球体面不具有物理意义而不能直接测得，只可通过计算得到。它与天文坐标（L，ϕ）有如下关系式：

$$\lambda = L - \frac{\eta}{\cos\phi}$$

$$\varphi = \phi - \xi$$

(3-5)

式中：η——过同一地面点的垂线与法线的夹角在东西方向上的垂线偏差分量；

　　　　ξ——在南北方向上的垂线偏差分量。在一般测量和地图工作中，可以不考虑这种变化。

3. 地心坐标系

地心坐标系是以参考椭球面为基准面，以观测点与地心的连线为基准线，用 ψ、λ 表示地面或空间点位坐标的系统。即以地球椭球体质量中心为基点，地心经度同大地经度 λ，地心纬度是指参考椭球面上某点和椭球中心连线与赤道面之间的夹角 ψ。

在大地测量学中，常以天文经纬度定义地理坐标。

在地图学中，以大地经纬度定义地理坐标。

地理学研究及地图学的小比例尺制图中，通常将椭球体当成正球体看，采用地心经纬度。三种纬度关系，如图 3-2 所示。

地表面某两点经度值之差称为经差，某两点纬度值之差称为纬差。如若两点在同一经线上，其经差为零；如在同一纬线上，其纬差为零。

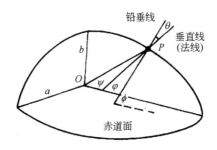

图 3-2　三种纬度关系示意

3.1.3　椭球体和球体的几个重要半径

图 3-3 中，设过椭球表面上任一点 P 作法线 Pn，通过法线的平面所截成的截面，叫作法截面。通过 P 点的法线 Pn 可以做出无穷多个法截面，法截面与椭球体面的交线称为法截弧。为说明椭球体面上某点的曲率起见，通常研究两个相互垂直的法截弧的曲率，这种相互

垂直的法截弧称为主法截弧。

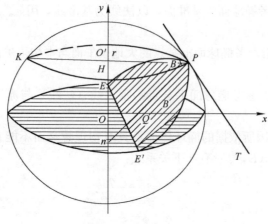

图 3-3 椭球面示意

对椭球体来说，要研究下列两个主法截弧，一个曲率半径具有最大值，而另一个曲率半径具有最小值。

1. 子午圈曲率半径 M

包含子午圈的截面，称为子午圈截面，从图 3-3 中看出，就是过 P 点的法线 Pn 同时又通过椭球体旋转轴的法截面。子午圈曲率半径通常用字母 M 表示，它是 P 点上所有截面的曲率半径中的最小值，为

$$M = \frac{a(1-e^2)}{(1-e^2\sin^2\varphi)^{\frac{3}{2}}} \qquad (3-6)$$

式中：a——椭球体的长半径；

e——第一偏心率；

φ——纬度。

当椭球体选定后，a，e 均为常数，可见 M 随纬度变化而变化。

2. 卯酉圈曲率半径 N

垂直于子午圈的法截弧称为卯酉圈，从图 3-3 中看出，即通过 P 点的法线 Pn 并垂直于子午圈截面的法截弧 PEE'。它具有 P 点上所有法截弧的曲率半径中的最大值，为

$$N = \frac{a}{(1-e^2\sin^2\varphi)^{\frac{1}{2}}} \qquad (3-7)$$

式中符号与式（3-6）相同，可见 N 亦随纬度 φ 的变化而变化。

根据式（3-6）和式（3-7）可得

当 $\varphi = 0°$ 时，$M_0 = a(1-e^2)$；$N_0 = a$。

当 $\varphi = 90°$ 时，$M_{90} = \frac{a}{\sqrt{1-e^2}}$；$N_{90} = \frac{a}{\sqrt{1-e^2}}$。

由此可见，子午圈曲率半径与卯酉圈曲率半径除了在两极处相等外，在同纬度某点上的 N 均大于 M。

由此可知，当该点在极点时，$M = N$，即卯酉圈成为一个子午圈，但仍保持同原来的子午圈的垂直关系。根据这一点也可以说明，在北极点上盖一座房子可以是四面向阳。因此，在该点上只有南北方向而无东西方向，从北极点向周围看，都是南方。

3. 平均曲率半径 R 等于主法截面曲率半径的几何中数

$$R=\sqrt{MN}=\frac{a(1-e^2)^{\frac{1}{2}}}{1-e^2\sin^2\varphi} \tag{3-8}$$

4. 纬圈半径 r

$$r=N\cos\varphi=\frac{a\cos\varphi}{(1-e^2\sin^2\varphi)^{\frac{1}{2}}} \tag{3-9}$$

5. 具有某种条件的球体半径

当视地球为球体时，常采用具有某种条件的球体半径 R。现在根据 IUGG 1975 年地球椭球体的参数：$a=6\,378\,140$ m，$b=6\,356\,755$ m，$e^2=0.006\,694\,475\,04$，推算出常用的球体半径以供选用。

（1）利用椭球体的三半轴平均数的球体半径，称为三轴平均球体半径，则有

$$R=\frac{a+a+b}{3}=6\,371\,012\mathrm{m}$$

（2）使球体的面积等于地球椭球体的面积，称为等面积球，其半径为

$$R=a\left(1-\frac{1}{6}e^2-\frac{17}{360}e^4\right)=6\,371\,010\ \mathrm{m}$$

（3）使球体的体积等于地球椭球体的体积，称为等体积球，其半径为

$$R=\sqrt[3]{a^2b}=6\,371\,004\ \mathrm{m}$$

那么多大比例尺的地图，才可以把地球当作球体处理？关于这个问题，过去讨论得不太多，现在可以根据地球椭球体的长半径 a 和短半径 b 与球体半径 R（按等面积球）的中误差 σ 的大小来衡量确定，即

$$\sigma=\sqrt{\frac{(a-R)^2+(b-R)^2}{2}}=11\,270.358\ \mathrm{m}$$

严格地说，只有把地球缩小 1 亿倍，即绘制 1∶10 000 万比例尺的世界地图时，上述差值才小于绘图误差（0.2 mm），这时才可以将地球当作球体。按此差值，半球地图比例尺小于 1∶5 000 万，各大洲地图比例尺小于 1∶1 000 万，也可以把地球作为球体。一般来说 8 开本以下的地图集和普通书刊中世界地图、半球地图和大陆地图等基本上可以将地球当作球体处理。

3.1.4　子午线弧长和纬线弧长

子午线弧长就是椭圆的弧长，由图 3-4 可知，椭圆上不同纬度的点，它的曲率半径也是不相同的。

子午线弧长微分弧长的表达式为

$$\mathrm{d}s=\frac{a\ (1-e^2)}{(1-e^2\sin^2\varphi)^{\frac{3}{2}}} \tag{3-10}$$

欲求 A、B 两点之间子午线弧长 s 时，需求以 φ_A 和 φ_B 为区间的积分，得

$$s=\int_{\varphi_A}^{\varphi_B}M\mathrm{d}\varphi=\int_{\varphi_A}^{\varphi_B}\frac{a(1-e^2)}{(1-e^2\sin^2\varphi)^{\frac{3}{2}}}\ \mathrm{d}\varphi$$

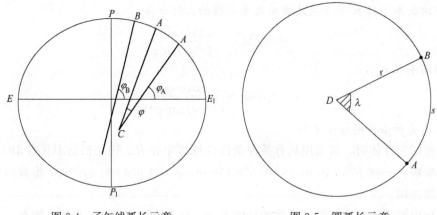

图 3-4　子午线弧长示意　　　　　　　　图 3-5　圆弧长示意

积分后经整理得子午线弧长的一般公式为

$$s=a(1-e^2)\left[\frac{A}{\rho^\circ}(\varphi_B-\varphi_A)-\frac{1}{2}B(\sin2\varphi_B-\sin2\varphi_A)+\right.$$
$$\left.\frac{1}{4}C(\sin4\varphi_B-\sin4\varphi_A)-\frac{1}{6}D(\sin6\varphi_B-\sin6\varphi_A)+\cdots\right] \tag{3-11}$$

其中：$\rho^\circ=\dfrac{180^\circ}{\pi}$；$A=1.005\,051\,773\,9$；$B=0.005\,062\,377\,64$；$C=0.000\,010\,624\,5$；$D=0.000\,000\,020\,81$。

若令 $\varphi_A=0$，$\varphi_B=\varphi$，则可得由赤道至纬度为 φ 的纬线间的子午线弧长 s，即

$$s=a(1-e^2)\left\{\frac{A}{\rho^\circ}\varphi-\frac{B}{2}\sin2\varphi+\frac{C}{4}\sin4\varphi-\frac{D}{6}\sin6\varphi+\cdots\right\} \tag{3-12}$$

因为纬线为圆弧，故可应用求圆弧长的公式求得纬线（平行圈）的弧长。设 A、B 两点的经差为 λ，则由图 3-5 可得

$$s=r\cdot\lambda=N\cos\varphi\cdot\lambda=\frac{N\cos\varphi\cdot\lambda''}{\rho''} \tag{3-13}$$

3.2　地图投影的概念与若干定义

3.2.1　地图投影的产生

经过长期的观察与测量，了解到地球的形状是一个近似球体，更确切地说是一个近似以椭圆短轴为旋转轴旋转而成的椭球体。这种形体只有现在所做的地球仪大致可以保持与之相似。我们要了解地球上的各种信息并加以分析研究，最理想的方法是将庞大的地球缩小，制成地球仪，直接进行观察研究。这样，其上各点的几何关系——距离、方位、各种特性曲线及面积等可以保持不变。然而，一个直径为 30 cm 的地球仪，相当于地球直径的五千万分之一；即使直径为 1 m 的地球仪，也只相当于地球直径的一千三百万分之一。在这么小的球面上是无法表示庞大地球上的复杂事物的。并且，地球仪难以制作，成本高，也不便于量测使用和携带保管。

欲详细研究地球表面的情况必须依靠地图。地图比例尺可大可小，表示的内容可详可

略，表示的区域可大可小。它可以详细表达地球表面上的各种自然及社会经济要素和现象，地图的制作、拼接、图上作业及携带保管都很方便。

通过测量的方法获得地形图，这一过程，可以理解为将测图地区按一定比例缩小成一个地形模型，然后将其上的一些特征点（测量控制点、地形点、地物点）用垂直投影的方法投影到图纸（见图3-6）。因为测量的可观测范围是个很小的区域，此范围内的地表面可视为平面，所以投影没有变形；但对于较大区域范围，甚至是半球、全球，这种投影方法就不适合了。

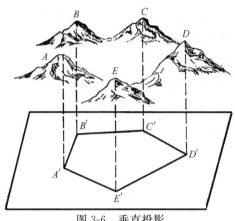

图 3-6　垂直投影

由于地球（或地球仪）面是不可展的曲面，而地图是连续的平面。因此，用地图表示地球的一部分或全部，这就产生了一种不可克服的矛盾——球面与平面的矛盾，如强行将地球表面展成平面，那就如同将橘子皮剥下铺成平面一样，不可避免地要产生不规则的裂口和褶皱，而且其分布又是毫无规律可循。为了解决将不可展球面上的图形变换到一个连续的地图平面上，就诞生了"地图投影"这一学科。

3.2.2　地图投影的定义

鉴于球面上任意一点的位置用地理坐标（φ，λ）表示，而平面上点的位置用直角坐标（x，y）或极坐标（r，θ）表示，因此，要想将地球表面上的点转移到平面上去，则必须采用一定的数学方法来确定其地理坐标与平面直角坐标或极坐标之间的关系。这种在球面与平面之间建立点与点之间对应函数关系的数学方法，称为地图投影。研究地图投影的理论、方法、应用和变换等学问的科学，称为地图投影学或数学制图学，是地图学的一个分支学科。

3.2.3　地图投影的实质

球面上任一点的位置均是由它的经纬度所确定的，因此，实施投影时，是先将球面上一些经纬线的交点展绘在平面上，并将相同经度、纬度的点分别连成经线和纬线，构成经纬网；然后再将球面上的点，按其经纬度转绘在平面上相应位置处。由此可见，地图投影的实质就是将地球椭球体面上的经纬网按照一定的数学法则转移到平面上，建立球面上点（φ，λ）与平面上对应点（x，y）之间的函数关系，用数学公式表达为

$$x = f_1(\varphi, \lambda)$$
$$y = f_2(\varphi, \lambda)$$

（3-14）

这是地图投影的一般方程式，当给定不同的具体条件时，就可得到不同种类的投影公式，依据各自公式将一系列的经纬线交点（λ，φ）计算成平面直角坐标系（x,y），并展绘在平面上，连接各点得到经纬线的平面表象（见图3-7）。经纬网是绘制地图的基础，是地图的主要数学要素。

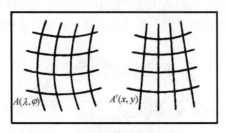

图 3-7　投影关系

3.2.4　地图投影的基本方法

地图投影已有两千多年的历史，人们根据各种地图的要求，设计了数百种地图投影。地图投影的方法也有很多，通常可归纳为几何透视法和数学解析法。

1. 几何透视法

几何透视法系利用透视关系，将地球表面上的点投影到投影面上的一种投影方法。例如，假设地球按比例缩小成一个透明的地球仪般的球体，在其球心、球面或球外安置光源，将透明球体上的经纬线、地物和地貌投影到球外的一个平面上，所形成的图形，即为地图。图 3-8 是将地球体面分别投影在平面和圆柱体面上的透视投影示意图。几何透视法只能解决一些简单的变换问题，具有很大的局限性，例如，往往不能将全球投影下来。随着数学分析这一学科的出现，人们就普遍采用数学解析法来解决地图投影问题了。

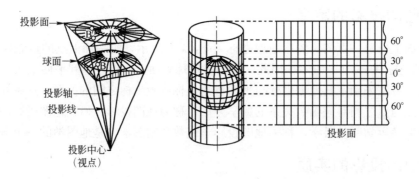

图 3-8　几何投影示意

2. 数学解析法

数学解析法是在球面与投影平面之间建立点与点的函数关系（数学投影公式），已知球面上点位的地理坐标，根据坐标转换公式确定在平面上对应坐标的一种投影方法。

3.2.5　地图投影变形及研究对象与任务

投影面上，以经纬线的"拉伸"或"压缩"（通过数学手段）来避免球面展开时产生裂隙和褶皱，可形成一幅完整的地图，如图 3-9 所示，从而产生了变形。

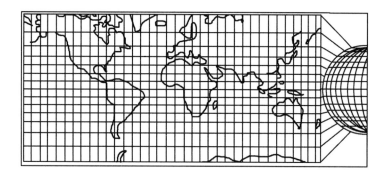

图 3-9　地球仪沿经线分裂后在极地四周展开

经过地图投影这一方法，虽然解决了球面与平面之间的矛盾，但在平面上表示地球的各部分，完全无误地表示是不可能的，即它们之间必有差异，存在变形。总体来讲，共有三种变形：一是长度变形，即投影后的长度与原面上对应的长度不相同了；二是面积变形，即投影后的面积与原面上对应面积不相等了；三是角度变形，即投影前后任意两个对应方向的夹角不相等了。

因此，地图投影研究的对象主要是将地球椭球面（或球面）描写到地图平面上的理论、方法及应用，以及地图投影变形规律。此外，还研究不同地图投影之间的转换和图上量算等问题。

地图投影的任务是建立地图的数学基础，它包括把地球面上的坐标系转化成平面坐标系，建立制图网——经纬线在平面上的表象。

地图测制的最初过程，概略地分为两步：一是选择一个非常近似于地球自然形状的规则几何体来代替它，然后将地球面上的点位按一定法则转移到此规则几何体上；二是将此规则几何体面（不可展曲面）按一定数学法则转换为地图平面。前者是大地测量学的任务，后者是地图投影学的任务。

整个地图投影过程如图 3-10 所示。

总之，球面与平面之间的矛盾由地图投影来解决，将地球椭球面上的点转换成平面上的点。大与小的矛盾由比例尺来解决。

如果从方程（3-14）中消去 φ，可得经线投影方程式为

$$F_1(x, \ y, \ \lambda) = 0 \tag{3-15}$$

如果从方程（3-14）中消去 λ，可得纬线投影方程式为

$$F_2(x, \ y, \ \varphi) = 0 \tag{3-16}$$

在式（3-14）中令 $\lambda = \lambda_0 =$ 常数，则方程

$$\begin{aligned} x &= f_1(\varphi, \ \lambda_0) \\ y &= f_2(\varphi, \ \lambda_0) \end{aligned} \tag{3-17}$$

表示经度为 λ_0 的经线方程式。

同样，如 $\varphi = \varphi_0 =$ 常数，则方程

$$\begin{aligned} x &= f_1(\varphi_0, \ \lambda) \\ y &= f_2(\varphi_0, \ \lambda) \end{aligned} \tag{3-18}$$

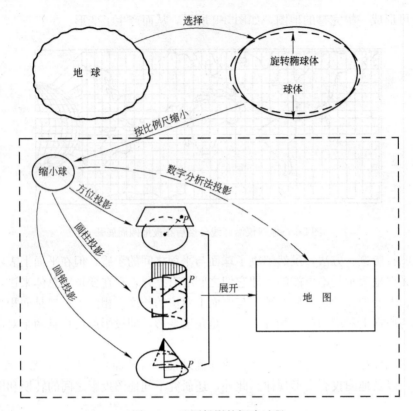

图 3-10　地图投影的概略过程

表示纬度为 φ_0 的纬线方程式。

以上各式就是地图投影中曲面与平面关系的基本表达式。

3.2.6　基本定义

我们已经知道，地球表面上的长度、面积、角度经过投影，一般地其量、值都会发生某种变化，而这些变化是在解决具体投影中必须认识和研究的。为此，需要给定一些基本定义。

1. 长度比与长度变形

如图 3-11 和图 3-12 所示，$ABCD$ 是原面上一微分图形，$A'B'C'D'$ 是其投影面上对应的图形。投影面上某一方向上无穷小线段 ds' 与原面上对应的无穷小线段 ds 之比叫作长度比，用 μ 表示，则

$$\mu = \frac{\mathrm{d}s'}{\mathrm{d}s} \tag{3-19}$$

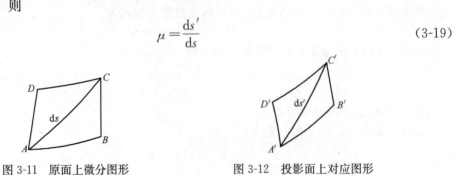

图 3-11　原面上微分图形　　　　　　图 3-12　投影面上对应图形

长度比与 1 之差叫作长度相对变形，简称长度变形，用 ν_μ 表示，则

$$\nu_\mu = \mu - 1 = \frac{\mathrm{d}s' - \mathrm{d}s}{\mathrm{d}s} \tag{3-20}$$

当 $\nu_\mu > 0$ 时，表明投影后长度增加了；当 $\nu_\mu < 0$ 时，表明投影后长度缩短了；当 $\nu_\mu = 0$ 时，表明无长度变形。

长度比是一个变量，不仅随点位不同而变化，而且在同一点上随方向变化而变化。任何一种投影都存在长度变形。没有长度变形就意味着地球表面可以无变形地描写在投影平面上，这是不可能的。

2. 面积比与面积变形

$ABCD$ 和 $A'B'C'D'$ 两微分区域的面积分别为 $\mathrm{d}F$、$\mathrm{d}F'$。投影面上某区域无穷小面积和相应原面上无穷小面积之比叫作面积比，用 P 表示，则

$$P = \frac{\mathrm{d}F'}{\mathrm{d}F} \tag{3-21}$$

面积比与 1 之差叫作面积相对变形，简称面积变形，用 ν_P 表示，则

$$\nu_P = P - 1 = \frac{\mathrm{d}F' - \mathrm{d}F}{\mathrm{d}F} \tag{3-22}$$

当 $\nu_P > 0$ 时，表示投影后面积增大；当 $\nu_P < 0$ 时，表示投影后面积缩小；当 $\nu_P = 0$ 时，表示面积无变形。

面积比或面积变形也是一个变量，它随点位的变化而变化。

3. 角度变形

投影面上任意两方向线所夹之角（u'）与原面上对应之角（u）之差叫作角度变形，用 Δu 表示，则

$$\Delta u = u' - u \tag{3-23}$$

角度变形有正有负，当 $\Delta u > 0$ 时，投影后角度增大；当 $\Delta u < 0$ 时，投影后角度减小；当 $\Delta u = 0$ 时，投影前后角度相等，无角度变形。

角度变形也是一个变量，它随着点位和方向的变化而变化。在同一点上某特殊方向上，其角差具有最大值，这种最大值称为该点上的角度最大变形。

4. 标准点和标准线

标准点，系地图投影面上没有任何变形的点，即投影面与地球椭球体面相切的切点。离开标准点越远，则变形越大。如图 3-13 所示，在图 3-13（a）中，投影平面切在地球椭球体面某点，该点既在地球椭球体面上，也在投影平面上，这样的点投影后不产生任何变形。

标准线，系地图投影面上没有任何变形的一种线，即投影面与地球椭球体面相切或相割的一条或两条线。标准线分为标准纬线和标准经线（分别简称为标纬和标经），并又各自分切纬线和割纬线或切经线和割经线。离开标准线越远，则变形越大。

在图 3-13（b）中，圆锥与地球某纬线圈相切，在图 3-13（c）圆柱在赤道上与地球相切，这些相切的纬线投影后均无变形。

在确定地图比例尺、分析地图投影变形分布规律、确定地图投影性质和在地图上进行量算时，均要以标准点和标准线作为依据。

地图投影不可避免地产生变形，这是不以人们意志为转移的客观规律。我们研究投影的

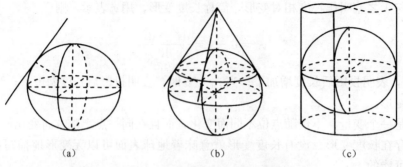

图 3-13　地图投影标准点和标准纬线

目的在于掌握各种地图投影变形大小及其分布规律，以便于正确控制投影变形。一般来说，地图投影变形越小越好，但对于某些特殊地图，要求地图投影满足特殊条件，那么就不是投影变形越小越好了。

3.3　变 形 椭 圆

3.3.1　变形椭圆的基本概念

我们还可以利用解析几何的一些方法论述上面所阐述过的变形问题。变形椭圆就是常常用来论述和显示投影变形的一个良好的工具。变形椭圆的意思是，地面一点上的一个无穷小圆——微分圆（也称单位圆），在投影后一般会成为一个微分椭圆，利用这个微分椭圆能较恰当地、直观地显示变形的特征。它是由法国数学家底索（Tissort）提出来的，亦称为底索曲线（底索指线）。图 3-14 是微分圆及其表象。

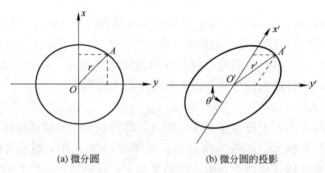

(a) 微分圆　　　　　　　　(b) 微分圆的投影

图 3-14　微分圆及其表象

由于斜坐标系在应用上不甚方便，为此我们取一对互相垂直的相当于主方向的直径作为微分圆的坐标轴，由于主方向投影后保持正交且为极值的特点，则在对应平面上它们便成为椭圆的长短半轴，并以 μ_1 和 μ_2 表示沿主方向的长度比（见图 3-15）。

如果用 a，b 表示椭圆的长短半轴，则 $a=\mu_1 r$，$b=\mu_2 r$。为方便起见，令微分圆半径为单位 1，即 $r=1$，在椭圆中即有 $a=\mu_1$，$b=\mu_2$。因此，可以得出以下结论：微分椭圆长、短半轴的大小，等于 O 点上主方向的长度比。这就是说，如果一点上主方向的长度比（极值长度比）已经确定，则微分圆的大小及形状即可确定，如表 3-2 所示。

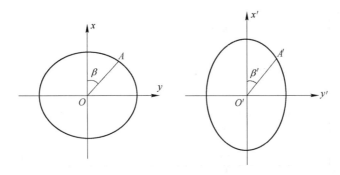

图 3-15　微分圆及其投影中的主方向

表 3-2　变形椭圆示意

椭球面上微分圆	投影面上的变形椭圆（a 为长半径，b 为短半径）								
	0	1		2		3	4		
$r=1$	$a=1$ $b=1$ $a=b$	$a<1$ $b<1$ $a=b$	$a>1$ $b>1$ $a=b$	$a=1$ $b<1$	$a>1$ $b=1$	$a>1$ $b<1$ $a=\dfrac{1}{b}$	$a>1$ $b>1$ $a>b$	$a<1$ $b<1$ $a>b$	$a>1$ $b<1$ $a\neq\dfrac{1}{b}$
	保持主比例尺	等角投影		等距离投影		等面积投影	任意投影		

从表 3-2 可以看出，变形椭圆在不同投影中是各不相同的。一个椭圆只要知道它的长短半径 a、b，则这个椭圆就可以完全确定了。关于计算 a、b 的解析式，将在后面研究。

从变形椭圆形状分析投影变形的方法如下。

表 3-2 中 0 栏表示投影中只有个别点或线上能保持主比例尺；1 栏表示变形椭圆长、短半径 a，b 都比实地的 r 放长或缩短，但 $a=b$，因此，形状没有变化；2 栏表示 a，b 中的一个等于 1，另一个不等于 1，因此，形状有变化；3 栏表示 a，b 都不等于 1，但它们之间保持有一定的关系，即 $a=1/b$ 或 $ab=1$，因此，形状变了但面积没有变化；4 栏里的形状和面积均发生了变化。任何地图投影的变形性质，必属于表 3-2 中的某一栏。

3.3.2　极值长度比和主方向

1. 极值长度比

鉴于在某一点上，长度比随方向的变化而变化，通常不一一研究各个方向的长度比，而只研究其中一些特定方向的极大和极小长度比。地面微分圆的任意两正交直径，投影后为椭圆的两共轭直径，其中仍保持正交的一对直径即构成变形椭圆的长短轴。沿变形椭圆长半轴和短半轴方向的长度比分别具有极大值和极小值，而称为极大和极小长度比，分别用 a 和 b 表示。极大和极小长度比总称极值长度比，是衡量地图投影长度变形大小的数量指标。极值长度比是一个变量，在不同点上其值不等。在经纬线为正交的投影中，经线长度比 m 和纬线长度比 n 即为极大和极小长度比。经纬线投影后不正交，其交角为 θ，则经纬线长度比和极大、极小长度比之间具有下列关系

$$m^2 + n^2 = a^2 + b^2$$
$$mn\sin\theta = ab$$

(3-24)

或

$$(a+b)^2 = m^2 + n^2 + 2mn\sin\theta$$
$$(a-b)^2 = m^2 + n^2 - 2mn\sin\theta$$

其中式（3-24）也称为阿波隆尼定理。

2. **主方向**

过地面某一点上的一对正交微分线段，投影后仍为正交，则这两条正交线段所指的方向均称为主方向。主方向上的长度比是极值长度比，一个是极大值，一个是极小值。在经纬线为正交的投影中，因交角 $\theta = 90°$，故可得

$$a \cdot b = m \cdot n$$
$$a + b = m + n$$
$$a - b = m - n$$

由此表明，此时经纬线长度比与极值长度比一致，经纬线方向亦为主方向。当经纬线不正交的网格上，变形椭圆的主方向与经纬线不一致，因此，在实用时要研究经纬线的长度比。

3.3.3 变形椭圆的作用

图 3-16 和图 3-17 是两个投影的示例。在投影中不同位置上的变形椭圆具有不同的形状或大小。我们把它们的形状同经纬线形状联系起来观察。在图 3-16 中，不同位置的变形椭圆形状差异很大，但面积大小差不多。实际上这是一个等面积投影。在图 3-17 中，在不同位置上变形椭圆保持为圆形，但面积差异很大。实际上，这是一个等角（正形）投影，故变形椭圆的长短半径相等，仍然是圆形，也就是形状没有变化。

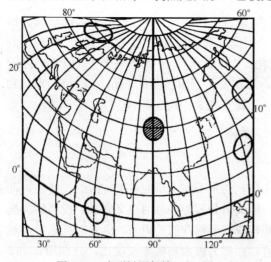

图 3-16　变形椭圆保持面积不变

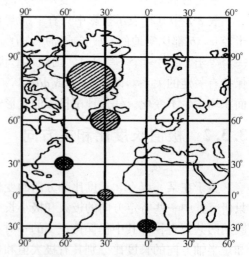

图 3-17　变形椭圆保持形状不变

从上面两个例子可以看出，变形椭圆确能直观地表达变形特征。

一个变形椭圆可以用来表示某一点上的各种变形，在不同位置上的变形椭圆，常有不同的形状和大小（见表 3-2）。

变形椭圆各方向上的半径长表示长度比。若方向半径大于单位长度，则表示投影后长度增加；若方向半径小于单位长度，则表示投影后长度缩短；若方向半径等于单位长度，则表示投影后长度不发生变形。

若变形椭圆的面积等于单位圆面积，则表明该点上无面积变形；若变形椭圆的面积大于单位圆面积，则表明投影后面积被放大；若变形椭圆的面积小于单位圆面积，则表明投影后面积被缩小。

变形椭圆的扁平程度反映了角度变形大小。若变形椭圆长半径与短半径的比值越大，则角度变形越大；若其比值越接近于 1，则角度变形越小；若长短半径相等，则表明投影后角度无变形。

变形椭圆能生动、形象地显示投影变形。一个变形椭圆能同时显示某点的各种变形，一组变形椭圆能揭示全制图区域变形变化规律。但变形椭圆对变形的微小变化的现象较难区分，且绘制也比较困难。

图 3-18 为各种投影的变形椭圆示意图。

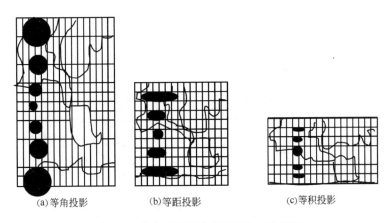

图 3-18　由变形椭圆表示不同的三种投影

3.3.4　等变形线

等变形线是投影中各种变形相等的点的轨迹线。在变形分布较复杂的投影中，难以绘出许多变形椭圆，或列出一系列变形值来描述图幅内不同位置的变形变化状况。于是便计算出一定数量的经纬线交点上的变形值，再利用插值的方法描绘出一定数量的等变形线以显示此种投影变形的分布及变化规律。这是在制图区域较大而且变形分布亦较复杂时经常采用的一种方法。

3.4　投影变形的基本公式

前两节介绍了地图投影的基本概念及投影变形的定义，还介绍了如何用变形椭圆来描述变形的性质和大小。本节对投影变形做进一步的研究，给出投影变形的基本公式。

3.4.1 长度比公式

由于在地图投影上变形特点是不相同的，先从普遍的意义上来研究某一点上变形变化的特点，再深入研究不同点上变形变化的规律，便不难掌握整个投影的变形变化规律。各种变形（面积、角度等）均可用长度变形来表达，因此，长度变形是各种变形的基础。为此，首先研究一点上长度比的特征。

长度比公式可从变形椭圆和投影方程分别推导。

1. 从变形椭圆推导

由前节可知，主方向的长度比即极值长度比 a 和 b。现在推导任一方向的长度比公式。

设球面上有一点 O，过 O 点有两个互相垂直的微分线段 OX，OY。设另一微分线段 OA 等于微分圆半径，它与 OX 轴构成 β 角（见图 3-19（a）），这些线段和交角 β 投影到平面上后相应地成为 $O'A'$，$O'X'$ 和 β'（见图 3-19（b））。

则长度比为

$$\mu = \frac{O'A'}{OA} = \frac{r'}{r}$$

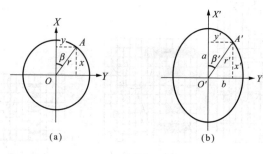

图 3-19　变形椭圆表示角度投影的变化

由图 3-19 可知

$$r' = \sqrt{x'^2 + y'^2}$$

$$x' = ax, \quad y' = by$$

而

$$x = r\cos\beta, \quad y = r\sin\beta$$

于是

$$x' = ar\cos\beta, \quad y' = br\sin\beta$$

从而可得

$$r' = r\sqrt{a^2\cos^2\beta + b^2\sin^2\beta}$$

所以

$$\mu = \frac{r'}{r} = \sqrt{a^2\cos^2\beta + b^2\sin^2\beta} \tag{3-25}$$

这就是求任一方向长度比的公式。只要知道 a ，b 和方向角 β ，便可求得一点上任一方向的长度比。

通过对长度比的有关讨论，已认识到长度比是一个变量，它不仅随点的位置而变，而且在同一点上也随着方向的变化而变化。特别是当 $\beta=0°$ 和 $\beta=90°$ 时，根据式（3-25）有以下结果：

（1）当 $\beta=0°$ 时，$\mu=a$ ，代表极大长度比；

（2）当 $\beta=90°$ 时，$\mu=b$ ，代表极小长度比。

由此又进一步证明，极大、极小长度比的方向间隔 $90°$ 的角，即互相垂直的两个方向。

2. 从投影方程推导

设在地球椭球面上，由经差 $d\lambda$ 和纬差 $d\varphi$ 构成的微分梯形 $ABCD$，如图 3-20 所示，由 3.1 节可知

经线微分线段：$AD=Md\varphi$ $\qquad(3-26)$

纬线微分线段：$AB=rd\lambda$ $\qquad(3-27)$

对角线弧长：$AC=ds=\sqrt{M^2d\varphi^2+r^2d\lambda^2}$ $\qquad(3-28)$

$$\tan\alpha=\frac{rd\lambda}{Md\varphi} \qquad(3-29)$$

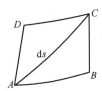
图 3-20　地球椭球面上一微分梯形

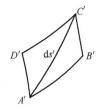
图 3-21　微分梯形在平面上的投影

假设图形 $A'B'C'D'$ 是地球椭球面上微分梯形 $ABCD$ 在平面上的投影。A' 为 A 点的投影，其平面直角坐标为 x，y；C' 为 C 点的投影，其平面直角坐标为 $x+dx$，$y+dy$；ds' 为 ds 的投影。由图 3-21 可知

$$ds'=\sqrt{dx^2+dy^2} \qquad(3-30)$$

将式（3-14）微分，可得到 dx 和 dy 的全微分为

$$\left.\begin{aligned} dx&=\frac{\partial x}{\partial\varphi}d\varphi+\frac{\partial x}{\partial\lambda}d\lambda \\ dy&=\frac{\partial y}{\partial\varphi}d\varphi+\frac{\partial y}{\partial\lambda}d\lambda \end{aligned}\right\} \qquad(3-31)$$

将式（3-31）代入式（3-30），则有

$$ds'^2=dx^2+dy^2=\left[\left(\frac{\partial x}{\partial\varphi}\right)^2+\left(\frac{\partial y}{\partial\varphi}\right)^2\right]d\varphi^2+2\left[\frac{\partial x}{\partial\varphi}\cdot\frac{\partial x}{\partial\lambda}+\frac{\partial y}{\partial\varphi}\cdot\frac{\partial y}{\partial\lambda}\right]d\varphi d\lambda+$$

$$\left[\left(\frac{\partial x}{\partial\lambda}\right)^2+\left(\frac{\partial y}{\partial\lambda}\right)^2\right]d\lambda^2 \qquad(3-32)$$

引入下列符号，令

$$E = \left(\frac{\partial x}{\partial \varphi}\right)^2 + \left(\frac{\partial y}{\partial \varphi}\right)^2$$

$$G = \left(\frac{\partial x}{\partial \lambda}\right)^2 + \left(\frac{\partial y}{\partial \lambda}\right)^2$$

$$F = \frac{\partial x}{\partial \varphi} \cdot \frac{\partial x}{\partial \lambda} + \frac{\partial y}{\partial \varphi} \cdot \frac{\partial y}{\partial \lambda}$$

$$H = \frac{\partial x}{\partial \varphi} \cdot \frac{\partial y}{\partial \lambda} - \frac{\partial y}{\partial \varphi} \cdot \frac{\partial x}{\partial \lambda}$$

(3-33)

其中，H 的表达式可由 $\sqrt{EG - F^2} = H$ 的式中解出。E，F，G 称为一阶基本量，或称高斯系数。

将 E，F，G 代入式（3-32），可得

$$ds'^2 = E d\varphi^2 + 2F d\varphi d\lambda + G d\lambda^2$$

(3-34)

根据长度比公式，把式（3-28）和式（3-34）代入式（3-19）可得

$$\mu_\alpha = \frac{ds'}{ds} = \frac{\sqrt{E d\varphi^2 + 2F d\varphi d\lambda + G d\lambda^2}}{\sqrt{M^2 d\varphi^2 + r^2 d\lambda^2}}$$

(3-35)

根据式（3-29）可得

$$d\lambda = \frac{M \tan\alpha \, d\varphi}{r}$$

(3-36)

把式（3-36）代入式（3-35），可得任意一点与经线呈 α 角方向上的长度比 μ_α 为

$$\mu_\alpha^2 = \frac{E}{M^2}\cos^2\alpha + \frac{G}{r^2}\sin^2\alpha + \frac{F}{Mr}\sin 2\alpha$$

(3-37)

当 $\alpha = 0$ 时，长度比就是经线比，其计算公式为

$$m = \frac{\sqrt{E}}{M}$$

(3-38)

当 $\alpha = 90°$ 时，长度比就是纬线比，其计算公式为

$$n = \frac{\sqrt{G}}{r}$$

(3-39)

3.4.2 面积比公式

根据长度比可推导出面积比公式为

$$P = a \cdot b = m \cdot n \sin\theta'$$

(3-40)

式中：a，b——极值长度比；

θ'——经纬线投影后的夹角。

3.4.3 角度变形的公式

1. 经纬线夹角变形公式

经纬线在椭球面上是一组互相垂直的直线，经纬线投影后的夹角为 θ'，则在投影面上经纬线夹角变形 ε 为

$$\varepsilon = \theta' - 90°$$

经纬线夹角变形 ε 的表达式经推导得到

$$\tan\varepsilon = -\frac{F}{H} \tag{3-41}$$

其中，$H = \frac{\partial x}{\partial \varphi} \cdot \frac{\partial y}{\partial \lambda} - \frac{\partial x}{\partial \lambda} \cdot \frac{\partial y}{\partial \varphi}$。

2. 最大角度变形公式

一点上可有无数的方向角，投影后这无数的方向角一般地都不能保持原来的大小。一点最大角度变形 ω 可用极值长度比 a，b 来表示，推导其公式。

仍参照图 3-22，设微分圆 O' 为地球面上一微分圆 O 的投影，r 与 OX 的正向的方向角 β，其投影为 r' 与 $O'X'$ 的交角 β'。由此则有

$$x' = ax, \quad y' = by$$

于是

$$\tan\beta' = \frac{y'}{x'} = \frac{by}{ax} = \frac{b}{a}\tan\beta \tag{3-42}$$

式（3-42）表示的是地球面上一个方向与主方向所组成的角度与它投影后的角度之间的关系。

将式（3-42）两端用 $\tan\beta$ 减和 $\tan\beta$ 加，得

$$\tan\beta - \tan\beta' = \tan\beta - \frac{b}{a}\tan\beta = \tan\beta\left(1 - \frac{b}{a}\right)$$

$$\tan\beta + \tan\beta' = \tan\beta + \frac{b}{a}\tan\beta = \tan\beta\left(1 + \frac{b}{a}\right)$$

利用三角公式

$$\tan\beta \pm \tan\beta' = \frac{\sin(\beta \pm \beta')}{\cos\beta\cos\beta'}$$

代入上两式则有

$$\frac{\sin(\beta - \beta')}{\cos\beta\cos\beta'} = \tan\beta\left(1 - \frac{b}{a}\right)$$

$$\frac{\sin(\beta + \beta')}{\cos\beta\cos\beta'} = \tan\beta\left(1 + \frac{b}{a}\right)$$

两式相除，得

$$\sin(\beta - \beta') = \frac{a - b}{a + b}\sin(\beta + \beta') \tag{3-43}$$

由式（3-43）可知，当 $\beta + \beta' = 90°$ 时，$\beta - \beta'$ 的差值最大。如果以 $\frac{\omega}{2}$ 代表（$\beta - \beta'$）的最大差值，则

$$\sin\frac{\omega}{2} = \frac{a - b}{a + b} \tag{3-44}$$

因为 β 是一个方向与另一个主方向所构成的角，今假设在相邻的象限内有一个与 OA 对称的方向，则此两方向的夹角与它的投影角之间的最大差值必然为 ω，如图 3-22 所示。于是 ω 为最大角度变形。

按三角函数的概念，还可得到

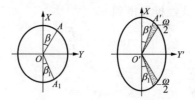

图 3-22　最大角度变形示意

$$\cos\frac{\omega}{2}=\frac{2\sqrt{ab}}{a+b}$$

$$\tan\frac{\omega}{2}=\frac{a-b}{2\sqrt{ab}}$$

(3 - 45)

此外，在实用上常通过以下公式求得

$$\tan\left(45°+\frac{\omega}{4}\right)=\sqrt{\frac{a}{b}}$$

$$\tan\left(45°-\frac{\omega}{4}\right)=\sqrt{\frac{b}{a}}$$

(3 - 46)

公式（3-44）、式（3-45）和式（3-46）都是经常用的最大角度变形公式。有了这些公式，只要已知投影面上某点极值长度比 a，b 之值，便可很容易求得最大角度变形 ω 值。

例如，已知投影面上某点的主方向的长度比 $a=1.024$，$b=0.867$，求该点附近的最大角度变形值。

利用公式（3-44），可得

$$\sin\frac{\omega}{2}=\frac{a-b}{a+b}=\frac{0.157}{1.891}=0.083$$

$$\omega=2\arcsin 0.083=9°31'30''$$

3.5　地图比例尺

3.5.1　地图比例尺的定义

要把地球表面多维的景观描绘在二维有限的平面图纸上，必然遇到大和小的矛盾。解决矛盾的办法就是按照一定数学法则，运用符号系统，经过制图综合，将有用信息缩小表示。为了使地图的制作者能按实际所需的比例制图，亦为了使地图的使用者能够了解地图与实际制图区域之间的比例关系，便于用图，在制图之前必须明确制定制图区域缩小的比例，在制成的图上也应明确表示出缩小的比例。

特别应该强调，由于地图投影的原因，会造成地图上各处的缩小比例不同，地图投影时，应考虑地图投影对地图比例尺的影响。

电子地图出现后，传统的比例尺概念发生了新的变化。在以纸质为信息载体的地图上，地图内容的选取、概括程度、数据精度等都与比例尺密切相关，而在计算机生成的屏幕地图上，比例尺主要表明地图数据的精度。屏幕上比例尺的变化，并不影响上述内容涉及的地图本身比例尺的特征。

首先应该指出，在传统地图上所标明的缩小比率，都是指长度缩小的比率。

当制图区域较小、景物缩小的比率也比较小时，出于采用了各方面变形都较小的地图投影，因此图面上各处长度缩小的比例都可以看成是相等的。在该情况下，地图比例尺的含义是指图上某线段的长度 l 与其相应的实地长度 D 之比。用数学式表达为

$$\frac{1}{M} = \frac{l}{D} \tag{3-47}$$

式中：M——地图比例尺的分母；

l ——地图上线段的长度；

D ——相应线段在实地的长度。

例如，图上某线段长为 $l = 5$ cm，在实地的长度为 $D = 500$ m。则其比例尺为

$$\frac{1}{M} = \frac{l}{D} = \frac{5 \text{ cm}}{500 \text{ m}} = \frac{1}{10\ 000}$$

又如，测得地面距离 1 250 m，求在 1∶5 万图上的距离是多少？

根据式（3-47），图上距离 $l = 1\ 250$ m/50 000 = 0.025 m（即 2.5 cm）。

在通常情况下，地图使用者可以用地图上标明的比例尺，在图上进行各种量算。

而当制图区域相当大，制图时对地物的缩小比率也相当大时，此时所采用的地图投影比较复杂，地图上的长度也因地点和方向不同而有所变化。

地图上注记的比例尺，称之为主比例尺，它是运用地图投影方法绘制经纬线网时，首先把地球椭球体按规定比例尺缩小，以制 1∶100 万地图为例，首先将地球缩小 100 万倍，而后将其投影到平面上，那么 1∶100 万就是地图的主比例尺。由于投影后有变形，所以主比例尺仅能保留在投影后没有变形的点或线上，而其他地方不是比主比例尺大，就是比主比例尺小。所以大于或小于主比例尺的叫作局部比例尺。

因此，作为用图者，一定不要在小比例尺地图上，用图上提供的主比例尺进行各种图上量算，尤其不能随意进行长度量算。

在地图投影中，切点、切线和割线上是没有任何变形的，这些地方的比例尺皆是主比例尺。切线或割线长度与球面上相应直线距离水平投影长度的比值即为地面实际缩小的倍数。因此，通常以切点、切线和割线缩小的倍数表示地面缩小的程度；在各种地图上通常所标注的都是此种比例尺，故又称普通比例尺。主比例尺主要用于分析或确定地面实际缩小的程度。

3.5.2　地图比例尺在地图上的表现形式

地图上表示比例尺有以下几种形式。

（1）数字式比例尺。用阿拉伯数字表示，例如，1∶100 000（或简写 1∶10 万），也可用分数 $\frac{1}{100\ 000}$ 表示。

（2）文字式比例尺。用文字注解的方法表示。例如，"百万分之一"，"图上 1 cm 相当于实地 10 km" 等。表达比例尺长度单位，在地图上通常以厘米计，在实地以米和千米计，涉及航海方面，则以 mile（海里）计。

（3）图解式比例尺。

① 直线比例尺。指以 1 cm 为一基本尺段，呈直线图形的比例尺。整个比例尺分主副尺两部分，主尺包括若干尺段，第一尺段分点处从 0 起，向右计数；副尺占一个尺段；细分10 小格，从 0 处向左计数，每小格为 0.1 基本尺段，读数时可估读到 0.01 基本尺段。每一基本尺段相当于实地的长度，随某地图的比例尺大小而定。

② 斜分比例尺，又称微分比例尺。它不是绘在地图上的比例尺图形，而是一种地图的量算工具；是依据相似三角形原理，用金属或塑料制成的。先作一直线比例尺为基尺，以2 cm 长度为单位将基尺划分若干尺段，过各分点作 2 cm 长的垂线并 10 等分，连各等分点成平行线；再将左端副尺段的上下边 10 等分，错开一格连成斜线，注上相应的数字即成。用它可以准确读出基本单位的百分之一，估读出千分之一。

③ 复式比例尺。复式比例尺系由主比例尺与局部比例尺组合成的比例尺，故又称投影比例尺。绘制地图必须用地图投影来建立数学基础，但每种投影都存在着变形，在大于1∶100 万的地形图上，投影变形非常微小，故可用同一个比例尺——主比例尺表示或进行量测；但在广大地区更小比例尺地图上，不同的部位则有明显的变形，因而不能用同一比例尺表示和量测。为了消除投影变形对图上量测的影响，根据投影变形和地图主比例尺绘制成复式比例尺，以备使用。

复式比例尺由主比例尺的尺线与若干条局部比例尺的尺线构成，分为经线比例尺和纬线比例尺两种。以经线长度比计算基本尺段相应实地长度所做出的复式比例尺，称经线比例尺，用于量测沿经线或近似经线方向某线段的长度；以纬线长度比计算基本尺段相应实地长度所做出的复式比例尺，称为纬线比例尺，用于量测沿纬线或近似纬线方向某线段的长度。当量标准线上某线段长度时，则用主比例尺尺线；量其他部位某线段长度时，则应据此线段所在的经度或纬度来确定使用哪一条局部比例尺尺线。

（4）特殊比例尺。地图比例尺除上述几种传统表现形式外，还有两种特殊的表示。

① 变比例尺。当制图的主区分散且间隔的距离较远时，为了突出主区和节省图面，可将主区以外部分的距离按适当比例相应压缩，主区仍按原规定的比例表示。例如，旅游景区比较分散的旅游图，或街区有飞地的城市交通图等。

② 无级别比例尺。这是一种随数字制图的出现而与传统的比例尺系统相对而言的一个新概念，并没有一个具体的表现形式。在数字制图中，由于计算机或数据库里可以存储物体的实际长度、面积、体积等数据，因此，没有必要将地图数据固定在某一种比例尺，应该明确的是，数字制图并不是不考虑地图比例尺的概念。因为人们在搜集数字制图的资料时，非常注意这些数据来源于何种比例尺，精度和详细程度如何。从这里可以看出，比例尺的概念为数字制图数据的使用提供了方便。如从 1∶10 万地图上获取的数据，在地图综合、图形处理技术方法进一步完善的条件下，它可以生成任一级其他比例尺的地图，故可以把存储数据的精度和内容详细程度都比较高的地图数据库称为无级别比例尺地图数据库。

3.5.3 地图比例尺系统

每个国家的地图比例尺系统是不同的。我国采用十进制的米制长度单位。规定 11 种比例尺为国家基本地图的比例尺，如表 3-3 所示。

表 3-3 国家基本地图的比例尺

数字比例尺	文字比例尺	图上 1 cm 相当于实地的 1 km 数	实地 1 km 相当于图上 1 cm 数
1：500	五百分之一	0.005	200
1：1 000	一千分之一	0.01	100
1：2 000	二千分之一	0.02	50
1：5 000	五千分之一	0.05	20
1：10 000	一万分之一	0.1	10
1：25 000	二万五千分之一	0.25	4
1：50 000	五万分之一	0.5	2
1：100 000	十万分之一	1	1
1：250 000	二十五万分之一	2.5	0.4
1：500 000	五十万分之一	5	0.2
1：1 000 000	一百万分之一	10	0.1

小比例尺地图没有固定的比例尺系统。可以根据地图的用途、制图区域的大小和形状、纸张和印刷机的规格等条件，在设计地图时确定其比例尺。但在长期的制图实践中，小比例尺地图也逐渐形成约定的比例尺系列。如 1：100 万、1：150 万、1：200 万、1：250 万、1：300 万、1：400 万、1：500 万、1：600 万、1：750 万、1：1 000 万等。

3.5.4 地图比例尺的作用

1. 测制和使用地图必不可少的数学基础

同一区域或同类的地图上，内容要素表示的详略程度和图形符号的大小，主要取决于地图比例尺；比例尺越大，地图内容越详细，符号尺寸亦可稍大些。反之，地图内容则越简略，符号尺寸相应减小。如果测量员或制图员不知他所要测量或编绘地图的比例尺，那他是无法开展工作的。同样，一幅地图上若未注明比例尺，用图者亦无法从图上获取信息的数量特征。

2. 反映地图的量测精度

正常视力的人，在一定距离内能分辨地图上不小于 0.1 mm 的两点间距离，因此 0.1 mm 被视为量测地图不可避免的误差。测绘工作者把某一比例尺地图上 0.1 mm 相当于实地的水平长度，称为比例尺精度；由上述可知，0.1 mm 即是将地物按比例尺缩绘成图形可以达到的精度的极限，故比例尺精度又称极限精度。依据比例尺精度，在测图时可以按比例尺求得在实地测量时能准确到何种程度，即可以确定小于何种尺寸的地物就可以省略不测，或用非比例符号表示，例如，当测 1：1 000 地形图时，其比例尺精度为 0.1 mm×1 000＝0.1 m，实地长度小于 0.1 m 的地物就可以不测了；同时可以根据精度要求，确定测图的比例尺，若要求表示到图上的实地最短长度为 0.5 m，则应采用的比例尺不得小于

$$\frac{0.1 \text{ mm}}{0.5 \text{ m}} = \frac{1}{5\ 000}$$

同样，在使用地图时，根据精度的要求，可以确定选用何种比例尺的地图，例如，要求实地长度准确到 5 m，则所选用的地图比例尺不应小于

$$\frac{0.1 \text{ mm}}{5 \text{ m}} = \frac{1}{50\ 000}$$

3. 反映地图内容的详细程度

地图比例尺越大，表示地物和地貌的情况越详细，误差越小，图上量测精度越高；反之，表示地面情况就越简略，误差越大，图上量测精度越低。但不应盲目追求地图精度而增大测图比例尺，因为在同一测区，采用较大比例尺测图所需工作量和投资，往往是采用较小比例尺测图的数倍，所以应从实际需要的精度出发，选取相应的比例尺。

3.5.5　与比例尺相关的概念

1. 尺度

尺度定义为空间和时间被量测的间隔。几乎所有的地学过程都依赖于尺度，如研究气象学、海洋学问题时，把整个地球作为一个动力系统考虑，需要宏观尺度；而研究岩石节理的统计分析，则需要小尺度范围。与地理信息相关的尺度包括空间尺度、时间尺度、语义尺度、现象尺度、数据尺度和分析尺度等。

(1) 空间尺度。空间尺度是指在观察或研究某一地理现象时所采用的空间尺度限定，通常是指地理现象在空间上所涉及的范围，同时也包括空间的间隔、频率、分辨率。空间尺度与观测的地理现象或地理目标有关，由于多种地理现象和过程的尺度行为并非按比例线性或均匀变化，因此，研究地理实体的空间形态和过程随尺度变化的规律，是地理信息尺度变换研究的重点。空间尺度由小到大的变化，是指由空间分辨率精细的地理信息得到空间分辨率粗糙的地理信息，其实质是分辨率降低、空间信息粗略概括、综合程度提高，表达的空间目标趋于概括、宏观，地理现象之间空间关系复杂性降低，其基本方法是综合概括。反之，空间尺度由大到小的变化，是指由空间分辨率粗糙的地理信息得到空间分辨率精细的地理信息，是一种信息分解，反映地理现象的具体详细内容，其实质是空间内插。

就地图学的尺度研究而言，空间尺度是指空间的精度和广度，它影响着从数据获取、处理到表达的各个方面。空间精度在地图学中包括地图比例尺、分辨率和粒度；空间广度主要与研究问题的空间范围有关，对于地图或影像，则需要确定地图的图幅或影像的景。

(2) 时间尺度。时间尺度是指在观察或研究某一地理现象时所采用的时间尺度限定，通常指地理现象在时间上所涉及的范围，同时也包括与时间的间隔、频率、分辨率。时间尺度主要刻画地理现象的时间长度和变化的粗略与详细程度。时间尺度的变化，实质上是在时间轴上对地理信息进行概括或时空插值。

(3) 语义尺度。语义尺度是指地理信息所表达的地理实体、地理现象组织层次大小及区分组织层次的分类体系在地理信息语义上的界定，体现了对于地理实体类的概括程度。

语义尺度用于描绘事务过程或属性。语义尺度与时间尺度和空间尺度有着密切联系，其刻画受到时间和空间尺度的制约。语义尺度对于空间尺度具有依赖性，一般情况下，空间上表达得越细微，地理实体及属性类型也就越详细。语义粒度越小，语义分辨率也越高，但是二者有时不具有同步性。语义尺度的表征主要是通过定名量表和顺序量表来度量，而空间尺度和时间尺度主要是通过比率量表和间距量表来度量。

语义尺度变换与时间变换和空间变换相联系，一般来讲，当时间尺度和空间尺度发生变化时，语义尺度也要发生变化。但是，有时候在时间尺度和空间尺度相同的情况下语义层次也会不同。对于地理信息语义尺度变换来说，概括就是类的归类、聚合和等级层次的减少，而具体化就是分类、分解和等级层次的增加。

（4）现象尺度。现象尺度是指地理目标、空间结构和地理现象自身存在的尺度。它是对地理现象理解的本质尺度，是空间目标和现象的"真"的尺度，是不以人们的分析和表达为转移的。地理过程和现象是客观存在的，对它们的建模和表达则依赖于空间尺度，在一个空间尺度上是同质的现象或目标到另一个空间尺度就可能是异质的，每一地理实体都有空间属性，而且仅可能在特定的尺度范围内被观察、测量、建模和表达，因此，分析尺度必须和现象尺度相对应，才能得出正确结论。

（5）数据尺度。数据尺度是指根据用户需要对空间现象的抽象描述，数据尺度的大小与区域大小和数据使用要求有关，与介质无关。对于空间数据本身，尺度则表现为分辨率或精度，大尺度数据意味着空间和时间分辨率和属性精度较低。数据的多尺度是空间上对各种实体的形状的抽象程度的多级表达，尺度越大抽象程度越高，从这点可以看出，数据尺度与相应地图比例尺呈反比变化。

（6）分析尺度。分析尺度是指对地理现象和地理目标进行度量和数据采集时的尺寸大小，也包括数据分析和制图时的尺寸大小，主要包括空间广度、空间粒度、空间精确度以及研究尺度。其中，空间粒度可看作空间数据采样的像素多少、地理目标的分辨率、空间数据的认知层次等。它通常意味着最小可辨别的尺度、大小、像素单元等，在栅格数据格式上较多使用。

2. 幅度

幅度是指地理信息所表征的地理现象的广度和范围，所以也称广度或区域大小。空间幅度是指空间的范围和面积，时间幅度是指时间所持续的长度。幅度对于语义层次来讲则是指地理信息所表达的地理事物类型以及类型层次。空间幅度大，也叫大尺度，一般对应较大的范围。时间幅度大，是指地理现象过程持续的时间长。空间幅度有时也用地理尺度来表达观测或研究范围。这样，大的地理尺度对应大的范围，与地图比例尺的概念刚好相反。

3. 粒度

粒度（也称颗粒度）在物理学中指微粒或颗粒大小的平均度量，即构成物质或图案的微粒的相对尺寸。对空间尺度来讲，粒度是指地理信息中最小的可辨识单元所代表的特征长度、面积或体积。对语义尺度来讲，粒度是指地理信息中最小单元所表示的意义以及层次，粒度越小，所能表达的语义层次越多，分辨率越高。对时间尺度来讲，粒度是指在获得地理信息时采用的时间精度或者单位，即单位时间采样点的数量。

4. 分辨率

分辨率是和图像相关的一个重要概念，它是用于度量位图图像内数据量多少，衡量图像细节表现力的一个参数。例如，影像数据通常用分辨率度量图像内存数据量；数字高程模型数据通常用栅格数据格网的大小（分辨率）衡量数据细节表现力。对于地图数据来说，分辨率和粒度（颗粒度）含义基本相同，而对于各种计算机设备和地图印刷来说则有些差异。不同设备定义的分辨率的含义也各不相同。下面对几种分辨率概念加以阐述。

（1）图像分辨率。图像分辨率是指图像中存储的信息量。这种分辨率通常表示成每英寸像素（pixel per inch，PPI）和每英寸点（dot per inch，DPI），包含的数据越多，图形文件的长度就越大，越能表现更丰富的细节；否则图像包含的数据不够充分（图形分辨率较低），就会显得相当粗糙，特别是把图像放大为一个较大尺寸观看的时候。所以必须根据图像最终的用途决定正确的分辨率。通常，分辨率表示成水平和竖直方向上的像素数量，比如 640×480 等。而在某些情况下，它也可以同时表示成每英寸像素以及图形的长度和宽度，比如 72 PPI 和 8 英寸×6 英寸。图像分辨率和图像尺寸（宽度）的值一起决定文件的大小及输出的质量，该值越大图形文件所占用的磁盘空间也就越多。

（2）网屏分辨率。在地图印刷中称网幕频率，指的是印刷图像所用的网屏的每英寸的网线数（lines per inch，LPI）表示。例如，150 LPI 是指每英寸有 150 条网线。网线越多，表现图像的层次越多，图像质量越好。

（3）扫描分辨率。扫描分辨率是指在扫描一幅图像之前所设定的分辨率。它影响所生成的图像文件的质量和使用性能。如果扫描图像用于屏幕显示，则扫描分辨率不必大于一般显示器屏幕的设备分辨率。如果扫描图像是为了在高分辨率的设备中输出，则图像扫描分辨率应该高于网屏分辨率，一般是它的 1.5～2 倍，这是目前我国大多数输出中心和印刷厂都采用的标准。

（4）图像的位分辨率。又称位深，是用来衡量每个像素储存信息的位数。这种分辨率决定标记为多少种色彩等级的可能性。一般常见的有 8 位、16 位、24 位或 32 位色彩。有时我们也将位分辨率称为颜色深度。所谓"位"，实际上是指 2 的平方次数，8 位即是 2 的 8 次方，等于 256。所以，一幅 8 位色彩深度的图像，所能表现的色彩等级是 256 级。

（5）打印机的分辨率。某台打印机标识 360 DPI，是指在用该打印机输出图像时，在打印纸上每英寸可以打印 360 个表征图像输出效果的色点。打印机分辨率越大，表明图像输出的色点就越小，输出的图像效果就越精细。打印机色点的大小只同打印机的硬件工艺有关，而与要输出图像的分辨率无关。

（6）显示器分辨率。显示器表示 80 DPI，是指在显示器的有效显示范围内，显示器的显像设备可以在每英寸荧光上产生 80 个光点。例如，一台 14 英寸的显示器（荧光屏对角线长度为 14 英寸），其点距为 0.28 mm，那么，显示器分辨率＝25.4 mm/in÷0.28mm/Dot≈90DPI（1 in＝25.4 mm）。

（7）鼠标分辨率。鼠标分辨率是指每移动一英寸能检测出的点数，分辨率越高，质量也就越高。

（8）触摸屏分辨率。触摸屏分辨率是指将屏幕分割成可识别的触点数目。通常用水平和垂直方向上的触点数目表示，如 32×32。

3.5.6 相关概念的关系

1. 比例尺和分辨率的关系

空间分辨率越高、图像可放大的倍数越大，地图的成图比例尺也越大。图像需要放大的倍数，应以能否继续提供更多的有用信息为标志。根据这一指标所确定的最大放大倍数，称为这种图像的放大极限。放大倍数越大，可以制作的成图比例尺就越大。确定分辨率就可以计算其合理的成图比例尺，表明不同地物由于其空间尺度不同，与之相适宜的空间分辨率和对象尺度也不同。目前我国的国家基本比例尺地形图，采用摄影测量方法进行，航空影像和卫星影像的分辨率决定了成图的比例尺和精度。

2. 尺度和分辨率的关系

不同尺度可对应于不同分辨率的遥感影像。微观尺度一般对应高分辨率遥感影像；中观尺度一般对应中分辨率遥感影像；宏观尺度一般对应中低分辨遥感影像。

3. 尺度和比例尺的关系

地图是将空间信息抽象表现在介质上，其目标内容的可视化，地图生成以后就赋予比例尺定量。空间数据的多尺度表示是根据用户的需要而抽象与概括的，与介质无关，不需要比例尺量化。然而，由于地图和数据形成的认知过程的一致性，地图比例尺和数据尺度有着密切关系。因为在收集数字制图的资料时，人们非常注意这些数据来源于何种比例尺，精度和详细程度如何。数字制图和地理信息系统的数据库还必须按比例尺系统收集地图数据。

3.6　地图投影的分类和命名

在长期的地图制图生产实践中，已经出现了许多地图投影，为便于研究和使用，须予以适当的分类。地图投影的种类很多，从理论上讲，由椭球面上的坐标 (φ, λ) 向平面坐标 (x, y) 转换可以有无穷多种方式，也就是说可能有无穷多种地图投影。以何种方式将它们进行分类，寻求其投影规律，是很有必要的。

人们对于地图投影的分类已经进行了许多研究，并提出了一些分类方案，但是没有任何一种方案是被普遍接受的。目前主要是根据外在的特征和内在的性质来进行分类。前者体现在投影平面上经纬线投影的形状，具有明显的直观性；后者则是投影内蕴涵的变形的实质。在决定投影的分类时，应把两者结合起来，才能较完整地表达投影。

3.6.1　按投影的变形性质分类

地图投影按其变形性质可分为等角投影、等积投影和任意投影。

1. 等角投影

投影面上某点的任意两个方向线间的夹角与地球椭球面上相应两方向间的夹角相等，即角度投影变形 $\omega = 0$。因此，球面上一定范围内的地物轮廓经投影后，仍保持其形状不变。长度比的变化仅与点的位置有关，而与方向无关。即 $a = b$，$\theta = 90°$（经纬线投影后相互垂直），所以等角投影又称正形投影或相似投影，也叫保角映射。为了满足 $a = b$ 的要求，则由投影的面积比公式 $P = ab = mn$ 可知，这种投影的面积变形较大。

等角投影在小范围内没有方向变形，因而便于在图上量测方向和距离，适用于编制交通图、洋流图和各种比例尺地形图。世界各国地形图多用此投影。我国大中比例尺地形图上所采用的高斯-克吕格投影就是等角横切椭圆柱投影，而小比例尺地形图和航空图则采用等角圆锥投影，海图采用的墨卡托投影则是等角正圆柱投影。

2. 等积投影

等积投影是指投影面上的任意图形面积与地球椭球体面上相应的图形面积相等的投影。等积投影满足面积比 $P = 1$，由公式

$$P = ab = 1$$

可知，变形椭圆的最大长度比与最小长度比互为倒数关系，$a = 1/b$，或 $b = 1/a$，由此可以看出，在不同点上变形椭圆的形状相差很大，即长轴越长，则短轴越短。也就是说，等积投

影是以破坏图形的相似性来保持面积上的相等,因此,等积投影的角度变形大。

等积投影便于在地图上量测面积,主要用于编制要求面积无变形的地图,如行政区、人口密度、土地利用等自然和社会经济地图。

3. 任意投影

任意投影既不是等角投影,也不是等积投影,是角度、面积和长度三种变形同时存在的一种投影,即包括除等角、等积投影之外的所有投影。在任意投影中,有一种比较常见的投影,即等距投影。所谓等距投影是指保持沿变形椭圆一个主方向长度比为 1,即 $a=1$ 或 $b=1$。该种投影面积变形小于等角投影,角度变形小于等积投影。常用于编制对投影性质无特殊要求或区域较大的地图,如教学用图、科普地图、世界地图、大洋地图,以及要求在一个方向上具有等距性质的地图,如交通地图、时区地图。

3.6.2 按投影方式分类

地图投影前期是建立在透视几何原理基础上,借助于辅助面将地球椭球面展开成平面,称为几何投影。后期则跳出这个框架,产生了一系列按数学条件形成的投影,称为条件投影。

1. 几何投影

几何投影的特点是将椭球面上的经纬线投影到辅助面上,然后再展开成平面。在地图投影分类时是根据辅助投影面的类型及其与地球椭球的关系划分的(见表 3-4)。

表 3-4 几何投影的类型

	圆锥	圆柱	方位
正轴	A_1	B_1	C_1
横轴	A_2	B_2	C_2
斜轴	A_3	B_3	C_3

1)按辅助投影面的类型划分

(1)方位投影。以平面作为投影面的投影。

(2)圆柱投影。以圆柱面作为投影面的投影。

(3)圆锥投影。以圆锥面作为投影面的投影。

2)按辅助投影面和地球椭球体的位置关系划分

（1）正轴投影。辅助投影平面与地轴垂直（见表 3-4 中 C_1），或者圆锥、圆柱面的轴与地轴重合（见表 3-4 中 A_1、B_1）的投影。

（2）横轴投影。辅助投影平面与地轴平行（见表 3-4 中 C_2），或者圆锥、圆柱面的轴与地轴垂直（见表 3-4 中 A_2、B_2）的投影。

（3）斜轴投影。辅助投影平面的中心法线或圆锥、圆柱面的轴与地轴斜交（见表 3-4 中 C_3、B_3、A_3）的投影。

3）按辅助投影面与地球椭球面的相切或相割关系划分

（1）切投影。辅助投影面与地球椭球面相切（见表 3-4 中 A_2、A_3、B_1、B_3、C_1、C_2）。

（2）割投影。辅助投影面与地球椭球面相割（见表 3-4 中 A_1、B_2、C_3）。

2. 条件投影

条件投影是在几何投影的基础上，根据某些条件按数学法则加以改造形成的。对条件投影的分类实质上是按投影后经纬线的形状进行的。由于随着投影面的变化，经纬线的形状会变得十分复杂。

（1）方位投影。纬线投影成同心圆，经线投影为同心圆的半径，即放射的直线束，且两条经线间的夹角与经差相等。

（2）圆柱投影。纬线投影成平行直线，经线投影为与纬线垂直的另一组平行直线，两条经线间的间隔与经差成比例。

（3）圆锥投影。纬线投影为同心圆弧，经线投影为同心圆弧的半径，两条经线间的夹角小于经差且与经差成比例。

（4）多圆锥投影。纬线投影成同轴圆弧，中央经线投影成直线，其他经线投影为对称于中央经线的曲线。

（5）伪方位投影。纬线投影成同心圆，中央经线投影成直线，其他经线投影为相交于同心圆圆心且对称于中央经线的曲线。

特点：可设计等变形线与制图区域轮廓近似一致。如椭圆形、卵形、三角形、三叶玫瑰形和方形等规则几何图形。

（6）伪圆柱投影。纬线投影成一组平行直线，中央经线投影为垂直于各纬线的直线，其余经线投影为对称于中央经线的曲线。适合沿赤道和沿中央经线伸展方向的地区。

（7）伪圆锥投影。纬线投影成同心圆弧，中央经线投影成过同心圆弧圆心的直线，其余经线投影为对称于中央经线的曲线。

3.6.3　地图投影的命名

对于一个地图投影，完整的命名参照以下四个方面进行。

（1）地球椭球与辅助投影面的相对位置（正轴、横轴或斜轴）。

（2）地图投影的变形性质（等角、等面积、任意性质三种，等距离投影属于任意性质投影）。

（3）辅助投影面与地球相割、相切（割或切）。

（4）作为辅助投影面的可展面的种类（方位、圆柱、圆锥）。

例如，正轴等角割圆锥投影（也称双标准纬线等角圆锥投影）、斜轴等面积方位投影、正轴等距离圆柱投影、横轴等角切椭圆柱投影（也称高斯-克吕格投影）等。也可以用该投影的发明者的名字命名。

　　在地图作品上，注明标准纬线纬度或投影中心的经纬度，则更便于地图的科学使用。历史上也有些投影以设计者的名字命名，缺乏投影特征的说明，只有在学习中了解和研究其特征，才能在生产实践中正确使用。

3.7　地 图 定 向

　　确定地图上图形的地理方向叫作地图定向，这里主要介绍地形图的定向和小比例尺地图的定向。

3.7.1　地形图的定向

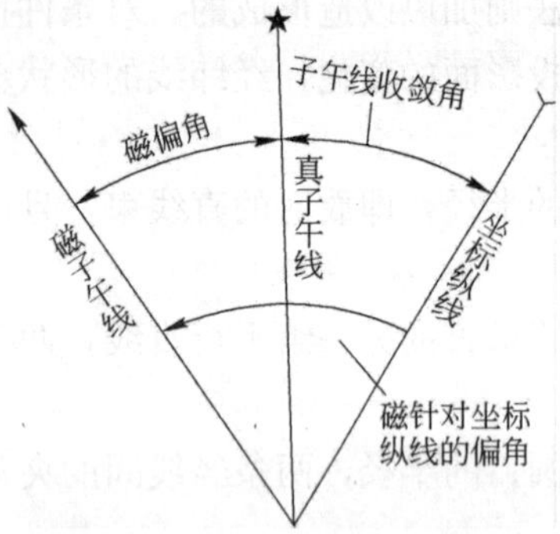

图 3-23　三北方向及三个偏角

　　为了满足使用地图的要求，规定在大于 1∶10 万的各种比例尺地形图上绘出三北方向和三个偏角的图形。它们不仅便于确定图形在图纸上的方位，同时还用于在实地使用罗盘标定地图的方位。

　　1. 三北方向

　　三北方向和三个偏角如图 3-23 所示。

　　(1) 真北方向线。过地面上任意一点，指向北极的方向，叫作真北。其方向线称真北方向线或真子午线，地形图上的东西内图廓线即真子午线，其北方方向代表真北。对一幅图而言，通常是把图幅的中央经线的北方方向作为该图幅的真北方向。

　　(2) 坐标北方向线。图上方里网的纵线称作坐标纵线，它们平行于投影带的中央经线（投影带的平面直角坐标系统的纵坐标轴），纵坐标值递增的方向称为坐标北方向。大多数地图投影的坐标北和真北方向是不完全一致的。

　　(3) 磁北方向线。实地上磁北针所指的方向叫作磁北方向。它与指向北极的北方向并不一致，磁偏角相等的各点连线就是磁子午线，它们收敛于地球的磁极。严格来说，实地上每个点的磁北方向也是不一致的。地图上表示的磁北方向是本图幅范围内实地上若干点测量的平均值，地形图上用南北图廓点的 P 和 P' 的连线表示该图幅的磁子午线，其上方即为该图幅的磁北方向。

　　2. 地图的三偏角

　　由三北方向线彼此构成的夹角，称为偏角，分别叫子午线收敛角、磁偏角和磁坐偏角（见图 3-23）。

　　子午线收敛角是指真北与坐标北的夹角，由真北量至坐标北，顺时针为正，逆时针为负，用 γ 表示。

　　磁偏角是指真北与磁北的夹角，由真北量至磁北，顺时针为正，逆时针为负，用 δ 表示。

　　磁坐偏角是指坐标北与磁北的夹角，由坐标北量至磁北，顺时针为正，逆时针为负，用 C 表示。

$$磁偏角\,\delta = 子午线收敛角\,\gamma + 磁坐偏角\,C$$

方位角是指从基准起始方向北端算起，顺时针至某方向线间的水平夹角，角值变化范围为 $0°\sim360°$。

方位角依基准方向不同有真方位角、磁方位角和坐标方位角之分。若基准方向为真北，其方位角为真方位角；若基准方向为磁北，其方位角为磁方位角；若基准方向为坐标北，其方位角为坐标方位角。

几种方位角的换算：

$$真方位角＝磁方位角＋磁偏角（\delta）$$
$$真方位角＝坐标方位角＋子午线收敛角（\gamma）$$
$$真方位角＝坐标方位角－磁坐标偏角（C）$$

3.7.2　小比例尺地图的定向

我国的地形图都是以北方定向的。在一般情况下，小比例尺地图也尽可能地采用北方定向，如图 3-24 所示，即使图幅的中央经线同南北图廓垂直。但是，有时制图区域的情况比较特殊（例如我国的甘肃省），用北方定向不利于有效地利用标准纸张和印刷机的版面，也可以考虑采用斜方位定向，如图 3-25 所示。

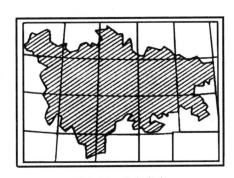

图 3-24　北方定向　　　　　　　　　　图 3-25　斜方位定向

本 章 小 结

本章就地球椭球体基本要素和公式以及地图投影的基本理论进行了介绍，主要包括地球三级逼近的概念、地理坐标系、子午圈曲率半径、卯酉圈曲率半径和子午线弧长、地图投影的基本概念和若干定义、变形椭圆及其在投影变形中的应用、投影变形的基本公式的推导、地图比例尺的实质和作用、地图投影的分类和地图定向。

本章定义比较多，一定要理解，特别是地图投影的实质和比例尺的实质一定要理解和掌握；要理解变形椭圆及如何运用；要能推导投影变形的基本公式；要深刻理解地图投影分类的依据及其种类。掌握天文坐标系、大地坐标系和地心坐标系这三者之间的区别，重点掌握子午圈曲率半径和卯酉圈曲率半径的概念。

本章的难点是投影变形的基本公式的推导和地图投影的分类。

本章内容一定要理解透彻。

复习思考题

1. 简述地球三级逼近的含义。

2. 何谓地球椭球体、大地水准面、地理坐标、地理经度和地理纬度？

3. 何谓天文经度、天文纬度？

4. 计算在地球极点和赤道的子午圈曲率半径和卯酉圈曲率半径。

5. 在测量和制图实践中，为什么采用一定大小的旋转椭球面来替代地球的自然表面？

6. 地球椭球的基本元素有哪些？它们各自的意义和作用如何？

7. 过地球椭球面上一点的子午圈和卯酉圈之间有何关系？这两种曲率半径随纬度的不同而发生何种规律变化？

8. 计算纬度为 $32°30'29''$ 的纬圈上某一点的子午圈曲率半径、卯酉圈曲率半径和纬圈半径。

9. 计算从赤道至 $32°30'29''$ 的经线弧长。

10. 计算在纬度为 $32°30'29''$ 的纬圈从首子午线至 $119°30'$ 的纬线弧长。

11. 地图投影变形表现在哪几个方面？为什么说长度变形是主要变形？

12. 什么是长度比、长度变形？什么是面积比、面积变形？什么是角度变形？

13. 叙述地图比例尺的种类、形式和作用。

14. 什么是主比例尺和局部比例尺？

15. 地图投影是如何进行分类的？

16. 什么是变形椭圆？为什么说变形椭圆能够显示投影变形的性质与大小？

17. 何谓地图投影？地图投影变形是如何产生的？为什么说地图投影变形是不可避免的？

18. 何谓标准点和标准线？

19. 何谓阿波隆尼定理及它的主要作用？

20. 地图投影命名原则是什么？

21. 将一张古地图上的"一尺折百里"用公制表示其数学式、说明式和直线式。

22. 地图投影的实质是什么？写出投影方程的函数关系。

第4章 几种常用的地图投影

中国所绘制的世界地图中国处于中心位置，而美国所绘制的世界地图美国处于中心位置，同一个地球为什么不同国家所绘制的地图不一样？这是因为所采用的地图投影不一样。采用不同的地图投影得到的地图不一样。本章就常用的几种地图投影知识加以介绍。

4.1 圆锥投影

4.1.1 圆锥投影的基本概念

1. 圆锥投影的定义

圆锥投影的概念可用图 4-1 来说明：设想将一个圆锥套在地球椭球上而把地球椭球上的经纬线网投影到圆锥面上，然后沿着某一条母线（经线）将圆锥面切开而展成平面，就得到圆锥投影。圆锥面和地球椭球相切时称为切圆锥投影，圆锥面和地球相割时称为割圆锥投影。

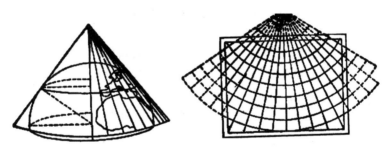

(a)正轴切圆锥投影示意

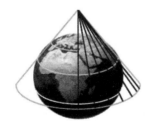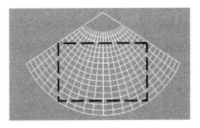

(b)正轴割圆锥投影示意

图 4-1　切圆锥投影和割圆锥投影示意

2. 圆锥投影的分类

（1）按圆锥面与地球相对位置的不同分类。按圆锥面与地球相对位置的不同，可分为正轴、横轴、斜轴圆锥投影，如图 4-2 所示，但横轴、斜轴圆锥投影实际上很少应用。所以凡在地图上注明是圆锥投影的，一般都是正轴圆锥投影。

（2）按标准纬线分类。按标准纬线可分为切圆锥投影和割圆锥投影。

切圆锥投影，视点在球心，纬线投影到圆锥面上仍是圆，不同的纬线投影为不同的圆，这些圆是互相平行的，经线投影为相交于圆锥顶点的一束直线，如果将圆锥沿一条母线剪开展为平面，则呈扇形，其顶角小于 360°。

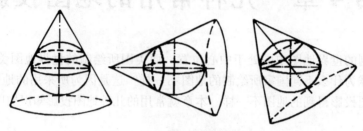

图 4-2　正、横、斜轴圆锥投影

在平面上纬线不再是圆，而是以圆锥顶点为圆心的同心圆弧，经线成为由圆锥顶点向外放射的直线束，经线间的夹角与相应的经差成正比，但比经差小。

在切圆锥投影上，圆锥面与球面相切的一条纬线投影后是不变形的线，叫作标准纬线。它符合主比例尺，这条纬线通常位于制图区域的中间部位。从切线向南向北，变形逐渐增大。

在割圆锥投影上，两条纬线投影后没有变形，是双标准纬线，两条割线符合主比例尺，离开这两条标准纬线向外投影变形逐渐增大，离开这两条标准纬线向里投影变形逐渐减小，凡是距标准纬线相等距离的地方，变形数量相等，因此，圆锥投影上等变形线与纬线平行。

（3）按变形性质分类。按变形性质分为等角、等面积和等距离圆锥投影三种。构成圆锥投影需确定纬线的半径 ρ 和经线间的夹角 δ，ρ 是纬度的函数，用公式表示为 $\rho = f(\varphi)$。δ 是经差 λ 的函数，用公式表示为 $\delta = \alpha\lambda$，α 对于不同的圆锥投影是不同的。但对于某一具体的圆锥投影（$0 < \alpha < 1$），它的值是相同的。当 $\alpha = 1$ 时（圆锥顶角为 180°），为方位投影；当 $\alpha = 0$ 时（圆锥体的顶角小到 0°），为圆柱投影。方位投影和圆柱投影都可看成是圆锥投影的特例。

3. 基本公式

在制图实践中，广泛采用正轴圆锥投影。对于斜轴、横轴圆锥投影，由于计算时需经过坐标换算，且投影后的经纬形状均为复杂曲线，所以较少应用。因此，本文只研究正轴圆锥投影。

下面研究正轴圆锥投影的一般公式。圆锥投影中纬线投影后为同心圆弧，经线投影后为相交于一点的直线束，且夹角与经差成正比，如图 4-3 所示。

对正轴圆锥投影而言，设区域中央经线投影作为 x 轴，区域最低纬线与中央经线交点为原点，则根据定义，正轴圆锥投影的坐标及变形计算一般公式为

$$\rho = f(\varphi); \quad \delta = \alpha\lambda$$

$$x = \rho_s - \rho\cos\delta; \quad y = \rho\sin\delta$$

$$m = -\frac{\mathrm{d}\rho}{M\mathrm{d}\varphi}; \quad n = \frac{\alpha\rho}{r} \tag{4-1}$$

$$\sin\frac{\omega}{2} = \frac{m-n}{m+n} \text{ 或 } \tan\left(45° + \frac{\omega}{4}\right) = \sqrt{\frac{a}{b}}$$

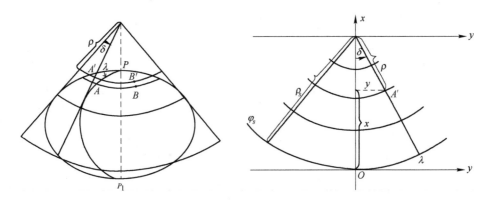

图 4-3　正轴圆锥投影示意图

式中：ρ ——纬线投影半径；

　　　f ——取决于投影的性质（等角、等积或等距离投影），它仅随纬度的变化而变化；

　　　λ ——地球椭球面上两条经线的夹角；

　　　δ ——两条经线夹角在平面上的投影；

　　　α ——小于 1 的常数。

在正轴圆锥投影中，经纬线投影后正交，故经纬线方向就是主方向。因此，经纬线长度比 m，n 也就是极值长度比 a，b。m，n 中数值大的为 a，数值小的为 b。考虑到 ρ 的数值由圆心起算，而地球椭球纬度由赤道起算，两者方向相反，故在 m 式子前面加上负号。

由式（4-1）可知，正圆锥投影的各种变形均只是纬度 φ 的函数，与经差无关。等变形线的形状是与纬线取得一致的同心圆弧，所以，正圆锥投影适合制作沿纬线延伸地区的地图。

4.1.2　正轴等角圆锥投影

1. 基本概念和公式

在等角圆锥投影中，微分圆的表象保持为圆形，也就是同一点上各方向的长度比均相等，或者说保持角度没有变形。本投影亦称为兰勃脱（Lambert）正形圆锥投影。

根据等角条件 $m = n(a = b)$ 或 $\omega = 0$，代入式（4-1），可得到等角圆锥投影的一般公式为

$$\rho = \frac{K}{U^{\alpha}}, \ \delta = \alpha\lambda$$

$$x = \rho_s - \frac{K}{U^{\alpha}}\cos \alpha\lambda, \ y = \frac{K}{U^{\alpha}}\sin \alpha\lambda \tag{4-2}$$

$$m = n = \frac{\alpha K}{r U^{\alpha}}; \ \omega = 0$$

其中　　　　　　　　　　　　　　$$U = \tan\left(45° + \frac{\varphi}{2}\right)$$

在式（4-2）中有两个常数，即 α，K 尚需进一步加以确定。为此我们研究 α，K 确定的几种方法。

（1）单标准纬线等角圆锥投影。这种情况下通常制定制图区域内中间的一条纬线上无长度变形。这条无变形的纬线称为标准纬线，用 φ_0 表示标准纬线的纬度。

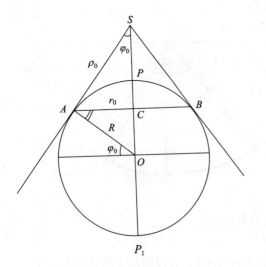

图 4-4　切圆锥示意

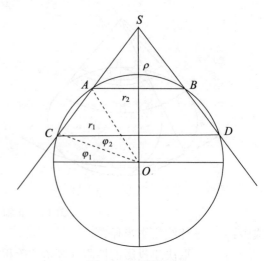

图 4-5　割圆锥示意

设一个圆锥面切于地球上纬度为 φ_0 的纬线。由图 4-4 知，$\angle CAO = \angle ASC = \varphi_0$，故

$$AC = r_0 = R\cos\varphi_0, \quad AS = \rho_0 = R\cot\varphi_0/\sin\varphi_0$$

将上式代入纬线长度比公式，因切纬线的长度比 $n_0 = 1$，由式（4-2）得

$$n_0 = \frac{\alpha\rho_0}{r_0} = \frac{\alpha K}{r_0\tan^\alpha\left(45° + \dfrac{\varphi_0}{2}\right)} = 1 \tag{4-3}$$

由式（4-3），可得

$$\alpha = \frac{r_0}{\rho_0} = \frac{R\cos\varphi_0}{R\cot\varphi_0/\sin\varphi_0} = \sin\varphi_0 \tag{4-4}$$

由式（4-3）右端可得

$$K = \frac{r_0\tan^\alpha\left(45° + \dfrac{\varphi_0}{2}\right)}{\alpha} \tag{4-5}$$

将式（4-4）代入式（4-5）可得

$$K = \frac{r_0\tan^\alpha\left(45° + \dfrac{\varphi_0}{2}\right)}{\alpha} = \frac{r_0\tan^\alpha\left(45° + \dfrac{\varphi_0}{2}\right)}{\sin\varphi_0} = N_0\cot\varphi_0 U_0^\alpha \tag{4-6}$$

式中：N_0——标准纬线的卯酉圈曲率半径。

（2）双标准纬线等角圆锥投影。这种情况下通常制定制图区域内某两条纬线 φ_1，φ_2，要求在这两条纬线上没有长度变形，即长度比为 1，φ_1，φ_2 为标准纬线。

由图 4-5，设圆锥面割于地球的 φ_1，φ_2 两条纬线的长度无变形，即 $n_1 = 1$，$n_2 = 1$，而且 $n_1 = n_2$，由式（4-2）有

$$\frac{\alpha\rho_1}{r_1} = \frac{\alpha\rho_2}{r_2}$$

或

$$\frac{\alpha K}{r_1 \tan^\alpha \left(45° + \dfrac{\varphi_1}{2}\right)} = \frac{\alpha K}{r_2 \tan^\alpha \left(45° + \dfrac{\varphi_2}{2}\right)} \tag{4-7}$$

于是式（4-7）去分子后为

$$r_1 U_1^\alpha = r_2 U_2^\alpha$$

对上式取对数，则有

$$\lg r_1 + \alpha \lg U_1 = \lg r_2 + \alpha \lg U_2$$

所以

$$\alpha = \frac{\lg r_1 - \lg r_2}{\lg U_2 - \lg U_1} \tag{4-8}$$

同样可求得

$$K = \frac{r_1 U_1^\alpha}{\alpha} = \frac{r_2 U_2^\alpha}{\alpha} \tag{4-9}$$

2. 正轴等角圆锥投影的应用

现行百万分之一地图投影采用双标准纬线等角圆锥投影。百万分之一地图具有一定的国际性，在同一时期内各国编制出版的百万分之一地图，采用相同的规格，即地图投影、分幅编号、图式规范等基本上一致，可促使该比例尺地图得到较广泛的国际应用和交往。就采用的投影而言，该比例尺地图在国际上目前主要采用两种投影，即改良多圆锥投影和等角圆锥投影。我国在相应的时期内编制出版的百万分之一地图也采用了这两种投影。

1962 年联合国于联邦德国波恩举行的世界百万分之一国际地图技术会议通过的制图规范，建议用等角圆锥投影替代改良多圆锥投影作为百万分之一地形图的数学基础，以使世界百万分之一地图与世界百万分之一航空图在数学基础上能更好地协调一致。目前，许多国家出版的百万分之一地图已改用等角圆锥投影。

自 1978 年以来，我国决定采用等角圆锥投影作为 1∶100 万地形图的数学基础，其分幅与国际百万分之一世界地图分幅完全相同。从赤道起算，纬差每 4°一幅作为一个投影带（高纬度地区除外），等角圆锥投影常数由边纬与中纬长度变形绝对值相等的条件求得。该投影为等角割圆锥投影，投影变形很小，在每个投影带内，长度变形最大值为±0.3‰，面积变形最大值为±0.6‰。每个投影带的两条标准纬线近似位于边纬线内 40′ 处，即

$$\varphi_1 = \varphi_S + 40'$$
$$\varphi_2 = \varphi_N - 40'$$

式中：φ_S，φ_N——图幅南、北边的纬度值。

由于 1∶100 万地图采用的等角圆锥投影是对每幅图单独进行投影，因此同纬度的相邻图幅在同一个投影带内，所以，东西相邻图幅拼接无裂隙。但上下相邻图幅拼接时会有裂隙，裂隙大小随纬度的增加而减小。其裂隙角（α）和裂隙距（Δ）可由下式计算。

$$\alpha = \lambda \sin 2° \cos \varphi \tag{4-10}$$
$$\Delta = L \sin \alpha$$

式中：λ——经差；

　　　L——图廓边长。

当上下两图幅拼接时（例如 J 区和 K 区两图幅），拼接点在中间（见图 4-6），$\varphi = 40°$，$\lambda = 3°$，$L = 256$ mm，按式（4-10）算出：$\alpha = 4.82'$，$\Delta = 0.36$ mm。这个值会随着纬度的降低而增加，最大可达 0.6 mm 左右。

当四幅图拼接时，例如，J 区和 K 区各两幅拼接（见图 4-7），$\varphi = 40°$，$\lambda = 6°$，$L = 512$ mm，按式（4-10）算出：$\alpha = 9.625'$，$\Delta = 1.43$ mm。

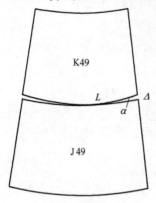
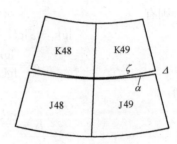

图 4-6　上下两图幅拼接　　　　　　　图 4-7　四幅图拼接

4.1.3　正轴等面积圆锥投影

在等面积圆锥投影中，制图区域的面积大小保持不变，也就是面积比等于 1（$P = a \cdot b = 1$）。因为在正轴圆锥投影中沿经纬线长度比就是极值长度比，故 $P = a \cdot b = m \cdot n = 1$。

根据此条件可以推导出正轴等面积圆锥投影的一般公式为

$$\rho^2 = \frac{2}{\alpha}(c - S), \ \delta = \alpha\lambda$$

$$x = \rho_s - \rho\cos\delta, \ y = \rho\sin\delta$$

$$n = \frac{\alpha\rho}{r}, \ m = \frac{1}{n} \tag{4-11}$$

$$P = 1, \ \tan\left(45° + \frac{\omega}{4}\right) = n$$

式中：　　　c——积分常数；

$S = \int_0^\varphi Mr\mathrm{d}\varphi$——经差 1 弧度，纬差为 0°到纬度 φ 的椭球体上梯形面积。

式（4-11）主要确定常数 α，c，其方法与正轴等角圆锥投影的方法类似，通过单标准纬线和双标准纬线求出这两个常数。

4.1.4　等距离圆锥投影

正轴等距离圆锥投影沿经线保持等距离，即 $m = 1$，根据此条件可推导出正轴等距离投影的公式为

$$\delta = \alpha \cdot \lambda, \ \rho = c - S$$

$$x = \rho_s - \rho\cos\delta, \ y = \rho\sin\delta \tag{4-12}$$

$$m = 1, \ P = n = \frac{\alpha\rho}{r} = \frac{\alpha(c - S)}{r}, \ \sin\frac{\omega}{2} = \frac{a - b}{a + b}$$

4.1.5　圆锥投影变形分析及其应用

从正轴圆锥投影的坐标及变形计算一般公式（4-1）可以看出，正轴圆锥投影的变形只与纬度有关，与经差无关，因此，同一条纬线上的变形是相等的，也就是说，圆锥投影的等变形线与纬线一致。

图 4-8 中 φ_0，φ_1，φ_2 代表切、割圆锥投影的标准纬线，虚线为等变形线，箭头所指为变形增加方向。

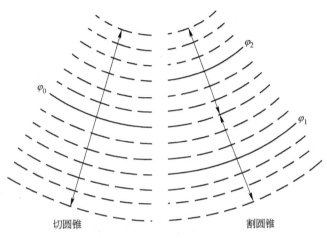

图 4-8　圆锥投影的等变形线

在圆锥投影中，变形的分布与变化随着标准纬线选择的不同而不同（见表 4-1）。

表 4 - 1　圆锥投影的变形规律

	等角圆锥投影		等面积圆锥投影		等距离圆锥投影	
	n	m	n	m	n	m
切于 φ_0	$n>1$	$m>1$	$n>1$	$m<1$	$n>1$	$m=1$
	$n_0=1$	$m_0=1$	$n_0=1$	$m_0=1$	$n_0=1$	$m_0=1$
	$n>1$	$m>1$	$n>1$	$m<1$	$n>1$	$m=1$
割于 φ_1, φ_2	$n>1$	$m>1$	$n>1$	$m<1$	$n>1$	$m=1$
	$n_2=1$	$m_2=1$	$n_2=1$	$m_2=1$	$n_2=1$	$m_2=1$
	$n<1$	$m<1$	$n<1$	$m>1$	$n<1$	$m=1$
	$n_1=1$	$m_1=1$	$n_1=1$	$m_1=1$	$n_1=1$	$m_1=1$
	$n>1$	$m>1$	$n>1$	$m<1$	$n>1$	$m=1$

在切圆锥投影中，由表 4-1 可以看出，标准纬线 φ_0 处的长度比 $n_0=1$，其余纬线长度比均大于 1，并向南、北方向增大。

在割圆锥投影中，由表 4-1 也可看出，在标准纬线 φ_1，φ_2 处长度比 $n_1=n_2=1$，变形自标准纬线 φ_1，φ_2 向内和向外增大，在 φ_1 与 φ_2 之间 $n<1$，在 φ_1，φ_2 之外 $n>1$。

在标准纬线相同的情况下，采用不同性质（等角、等面积和等距离）的投影，其变形是不同的，沿纬线长度比 n 的相差程度较小，而沿经线长度比 m 的相差程度较大。

圆锥投影在标准纬线上没有变形，离标准纬线越远则变形越大，一般还有自标准纬线向北增长快、向南增长慢的规律。

（1）等角圆锥投影变形的特点。角度没有变形，沿经、纬线长度变形是一致的，面积比为长度比的平方。

（2）等面积圆锥投影变形的特点。投影保持了制图区域面积投影后不变，即面积变形为零，但角度变形较大，沿经线长度比与沿纬线长度比互为倒数。

（3）等距离圆锥投影的变形特点。变形大小介于等角投影与等面积投影之间，除沿经线长度比保持为 1 以外，沿纬线长度比与面积比相一致。

不难设想，在等角投影与等面积圆锥投影之间，根据变形的特点，可以设计很多新的投影，称为任意圆锥投影。等距离圆锥投影是属于任意圆锥投影的一种，在实际工作中应用较广。

根据圆锥投影的变形特征可以得出结论：圆锥投影最适宜作为中纬度处沿纬线伸展的制图区域的投影。

圆锥投影在编制各种比例尺地图中均得到了广泛应用，这是有一系列原因的。首先是地球上广大陆地位于中纬地区；其次是这种投影经纬线形状简单，经线为辐射直线，纬线为同心圆弧，编图过程中比较方便，特别在使用地图和进行图上量算时比较方便，通过一定的方法，容易改正变形。

4.2　圆　柱　投　影

4.2.1　正轴圆柱投影的一般公式

在正常位置的圆柱投影中，纬线表象为平行直线，经线表象也是平行直线，且与纬线正交。从几何意义上看，圆柱投影是圆锥投影的一个特殊情况，设想圆锥顶点延伸到无穷远时，即成为一个圆柱面。显然在圆柱面展开成平面以后，纬圈成了平行直线，经线交角等于 0°，经线也是平行直线并且与纬线正交。图 4-9 为正轴圆柱投影示意图。

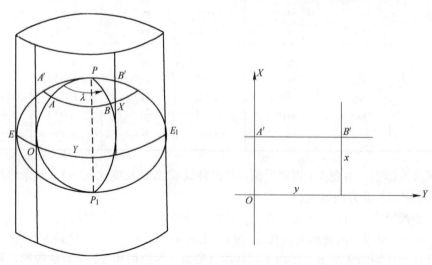

图 4-9　正轴圆柱投影的示意

根据经纬线表象特征，不难推导出正轴圆柱投影的一般公式为

$$x = f(\varphi), \ y = \alpha \cdot \lambda$$

$$m = \frac{\mathrm{d}x}{M\mathrm{d}\varphi}, \ n = \frac{\alpha}{r}$$

(4-13)

$$P = a \cdot b = m \cdot n, \ \sin\frac{\omega}{2} = \frac{a-b}{a+b}$$

$$\tan\left(45° + \frac{\omega}{4}\right) = \sqrt{\frac{a}{b}}$$

式中：f ——取决于投影变形性质；

　　　α ——常数，当圆柱面与地球相切（于赤道上）时，等于赤道半径 a；当圆柱
　　　　　面与地球相割时小于赤道半径 a，为割纬圈的纬圈半径 r_k。

通常采用投影区域的中央经线 λ_0 作为 X 轴，赤道或投影区域最低纬线为 Y 轴。

4.2.2　圆柱投影变形分析及其应用

由研究圆柱投影长度比的公式（指正轴投影）可知，圆柱投影的变形，像圆锥投影一样，也是仅随纬度而变化的。在同纬线上各点的变形相同，与经度无关。因此，在圆柱投影中，等变形线与纬线相合，成为平行直线（见图 4-10）。

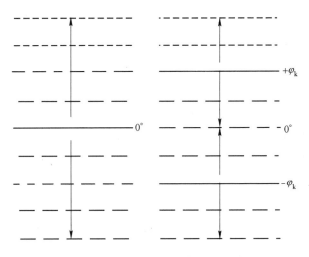

图 4-10　圆柱投影等变形线

圆柱投影中变形变化的特征是以赤道为对称轴，南北同名纬线上的变形大小相同。

因标准纬线不同可分成切（切于赤道）圆柱及割（割于南北同名纬线）圆柱投影。

在切圆柱投影中，赤道上没有变形，自赤道向两侧随着纬度的增加而增大。

在割圆柱投影中，在两条标准纬线（$\pm \varphi_k$）上没有变形，自标准纬线向内（向赤道）及向外（向两极）增大。

圆柱投影中经线表象为平行直线，这种情况与低纬度处经线的近似平行相一致。因此，圆柱投影一般较适宜低纬度沿纬线伸展的地区。

4.3　高斯-克吕格投影

4.3.1　高斯-克吕格投影的条件和公式

高斯-克吕格（Gauss-Krüger）投影是等角横切椭圆柱投影。从几何意义上来看，就是假想用一个椭圆柱套在地球椭球体外面，并与某一子午线相切（此子午线称中央子午线或中央经线），椭圆柱的中心轴位于椭球的赤道上，如图 4-11 所示，再按高斯-克吕格投影所规定的条件，将中央经线东、西各一定的经差范围内的经纬线交点投影到椭圆柱面上，并将此圆柱面展为平面，即得本投影。

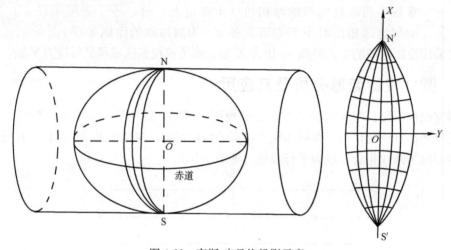

图 4-11　高斯-克吕格投影示意

这个投影可由下述三个条件确定。

（1）中央经线和赤道投影后为互相垂直的直线，且为投影的对称轴。

（2）投影具有等角性质。

（3）中央经线投影后保持长度不变。

1. 推导高斯-克吕格投影的直角坐标公式

由于高斯-克吕格投影通常是按一定的经度差分带投影，每带的经度差一般不大（6°或3°），而 λ 则表示一带内的经度对中央经线的经差（3°或 1°30′），故可以看作是一微量，并可将式（4-14）展开为 λ 的幂级数。

根据第一个条件，在 x 的展开式中，仅含有 λ 的偶次幂的项参与。这是因为当 λ 的符号改变时，x 的符号和绝对值都不改变，即 $x = f_1(-\lambda) = f_1(\lambda)$。但在 y 的展开式中，仅有 λ 的奇次幂的项参与，因此当 λ 的符号改变时，y 也改变符号，但绝对值不变，即 $y = f_2(-\lambda) = -f_2(\lambda)$。由此可得

$$\left.\begin{array}{l} x = a_0 + a_2\lambda^2 + a_4\lambda^4 + a_6\lambda^6 + \cdots \\ y = a_1\lambda + a_3\lambda^3 + a_5\lambda^5 + a_7\lambda^7 + \cdots \end{array}\right\} \tag{4-14}$$

式中：a_0，a_1，a_2，a_3，$\cdots$——纬度的函数，也是待定系数。

根据第二个条件，本投影具有等角性质。根据式（3-26）、式（3-27）和式（3-29）则有

$$\left.\begin{array}{c} \dfrac{\sqrt{G}}{r} = \dfrac{\sqrt{E}}{M} \\[2mm] F = 0 \end{array}\right\} \tag{4-15}$$

将 E，G，F 的偏导数代入式（4-15），则有

$$\left.\begin{array}{c} \dfrac{1}{r^2}\left[(\dfrac{\partial x}{\partial \lambda})^2 + (\dfrac{\partial y}{\partial \lambda})^2\right] = \dfrac{1}{M^2}\left[(\dfrac{\partial x}{\partial \varphi})^2 + (\dfrac{\partial y}{\partial \varphi})^2\right] \\[3mm] F = \dfrac{\partial x}{\partial \varphi} \cdot \dfrac{\partial x}{\partial \lambda} + \dfrac{\partial y}{\partial \varphi} \cdot \dfrac{\partial y}{\partial \lambda} = 0 \end{array}\right\} \tag{4-16}$$

根据式（4-16）可求得以偏导数表示的等角投影条件公式为

$$\left.\begin{array}{c} \dfrac{\partial x}{\partial \lambda} = -\dfrac{r}{M}\dfrac{\partial y}{\partial \varphi} \\[3mm] \dfrac{\partial y}{\partial \lambda} = +\dfrac{r}{M}\dfrac{\partial x}{\partial \varphi} \end{array}\right\} \tag{4-17}$$

对式（4-14）求偏导数，得

$$\left.\begin{array}{l} \dfrac{\partial x}{\partial \varphi} = \dfrac{da_0}{d\varphi} + \lambda^2 \dfrac{da_2}{d\varphi} + \lambda^4 \dfrac{da_4}{d\varphi} + \lambda^6 \dfrac{da_6}{d\varphi} + \cdots \\[3mm] \dfrac{\partial x}{\partial \lambda} = 2a_2\lambda + 4a_4\lambda^3 + 6a_6\lambda^5 + \cdots \\[3mm] \dfrac{\partial y}{\partial \varphi} = \lambda \dfrac{da_1}{d\varphi} + \lambda^3 \dfrac{da_3}{d\varphi} + \lambda^5 \dfrac{da_5}{d\varphi} + \lambda^7 \dfrac{da_7}{d\varphi} + \cdots \\[3mm] \dfrac{\partial y}{\partial \lambda} = a_1 + 3a_3\lambda^2 + 5a_5\lambda^4 + 7a_7\lambda^6 + \cdots \end{array}\right\} \tag{4-18}$$

将以上这些偏导数代入等角条件式（4-17），则有

$$\left.\begin{array}{l} 2a_2\lambda + 4a_4\lambda^3 + 6a_6\lambda^5 + \cdots = -\dfrac{r}{M}\left(\lambda \dfrac{da_1}{d\varphi} + \lambda^3 \dfrac{da_3}{d\varphi} + \lambda^5 \dfrac{da_5}{d\varphi} + \lambda^7 \dfrac{da_7}{d\varphi} + \cdots\right) \\[3mm] a_1 + 3a_3\lambda^2 + 5a_5\lambda^4 + 7a_7\lambda^6 + \cdots = \dfrac{r}{M}\left(\dfrac{da_0}{d\varphi} + \lambda^2 \dfrac{da_2}{d\varphi} + \lambda^4 \dfrac{da_4}{d\varphi} + \lambda^6 \dfrac{da_6}{d\varphi} + \cdots\right) \end{array}\right\} \tag{4-19}$$

在上式中当 λ 为任何值时，都应该得到满足，故比较每一方程式内 λ 的同次幂的系数，可得到下列一组等式。

$$\left.\begin{array}{l} a_1 = \dfrac{r}{M} \cdot \dfrac{da_0}{d\varphi} \\[3mm] a_2 = -\dfrac{r}{2M} \cdot \dfrac{da_1}{d\varphi} \\[3mm] a_3 = \dfrac{r}{3M} \cdot \dfrac{da_2}{d\varphi} \\[3mm] a_4 = -\dfrac{r}{4M} \cdot \dfrac{da_3}{d\varphi} \\[3mm] a_5 = \dfrac{r}{5M} \cdot \dfrac{da_4}{d\varphi} \\[3mm] a_6 = -\dfrac{r}{6M} \cdot \dfrac{da_5}{d\varphi} \\[2mm] \vdots \end{array}\right\} \tag{4-20}$$

若概括为一般形式，则有

$$a_{k+1} = (-1)^k \frac{1}{1+k} \cdot \frac{r}{M} \cdot \frac{da_k}{d\varphi} (k = 0, 1, 2, \cdots) \qquad (4-21)$$

由此可见，高斯-克吕格投影公式的最后确定，在于求出各系数 a_i 的形式。为此首先要知道 a_0，欲求 a_0 就要利用第三个条件，即中央经线投影后无变形。即当 $\lambda = 0$ 时，则式（4-21）中 $x = a_0$，而 $a_0 = s$，即为中央经线投影后的长度，因而有

$$a_0 = x = s = \int_0^\varphi M d\varphi \qquad (4-22)$$

将式（4-22）代入式（4-20），则有

$$a_1 = \frac{r}{M} \frac{da_0}{d\varphi} = \frac{r}{M} \frac{M d\varphi}{d\varphi} = r = N\cos\varphi \qquad (4-23)$$

为求得 a_2，可以求导数 $\dfrac{da_1}{d\varphi}$，根据式（4-23）可得

$$\frac{da_1}{d\varphi} = -M\sin\varphi$$

由此得

$$a_2 = \frac{1}{2} N\cos\varphi\sin\varphi \qquad (4-24)$$

按前述相同的方法，依次可求出 a_3，a_4，a_5，$\cdots$。下面略去推导过程仅写出 a_3，a_4，a_5 的结果，即

$$\left. \begin{aligned} a_3 &= \frac{N\cos^3\varphi}{6}(1 - \tan^2\varphi + \eta^2) \\ a_4 &= \frac{N\sin\varphi\cos^3\varphi(5 - \tan^2\varphi + 9\eta^2 + 4\eta^4)}{24} \\ a_5 &= \frac{N\sin\varphi\cos^5\varphi(5 - 18\tan^2\varphi + \tan^4\varphi)}{120} \end{aligned} \right\} \qquad (4-25)$$

将以上求得的 a_1，a_2，a_3，$\cdots$，代入式（4-14），加以整理，并略去 λ^6 以上各项，即可得到高斯-克吕格投影的直角坐标公式，即

$$x = s + \frac{\lambda^2 N}{2}\sin\varphi\cos\varphi + \frac{\lambda^4 N}{24}\sin\varphi\cos^3\varphi(5 - \tan^2\varphi + 9\eta^2 + 4\eta^4) + \cdots$$

$$y = \lambda N\cos\varphi + \frac{\lambda^3 N}{6}\cos^3\varphi(1 - \tan^2\varphi + \eta^2) + \frac{\lambda^5 N}{120}\cos^5\varphi(5 - 18\tan^2\varphi + \tan^4\varphi) + \cdots$$

$$(4-26)$$

略去 λ^6 以上各项是因为这些值不超过 0.005 m，这样在制图上是能满足精度要求的。实用上将 λ 化为弧度，并以秒为单位，得

$$x = s + \frac{\lambda''^2 N}{2\rho''^2}\sin\varphi\cos\varphi + \frac{\lambda''^4 N}{24\rho''^4}\sin\varphi\cos^3\varphi(5 - \tan^2\varphi + 9\eta^2 + 4\eta^4) + \cdots$$

$$y = \frac{\lambda''}{\rho''}N\cos\varphi + \frac{\lambda''^3 N}{6\rho''^3}\cos^3\varphi(1 - \tan^2\varphi + \eta^2) + \frac{\lambda''^5 N}{120\rho''^5}\cos^5\varphi(5 - 18\tan^2\varphi + \tan^4\varphi) + \cdots$$

$$(4-27)$$

式中：s——由赤道至纬度 φ 的经线弧长；$\eta = e'\cos\varphi$。

2. 推求高斯-克吕格投影长度比公式

前面已经说明本投影为等角投影。在等角投影中，在一点附近各方向的长度比是一致的，因此只需要求出一个方向的长度比即可。在长度比公式中，应用式（3-27）比较方便，因该式中 G 表达的 $\dfrac{\partial x}{\partial \lambda}$ 和 $\dfrac{\partial y}{\partial \lambda}$ 在式（4-18）中不含偏导数，只有各系数 a_i，而各 a_i 值已经给出，于是

$$n = \frac{\sqrt{G}}{r} = \frac{1}{r}\left[\left(\frac{\partial x}{\partial \lambda}\right)^2 + \left(\frac{\partial y}{\partial \lambda}\right)^2\right]^{\frac{1}{2}} \tag{4-28}$$

由式（4-18）并且略去高于 λ^5 项，则有

$$\left(\frac{\partial x}{\partial \lambda}\right)^2 + \left(\frac{\partial y}{\partial \lambda}\right)^2 = (2a_2\lambda + 4a_4\lambda^3)^2 + (a_1 + 3a_3\lambda^2 + 5a_5\lambda^4)^2$$
$$= a_1^2 + (6a_1a_3 + 4a_2^2)\lambda^2 + (9a_3^2 + 10a_1a_5 + 16a_2a_4)\lambda^4 \tag{4-29}$$

将前面已求得的 a_1，a_2，a_3，…，各值代入式（4-29），可得

$$\left(\frac{\partial x}{\partial \lambda}\right)^2 + \left(\frac{\partial y}{\partial \lambda}\right)^2 = N^2\cos^2\varphi + [N^2\cos^4\varphi(1-\tan^2\varphi+\eta^2) + N^2\sin^2\varphi\cos^2\varphi]\lambda^2 +$$
$$\left[\frac{1}{4}N^2\cos^6\varphi(1-\tan^2\varphi+\eta^2)^2 + \frac{1}{12}N^2\cos^6\varphi(5-\right.$$
$$\left.18\tan^2\varphi+\tan^4\varphi) + \frac{1}{3}N^2\cos^4\varphi(5-\tan^2\varphi)\right]\lambda^4$$

略去上式右端第三项中的 η^2，代入纬线长度比公式，得

$$n^2 = 1 + \cos^2\varphi(1-\eta^2)\lambda^2 + \frac{\cos^4\varphi}{3}(2-\tan^2\varphi)\lambda^4 \tag{4-30}$$

将式（4-30）开方，按以下公式

$$\sqrt{1+x} = 1 + \frac{1}{2}x - \frac{1}{8}x^2 + \frac{1}{16}x^3 - \cdots$$

展开，则得

$$n = 1 + \frac{\lambda^2}{2}\cos^2\varphi(1+\eta^2) + \frac{\lambda^4}{24}\cos^4\varphi(5-4\tan^2\varphi)$$

则长度比公式为

$$\mu = m = n = 1 + \frac{1}{2\rho''^2}\cos^2\varphi(1+\eta^2)\lambda''^2 + \frac{1}{24\rho''^4}\cos^4\varphi(5-4\tan^2\varphi)\lambda''^4 \tag{4-31}$$

3. 求子午线收敛角 γ 的公式

子午线收敛角是 X 轴正向与过已知点所引经线与切线间的夹角。由于高斯-克吕格投影的经线收敛于两极，在以该投影绘制的地形图上，除中央经线外各经线都与坐标纵线构成夹角，即子午线收敛角或称坐标纵线偏角。

如图 4-12 所示，设 A' 为地球椭球面上 A 点在平面上的投影，相交于 A' 点的 $N\lambda$ 和 $F\varphi$ 分别为经线和纬线的投影。过 A' 点作 X 轴平行线 $A'B$ 和 Y 轴平行线 $A'C$，则有

$$\angle BA'N = \angle DA'F = \gamma$$

但子午线收敛角在北半球和中央经线以东为逆时针方向计算，故

$$\tan\gamma = -\frac{\mathrm{d}y}{\mathrm{d}x} \tag{4-32}$$

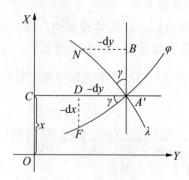

图 4-12　子午线收敛角

将式（3-31）代入式（4-32），因经线的经度为常数，$d\lambda = 0$，于是有

$$\tan\gamma = -\frac{\dfrac{\partial y}{\partial\varphi}}{\dfrac{\partial x}{\partial\varphi}} \tag{4-33}$$

依据式（4-18），对 λ 取导数比对 φ 取导数更方便。因此，可利用式（4-17），则有

$$-\frac{\partial y}{\partial\varphi} = \frac{\dfrac{\partial x}{\partial\lambda}}{\dfrac{r}{M}}, \quad \frac{\partial x}{\partial\varphi} = \frac{\dfrac{\partial y}{\partial\lambda}}{\dfrac{r}{M}}$$

将上式代入式（4-33），则得

$$\tan\lambda = \frac{\dfrac{\partial x}{\partial\lambda}}{\dfrac{\partial y}{\partial\lambda}}$$

将式（4-18）偏导数代入上式，仅限于三次项，则可得

$$\tan\gamma = \frac{2a_2\lambda + 4a_4\lambda^3}{a_1 + 3a_3\lambda^2} = \frac{2a_2\lambda}{a_1} + \frac{4a_4\lambda^3}{a_1} - \frac{6a_2a_3\lambda^3}{a_1^2} - \cdots$$

将 a_1，a_2，a_3，$\cdots$，各值代入上式，则有

$$\tan\gamma = \lambda\sin\varphi + \frac{\lambda^3}{3}\sin\varphi\cos^2\varphi(1 + \tan^2\varphi + 3\eta^2 + 2\eta^4) + \cdots$$

因 γ 角很小，可利用反正切函数的级数

$$\gamma = \arctan(\tan\gamma) = \tan\gamma - \frac{1}{3}\tan^3\gamma + \frac{1}{5}\tan^5\gamma - \cdots$$

展开，略去 η^4 项，则可得高斯-克吕格投影子午线收敛角公式为

$$\gamma = \lambda\sin\varphi + \frac{\lambda^3}{3}\sin\varphi\cos^2\varphi(1 + 3\eta^2) + \cdots \tag{4-34}$$

式中 λ 以弧度值代入。

4.3.2　高斯-克吕格投影的变形分析及应用

由长度比公式，可得到高斯-克吕格投影的变形规律如下。

（1）当 $\lambda = 0$ 时，$\mu = 1$，即中央经线上没有任何变形，满足中央经线投影后保持长度不变的条件。

（2）λ 均以偶次方出现，且各项均为正号，所以在本投影中，除中央经线上长度比为 1 以外，其他任何点上长度比均大于 1。

（3）在同一条纬线上，离中央经线越远，则变形越大，最大值位于投影带的边缘。

（4）在同一条经线上，纬度越低，变形越大，最大值位于赤道上。

（5）本投影属于等角性质，故没有角度变形，面积比为长度比的平方。

（6）长度比的等变形线平行于中央轴子午线。

表 4-2 是该投影在经差 3° 范围内的长度变形值。

表 4-2　经差 3° 范围内的长度变形值

纬差	经差			
	0°	1°	2°	3°
90°	1.00 000	1.00 000	1.00 000	1.00 000
80°	1.00 000	1.00 000	1.00 002	1.00 004
70°	1.00 000	1.00 002	1.00 007	1.00 016
60°	1.00 000	1.00 004	1.00 015	1.00 034
50°	1.00 000	1.00 006	1.00 025	1.00 057
40°	1.00 000	1.00 009	1.00 036	1.00 081
30°	1.00 000	1.00 012	1.00 046	1.00 103
20°	1.00 000	1.00 013	1.00 054	1.00 121
10°	1.00 000	1.00 014	1.00 059	1.00 134
0°	1.00 000	1.00 015	1.00 061	1.00 138

4.3.3　高斯投影分带

因高斯投影的最大变形在赤道上，并随经差的增大而增大，故限制投影的精度范围就能将变形大小控制在所需要的范围内，以满足地图所需精度的要求。因此，确定对该投影采取分带单独进行投影。根据 0.138% 的长度变形所产生的误差小于 1∶2.5 万比例尺地形图的绘图误差，决定我国 1∶2.5 万至 1∶50 万地形图采用 6° 分带投影，考虑到 1∶1 万和更大比例尺地形图对制图精度有更高的要求，需要进一步限制投影带的精度范围，故采用 3° 分带投影。分带后，各带分别投影，各自建立坐标网。

1. 6° 分带法

6° 分带投影是从零子午线起，由西向东，每 6° 为一带，全球共分为 60 带，用阿拉伯数字 1，2，…，60 标记，凡是 6° 的整数倍的经线皆为分带子午线，如图 4-13 所示。每带的中央经线度数 L_0 和带号 n 用下式求出。

$$L_0 = 6° \cdot n - 3°$$

$$n = \left[\frac{L}{6°} \right] + 1$$

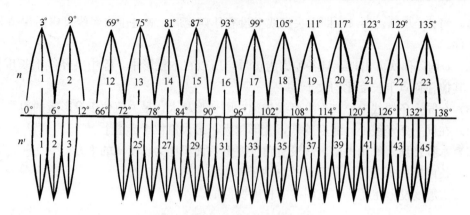

图 4-13　高斯-克吕格投影分带

式中：[ ]——商取整；

　　　　L——某地点的经度。

我国领土位于东经 72°至 136°之间，共含 11 个投影带，即 13 至 23 带。

2. 3°分带法

从东经 1°30′起算，每 3°为一个投影带，将全球分为 120 带，用阿拉伯数字 1，2，…，120 标记，如图 4-13 所示。这样分带的目的在于使 6°带的中央经线全部为 3°带的中央经线，即 3°带中有半数的中央经线同 6°带的中央经线重合，以便在由 3°带转换为 6°带时，不需任何计算，而直接转用。带号 n 与相应的中央子午线经度 λ_0 的关系为

$$\left.\begin{aligned}\lambda_0 &= 3°n \\ n &= \left[\frac{\lambda + 1°30'}{3°}\right]\end{aligned}\right\}$$

我国共含 22 个 3°投影带，即 24 至 45 带。

分带投影的优越性，除了控制变形，提高精度外，还可以减轻坐标值的计算工作量，提高工作效率。鉴于高斯投影的带与带之间的同一性、每个带内上下、左右的对称性，全球 60 个带或 120 个带，只需要计算各自 1/4 的各带各经纬线交点的坐标值，通过坐标值变负和冠以相应的带号，就可以得到全球每个投影带的经纬网坐标值。但分带投影亦带来邻带互不联系、邻带间相邻图幅不便拼接的缺陷。

4.3.4　坐标规定

高斯投影平面直角网是由高斯投影每一个投影带构成的一个单独坐标系。投影带的中央经线投影后的直线为 X 轴（纵轴），赤道投影后的直线为 Y 轴（横轴），它们的交点为原点。

我国位于北半球，全部 x 值都是正值，在每个投影带中则有一半的 y 值为负。为了使计算中避免横坐标 y 值出现负值，规定每带的中央经线西移 500 km。由于高斯投影每一个投影带的坐标都是对本带坐标原点的相对值，所以，各带的坐标完全相同。为了指出投影带是哪一带，规定要在横坐标（通用值）之前加上带号。因此，计算一个带号的坐标值，制成表格，可供查取各投影带的坐标时使用（有关地形图图廓点坐标值可从《高斯-克吕格坐标表》中查取）。

例如，在 6°投影带第 20 带内有 A、B 两点，按投影公式计算得到的横坐标分别为

$$y_A = 245\,863.7 \text{ m}$$

$$y_B = -168\,474.8 \text{ m}$$

纵坐标轴西移 500 km 后，其横坐标分别为

$$y'_A = 745\,863.7 \text{ m}$$

$$y'_B = 331\,525.2 \text{ m}$$

加上带号，如 A、B 两点位于第 20 带，其通用坐标为

$$y''_A = {}^{20}745\,863.7 \text{ m}$$

$$y''_B = {}^{20}331\,525.2 \text{ m}$$

此外，本投影还规定邻带坐标的重叠问题。由于分带投影，各带自成独立坐标系统，相邻两带的图幅，其直角坐标网（方里网）互不连接。这样对相邻两带边缘的地形图拼接使用极不方便。因此，规定每投影带西边缘经差 7.5′ 和 15′ 以内各相应图幅加绘邻带坐标网。也就是本投影带西边的一行 1∶10 万，两行 1∶5 万，四行 1∶2.5 万地形图和经差 7.5′ 内的 1∶1 万地形图，都加绘西邻带延伸出来的坐标网；每投影带的东边一行 1∶5 万地形图和一行 1∶2.5 万地形图都加绘有东邻带延伸过来的坐标网。展绘时，本带坐标网在图廓内绘全，邻带坐标网只在外图廓线上绘出能连接成纵横方里线的短线即可。

由于高斯-克吕格投影具有等角性质，经纬网同直角坐标网的偏差较小以及计算一带的 x，y 值和 γ 角（实际是一带的 1/4）可以世界通用等优点，所以不少国家将其用作地形图的数学基础。我国自 1953 年开始采用该投影作为我国地形图 1∶50 万及其以上更大比例尺的地形图的数学基础，一些其他的国家（朝鲜、蒙古、苏联等国）亦采用它作为地形图数学基础。

4.3.5　通用横轴墨卡托投影

通用横轴墨卡托投影（universal transverse mercator projection）取前面三个英文字母大写而称 UTM 投影。通用横轴墨卡托投影与高斯投影同属于分带横轴等角椭圆柱投影，差别只在于高斯投影是切投影，而通用横轴墨卡托投影是割投影，即椭圆柱割于对称于中央经线的两个等高圈上，从而改变了在低纬度的变形。在这两条标准纬线等高圈上长度比为 1，而中央经线上的长度比为 0.999 6。因此，只要将高斯坐标的自然值及长度比乘以 0.999 6 即得到通用横轴墨卡托投影时相应的坐标和长度比，而子午线收敛角完全相同。

通用横轴墨卡托投影与高斯-克吕格投影的主要不同之处，在于以下两点。

1. 带的划分相同而带号的起算不同

关于高斯-克吕格投影带的分带是从零子午线向东 6° 为一带。通用横轴墨卡托投影的分带是从 180° 起向东每 6° 为一带，即与国际百万分之一世界地图的划分一致。也就是高斯-克吕格投影的第 1 带（0°～6°E）为 UTM 投影的第 31 带；UTM 的第 1 带（180°～174°W）是高斯-克吕格投影的 31 带。

通用横轴墨卡托投影每带的投影范围，限制在北纬 84° 至南纬 80° 之间，两极地区采用通用极球面（universal polar sterographic，UPS）投影。它是 UTM 的补充，但又是独立系统，两系的相接处有一定的重叠。

2. 根本的差别是中央经线长度比不同

高斯-克吕格投影每带中央经线的投影长度比等于 1。但通用横轴墨卡托投影是将每带中央经线的长度比确定为 0.999 6。这一长度比的选择，可以使 6°带的中央经线与边缘经线的长度变形的绝对值大致相等。因此，在中央经线与边缘经线之间，可以求得两条无长度变形的线，其位置距中央经线以东以西各为 180 000 m，相当于经差±1°40′。

UTM 投影的坐标系统每一投影带以中央经线与赤道投影的交点为坐标原点。为了避免出现负值，东西坐标（Y 坐标）起始点加 500 km（同高斯-克吕格投影）；南北坐标（X 坐标）北半球原点为 0 km，南半球原点为 10 000 km。在实际使用时，

北半球：$x_{实} = x$，

南半球：$x_{实} = 10\ 000\ 000\ \text{m} - x$，

经差为正：$y_{实} = y + 500\ 000\ \text{m}$，

经差为负：$y_{实} = 500\ 000\ \text{m} - y$。

为了便于两个投影带边界上图幅的拼接使用，规定两带的坐标约重叠 40 km，相当于赤道上的经差 22′的距离。这样则每带的正负经差都延伸为 3°11′。

通用横轴墨卡托投影是目前世界上应用十分广泛的一种投影。美国、日本、加拿大、泰国、阿富汗、巴西、法国、瑞士等约 80 个国家和地区用它作为地形图的数学基础。

4.4 墨卡托投影

4.4.1 墨卡托投影的定义和公式

这个投影是 16 世纪荷兰地图学家墨卡托所创造的，故又称为墨卡托投影，属于正轴等角圆柱投影，迄今仍是广泛应用于航海、航空方面的重要投影之一。

该投影的公式为

$$x = a \ln \tan \left(45° + \frac{\varphi}{2} \right), \quad y = a \cdot \lambda$$

$$a = r_k (在切圆柱中 \ a = a_{赤道}) \tag{4-35}$$

$$m = n = \frac{a}{r}, \quad P = m^2, \quad \omega = 0$$

在等角正切圆柱投影中，赤道没有变形，随着纬度升高，变形迅速增大。在等角正割圆柱投影中，两标准纬线上无变形；两标准纬线之间是负向变形，即投影后长度缩短了；两标准纬线以外是正向变形，即投影后长度增加了，且离标准纬线越远变形越大。无论是切还是割投影，赤道上的长度比为最小，两极的长度比为无穷大。面积比是长度比的平方，所以面积变形很大。

4.4.2 墨卡托投影的应用

由变形分析可知，切投影仅适合制作赤道附近沿纬线延伸地区的地图。割投影适合制作沿纬线延伸地区的地图，如果标准纬线选择恰当，其变形可以比切投影的变形减少一半。不论是切还是割投影，均不适合制作高纬度地区的地图。该投影可用来制作某些

世界范围的专题地图，如世界时区图、世界交通图、卫星轨迹图等。但该投影最主要的用途是制作海图。

等角航线是地面上两点之间的一条特殊的定位线，它是两点间同所有经线构成相同方位角的一条曲线。由于这样的特性，它在航海中具有特殊意义，当船只按等角航线航行时，则理论上可不改变某一固定方位角而到达终点。等角航线又名恒向线、斜航线。它在墨卡托投影中表现为两点之间的直线。这点不难理解，墨卡托投影是等角投影，而经线又是平行直线，那么两点间的一条等方位曲线在该投影中当然只能是连接两点的一条直线。

这个特点也就是墨卡托投影之所以被广泛应用于航海、航空方面的原因。

可以证明，两点间的等角航线在墨卡托投影中表现为与 X 轴相交成 α 角的直线。

等角航线是两点间对所有经线保持等方位角的特殊曲线，所以它不是大圆（对椭球体而言不是大地线），也就不是两点间的最近路线，它与经线所交之角，也不是一点对另一点（大圆弧）的方位角。

在地球面上，任意两点间的最短距离是大圆航线，而不是等角航线，沿等角航线航行，虽领航简便，但航程较远。如从非洲的好望角到澳大利亚的墨尔本，沿等角航行，航程是 6 020 海里，沿大圆航行，航程是 5 450 海里，二者相差 570 海里（约 1 000 km）。因此，在远洋航行时，把两者结合起来，即在球心投影图上，把起、终点连成直线即为大圆航线，然后把该大圆航线所经过的主要特征点转绘到墨卡托投影图上，依次将各点连成直线，这些直线就是等角航线。航行时，沿此折线而行。因而，总的来说，是沿大圆航线航行，航程较短；但就某一段直线而言，又走的是等角航线，便于领航。

墨卡托投影虽然在长度和面积方面的变形很大，但几个世纪以来，世界各国一直用它作海图，这主要是由于等角航线投影成直线这一特性，便于在海图上进行航迹绘算；又是等角投影，能保持方位正确，图上作业十分便利；同时，经纬线为正交的平行直线，计算简单，绘制方便。现代无线电导航图，也是在墨卡托投影图上加绘某些位置线（如双曲线）构成，如双曲线导航图等。

标准纬线又叫基准纬线。我国海图基准纬线选择总的原则是使变形尽可能小，分布均匀，图幅便于拼接使用。海湾图的基准纬线选择在本港湾或本地区的中纬线上；1∶5 万海岸图按海区分别采用统一规定的基准纬线；1∶10 万和更小比例尺的成套海图，全区统一采用北纬 30° 为基准纬线。

4.5　方　位　投　影

4.5.1　球面极坐标

如图 4-14 所示的球面，其中 K 为球面上某一点，P 是地理坐标系极点，Q 是球面极坐标系极点。各地理坐标系（φ，λ）与球面极坐标（α，z）之间可以进行简单的相互换算。

利用球面三角公式，在球面三角形 PKQ 中有

$$\cos z = \sin\varphi\sin\varphi_0 + \cos\varphi\cos\varphi_0\cos(\lambda-\lambda_0)$$
$$\sin z\cos\alpha = \sin\varphi\cos\varphi_0 - \cos\varphi\sin\varphi_0\sin(\lambda-\lambda_0)$$
$$\sin z\sin\alpha = \cos\varphi\sin(\lambda-\lambda_0)$$

$$(4\text{-}36)$$

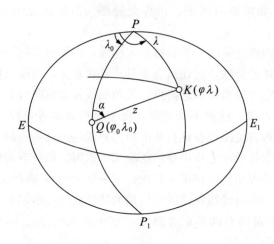

图 4-14　球面上的坐标系

式中：φ_0，λ_0——球面极坐标系坐标原点 Q 的地理坐标。

　　在采用球面极坐标系时，首先要确定一个极坐标的"极点"Q，球面上的各点便以新极 Q 为原点，以方位角 α 和天顶距 z 表示其位置。从形式上不难看出，新极点相当于地理坐标系中的北（南）极 P（P_1），方位角 α 相当于 λ，天顶距 z 相当于 $90°-\varphi$。可见，球面极坐标系与地理坐标系形式上基本一致，地理坐标系的极点 P（$\varphi=\pm90°$）仅是地球表面上的一个特殊点，地理坐标系也仅是球面极坐标系的一种特殊情况。

　　这样，要用球面极坐标计算地图投影，仅需将制图区域内各经纬线交点的坐标 φ，λ 用式（4-36）换算成新坐标系中的极坐标 α，z，然后把 α 视为 λ，把 $90°-z$ 视为 φ，应用正轴投影公式进行计算而无须另行推导横轴与斜轴的投影公式。可见，利用球面上的坐标变换方法，可使地图投影的公式获得更加普遍的运用。

4.5.2　方位投影的公式

　　方位投影可视为将一个平面切于或割于地球某一点或一部分，再将地球球面上的经纬线网投影到此平面上。可以想象，在正轴方位投影中，纬线投影后成为同心圆，经线投影后成为交于一点的直线束（同心圆的半径），两经线间的夹角与实地经度差相等。对于横轴或斜轴方位投影，则等高圈投影后为同心圆，垂直圈投影后为同心圆的半径，两垂直圈之间的交角与实地方位角相等。根据这个关系，我们来确定方位投影的一般公式。

　　如图 4-15 所示，设 E 为投影平面，C 为地球球心，Q' 为投影中心，即球面坐标原点。QP，QA 为垂直圈，其投影后成为直线 $Q'P'$，$Q'A'$。今球面上有一点 A，其投影为 A'，在投影平面上，令 $Q'P'$ 为 X 轴，经 Q' 点垂直于 $Q'P'$ 的直线为 Y 轴，又令 QA 的投影 $Q'A'$ 的长度为 ρ，QA 与 QP 的夹角为 α，其投影为 δ，于是有

$$\delta=\alpha$$
$$\rho=f(z)$$

式中：z，α——以 Q 为原点的球面极坐标。

　　若用平面直角坐标系，则有

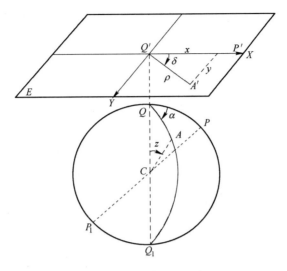

图 4-15　方位投影示意

$$x = \rho \cos \delta$$
$$y = \rho \sin \delta \qquad\qquad (4\text{-}37)$$

则可推导出方位投影的一般公式为

$$\rho = f(z); \quad \delta = \alpha$$
$$x = \rho \cos \delta; \quad y = \rho \sin \delta$$
$$\mu_1 = \frac{\mathrm{d}\rho}{R\mathrm{d}z}; \quad \mu_2 = \frac{\rho}{R\sin z} \qquad\qquad (4\text{-}38)$$
$$P = \frac{\rho \mathrm{d}\rho}{R^2 \sin z \mathrm{d}z}; \quad \sin\frac{\omega}{2} = \left| \frac{\mu_2 - \mu_1}{\mu_2 + \mu_1} \right|$$

式中：ρ ——等高圈（纬线圈）投影半径；

　　　δ ——两垂直圈（经线圈）的夹角；

　　z, α ——球面坐标系中极距、方位角；

　μ_1, μ_2 ——沿垂直圈、等高圈方向的长度比；

　　　P ——面积比；

　　　ω ——角度最大变形。

球面坐标 z, α 的计算由下式决定。

$$\cos z = \sin\varphi \sin\varphi_0 + \cos\varphi \cos\varphi_0 \cos(\lambda - \lambda_0)$$
$$\tan\alpha = \frac{\cos\varphi \sin(\lambda - \lambda_0)}{\sin\varphi \cos\varphi_0 - \cos\varphi \sin\varphi_0 \cos(\lambda - \lambda_0)}$$

式中：(φ_0, λ_0) ——投影中心点的地理坐标；

　　　(φ, λ) ——地球面上任意点的地理坐标。

从上式可以看出，方位投影取决于 $\rho = f(z)$ 的函数形式，函数形式一经确定，其投影也随之而定。$\rho = f(z)$ 函数形式的确定，取决于不同的投影条件，由于确定 ρ 的条件有多种，故方位投影也有很多种。通常是 ρ 按几何透视方法或投影条件方法来确定。

由此可见，各种方位投影具有一个共同的特点，就是由投影中心点至任意点的方位角无变形。

方位投影的计算步骤如下。

（1）确定球面极坐标原点 Q 的经纬度 φ_0，λ_0；

（2）由地理坐标 φ 和 λ 推算球面极坐标 z 和 α；

（3）计算投影极坐标 ρ，δ 和平面直角坐标 x，y；

（4）计算长度比、面积比和角度变形。

4.5.3 方位投影分类

（1）方位投影按投影面与地球相对位置的不同分类。

① 正轴方位投影：地轴与投影平面垂直。

② 横轴方位投影：地轴与投影平面平行。

③ 斜轴方位投影：地轴与投影平面斜交。

（2）按透视关系可分为非透视方位投影与透视方位投影。

（3）根据投影面与地球相切或相割的关系又可分为切方位投影与割方位投影。

4.5.4 等角方位投影

在等角方位投影中，保持微分面积形状相似，即微分圆投影后仍为一个圆，也就是一点上的长度比与方位无关，没有角度变形。

根据此条件 $\mu_1 = \mu_2$，$\omega = 0$，可以推导出等角方位投影的公式为

$$\delta = a，\quad \rho = 2R \tan \frac{z}{2}$$

$$x = \rho \cos \delta，\quad y = \rho \sin \delta$$

$$\mu_1 = \mu_2 = \mu = \sec^2 \frac{z}{2}$$

$$P = \mu^2，\quad \omega = 0$$

4.5.5 等面积方位投影

在等面积方位投影中，保持面积没有变形，所以在决定 $\rho = f(z)$ 的函数形式时，必须使其适合等面积条件，即面积比 $P = 1$。

根据此条件推导出等面积方位投影的公式为

$$\delta = a，\quad \rho = 2R \sin \frac{z}{2}$$

$$x = \rho \cos \delta，\quad y = \rho \sin \delta$$

$$\mu_1 = \cos \frac{z}{2}，\quad \mu_2 = \sec \frac{z}{2}$$

$$P = 1，\quad \tan\left(45° + \frac{\omega}{4}\right) = \sqrt{\frac{a}{b}} = \sqrt{\frac{\mu_1}{\mu_2}} = \sec \frac{z}{2}$$

（4-39）

对于正轴等面积方位投影，可把 $(90° - \varphi) = z$，$\lambda = \alpha$ 代入式（4-39），得

$$\delta = \lambda , \quad \rho = 2R\sin\frac{z}{2} = 2R\sin\left(45° - \frac{\varphi}{2}\right)$$

$$x = 2R\sin\frac{z}{2}\cos\delta = 2R\sin\left(45° - \frac{\varphi}{2}\right)\cos\lambda$$

$$y = 2R\sin\frac{z}{2}\sin\delta = 2R\sin\left(45° - \frac{\varphi}{2}\right)\sin\lambda \tag{4-40}$$

$$m = \mu_1 = \cos\frac{z}{2} = \cos\left(45° - \frac{\varphi}{2}\right) , \quad n = \mu_2 = \sin\frac{z}{2} = \sin\left(45° - \frac{\varphi}{2}\right)$$

$$P = 1 , \quad \tan\left(45° + \frac{\omega}{4}\right) = \sec\frac{z}{2} = \sec\left(45° - \frac{\varphi}{2}\right)$$

本投影亦称为兰勃脱等面积方位投影。

4.5.6　等距离方位投影

等距离方位投影通常是指沿垂直圈长度比等于 1 的一种方位投影。因此，需使函数 $\rho = f(z)$ 满足等距离条件，也就是 $\mu_1 = 1$。可以推导出等距离方位投影公式为

$$\delta = a , \quad \rho = Rz$$

$$x = Rz\cos\delta , \quad y = Rz\sin\delta$$

$$\mu_1 = 1 , \quad \mu_2 = \frac{z}{\sin z} \tag{4-41}$$

$$P = \mu_1 \cdot \mu_2 , \quad \sin\frac{\omega}{2} = \frac{a-b}{a+b} = \frac{z-\sin z}{z+\sin z}$$

对于正轴等距离方位投影，把 $(90° - \varphi) = z$，$\lambda = \delta$ 代入式（4-41），可得

$$\delta = a , \quad \rho = Rz = R(90° - \varphi)$$

$$x = Rz\cos\delta = Rz\cos\lambda , \quad y = Rz\sin\delta = Rz\sin\lambda$$

$$\mu_1 = 1 , \quad \mu_2 = \frac{z}{\sin z} = \frac{90° - \varphi}{\cos\varphi} \tag{4-42}$$

$$P = \frac{90° - \varphi}{\cos\varphi} , \quad \sin\frac{\omega}{2} = \frac{(90° - \varphi) - \sin(90° - \varphi)}{(90° - \varphi) + \sin(90° - \varphi)}$$

本投影又称为波斯托投影。

4.5.7　透视方位投影

透视方位投影属于方位投影的一种，它是用透视的原理来确定 $\rho = f(z)$ 的函数形式。它除了具有方位投影的一般特征外，还有透视关系，即地面点和相应投影点之间有一定的透视关系。所以在这种投影中有固定的视点，通常视点的位置处于垂直于投影面的地球直径或其延长线上，如图 4-16 所示。

设想视点在指定的直径（或其延长线）上取不同的位置，就可看到地面上某点 A 的投影 A' 也有不同的位置（例如，视点位置取 1，2，3，4，则 A 点的投影分别为 A_1'，A_2'，A_3'，A_4'）。

另外，可以看出，由于透视关系，投影面在某一固定轴上移动（与地球相切或者相割）

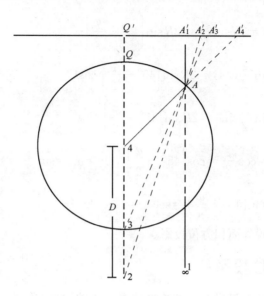

图 4-16　透视方位示意

并不影响投影的表象形状，而只是比例尺发生变化。

透视投影根据视点离球心的距离 D 的大小不同可分为以下几类。

（1）正射投影。此投影的视点位于离球心无穷远处，即 $D=\infty$；

（2）外心投影。此投影的视点位于球面外有限的距离处，即 $R<D<\infty$；

（3）球面投影。此投影的视点位于球面上，即 $D=R$；

（4）球心投影。此投影的视点位于球心，即 $D=0$。

根据投影面与地球相对位置的不同（即投影中心 Q 的纬度 φ_0 的不同）可分为：

①正轴投影（$\varphi_0=90°$）；

②横轴投影（$\varphi_0=0°$）；

③斜轴投影（$0°<\varphi_0<90°$）。

下面介绍透视方位投影的一般公式。

在图 4-17 中视点 O 离球心距离为 D，Q 为投影中心，A 点投影为 A' 点，通过 Q 点的经线 PQ 投影得到的 $P'Q'$ 作为 X 轴，过 Q' 点垂直于 X 轴的直线作为 Y 轴（注意：这里投影面 E 到球面的距离 QQ' 为零，即切于 Q 点）。大圆弧 $\overset{\frown}{QA}$ 投影为 $Q'A'$（即 ρ），$\overset{\frown}{QA}$ 的方位角 α 投影为 δ，显然可知 $\delta=\alpha$。

由相似三角形 $Q'A'O$ 及 qAO 有：

$$\frac{Q'A'}{qA}=\frac{Q'O}{qO}$$

因为 $Q'A'=\rho$，$qA=R\sin z$，$Q'O=R+D=L$，$qO=R\cos z+D$，代入上式得极坐标向径 ρ，即

$$\rho=\frac{LR\sin z}{D+R\cos z}$$

由此可得投影直角坐标公式为

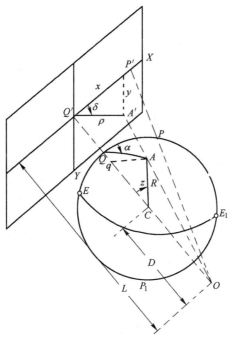

图 4-17　透视关系示意

$$x = \rho\cos\delta = \frac{LR\sin z\cos\alpha}{D + R\cos z}$$

$$y = \rho\sin\delta = \frac{LR\sin z\sin\alpha}{D + R\cos z}$$

将球面三角公式代入，并令 Q 点的经度 $\lambda_0 = 0$，则：

$$x = \frac{LR(\sin\varphi\cos\varphi_0 - \cos\varphi\sin\varphi_0\cos\lambda)}{D + R(\sin\varphi\sin\varphi_0 + \cos\varphi\cos\varphi_0\cos\lambda)} \tag{4-43}$$

$$y = \frac{LR\cos\varphi\sin\lambda}{D + R(\sin\varphi\sin\varphi_0 + \cos\varphi\cos\varphi_0\cos\lambda)}$$

式中：μ_1，μ_2——垂直圈与等高圈长度比。

根据透视关系及长度比的定义，可得透视方位投影的一般公式为

$$\delta = a，\ \rho = \frac{LR\sin z}{D + R\cos z}$$

$$x = \frac{LR(\sin\varphi\cos\varphi_0 - \cos\varphi\sin\varphi_0\cos\lambda)}{D + R(\sin\varphi\sin\varphi_0 + \cos\varphi\cos\varphi_0\cos\lambda)}$$

$$y = \frac{LR\cos\varphi\sin\lambda}{D + R(\sin\varphi\sin\varphi_0 + \cos\varphi\cos\varphi_0\cos\lambda)} \tag{4-44}$$

$$\mu_1 = \frac{d\rho}{R\,dz} = \frac{L(D\cos z + R)}{(D + R\cos z)^2}，\ \mu_2 = \frac{\rho}{R\sin z} = \frac{L}{D + R\cos z}$$

$$P = \mu_1 \cdot \mu_2 = \frac{L^2(D\cos z + R)}{(D + R\cos z)^3}，\ \sin\frac{\omega}{2} = \frac{a - b}{a + b}$$

式中：a，b——μ_1，μ_2，其 μ_1，μ_2 中大者为 a，小者为 b。

4.5.8　方位投影变形分析及其应用

在方位投影中，极点（或天顶）均为投影点（投影中心点），投影中心点至任意点的方位角无变形。

根据方位投影的长度比公式可以看出，在正轴投影中，m，n 仅是纬度 φ 的函数，在斜轴或横轴投影中，沿垂直圈或等高圈的长度比 μ_1，μ_2 仅是天顶距 z 的函数，因此，等变形线成为圆形，即在正轴中与纬圈一致，在斜轴或横轴中与等高圈一致（见图 4-18）。由于这个特点，就制图区域形状而言，方位投影适宜具有圆形轮廓的地区。就制图区域地理位置而言，在两极地区，适宜用正轴投影，赤道附近地区，适宜用横轴投影，其他地区用斜轴投影。方位投影的等变形线形状是圆形，因而方位投影适合制作圆形区域的地图。正轴方位投影可作两极地区地图；横轴方位投影可作赤道附近圆形区域地图；斜轴方位投影可作中纬度地区圆形区域地图。应用方位投影作图，其范围一般不超过半球，所以，南、北半球图一般用正方位投影；东、西半球图一般用横方位投影；水、陆半球图一般用斜方位投影。各大洲图常采用斜轴等面积方位投影。

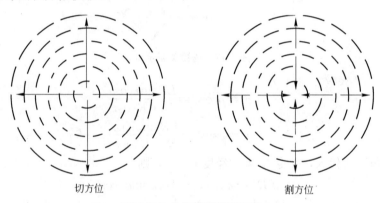

切方位　　　　　　　　　　　　　　割方位

图 4-18　方位投影等变形线

球面投影常用于制作较大区域的地图，如中华人民共和国全图。有的国家还用该投影作地形图，例如，美国规定在纬度 $\pm79°30'$ 以上地区用该投影作地形图，取名通用极球面投影（简称 UPS 投影），其投影系数 $u_0 = 0.994$。此外，有的国家还用该投影作航空图及编制星图。

球面投影亦具有一个重要特性，即球面上的任何大、小圆投影后仍为圆。利用这一特性可制作某些专题图，如广播卫星覆盖地域图、武器射程半径图等。在天文、航海方面也有一定应用价值。

等面积方位投影适合制作要求保持面积正确的近圆形地区的区域地图，如普通地图、行政区划图、政治形势图等。等面积正方位投影用于制作极区地图和南北半球图；等积横投影用于制作赤道附近圆形区域地图，如非洲图、东西半球图；等积斜方位投影用于制作中纬度近圆形地区的地图，如亚洲图、欧亚大陆图、美洲图、中国全图、水陆半球图等。

等距离方位投影适合制作圆形区域地图，由于各种变形适中，常用于制作普通地图、政区图、自然地理图等。由于该投影从投影中心至区域内任意点的距离和方位保持准确，所以，该投影可用来制作以某飞行基地为中心的飞行半径图，以导弹发射井为中心的打击目标图，以及地震图等。

但球心投影具有一个重要特性，即球面上的任一大圆在球心投影地图上为一直线。故球心投影常作为航海图。因为在地球面上，大圆线是两点间的最短距离线，在球心投影地图上，连接航程始、终点的直线即为航行的最短距离。但是，由于该投影的角度变形和长度变形均大，沿此航线航行时，要不断修正航向，领航极为不便，所以该投影图常与等角投影图配合使用。

4.6　其 他 投 影

4.6.1　多圆锥投影

在切圆锥投影中，圆锥所切的纬线投影后无变形，离切纬线越远其变形越大。为了改变这一缺点，可以把所需的纬线都当作切纬线。如此就假设有许多圆锥和地球相切，然后沿交于同一个平面的各圆锥母线切开展平，即得多圆锥投影。

从多圆锥投影原来的几何构成来理解，可视为对地球上每一定纬度间隔的纬线作一个切圆锥。这样一系列圆锥的圆心必位于地球旋转轴线上，然后将这些圆锥系列沿一母线展开。各纬线成为以切线为半径的圆弧，使各圆心位于同一直线上（作为中央经线），圆心的定位以相邻圆弧间的中央经线距离保持与实地等长为准。这就使得各纬线成为同轴圆圆弧。经线则是以光滑曲线的形式连接各纬线（即圆锥对球面的切线）与一定间隔的经线交点而构成的对称曲线，如图 4-19 所示。

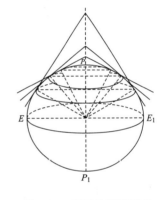

图 4-19　多圆锥投影示意

在多圆锥投影中，中央经线投影为直线且保持长度无变形；纬线投影为同轴圆圆弧，圆心在中央经线及其延长线上，各纬线都保持投影后无长度变形且与中央经线正交；其余经线为对称于中央经线的曲线，如图 4-20 所示。

随着地图投影理论的发展，多圆锥投影已具有一种广义的概念。与原来的几何构成大不相同了。

多圆锥投影的一般公式为

$$x = q - \rho\cos\delta$$
$$q = x_c = f(\varphi)$$
$$y = \rho\sin\delta$$

$$\tan\varepsilon = -\frac{F}{H} = \frac{\rho\dfrac{\partial\delta}{\partial\varphi} + q'\sin\delta}{\rho' - q'\cos\delta}$$

$$P = \frac{H}{Mr} = \rho\frac{\partial\delta}{\partial\lambda}\cdot\frac{q'\cos\delta - \rho'}{Mr}$$

$$n = \frac{\sqrt{G}}{r} = \frac{\rho}{r}\frac{\partial\delta}{\partial\lambda}$$

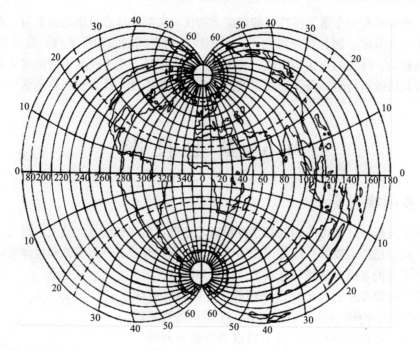

图 4-20　多圆锥投影经纬网

$$m = \frac{\rho}{n\cos\varepsilon} = \frac{q'\cos\delta - \rho'}{M}\sec\varepsilon$$

$$\tan\frac{\omega}{2} = \frac{1}{2}\sqrt{\frac{m^2 + n^2}{P} - 2}$$

　　本投影在美国被广泛使用，所以也称为美国多圆锥投影。该投影最适宜表示沿中央经线延伸的制图区域。

　　在多圆锥投影中，我国还设计出等差分纬线多圆锥投影和正切差分纬线多圆锥投影，用来编制世界地图。该投影已在我国编制各种比例尺世界政区图及其他类型世界地图中得到较广泛的应用，获得了较好的效果。

4.6.2　伪圆锥投影

　　伪圆锥投影的定义：纬线投影为一组同心圆圆弧，中央经线为通过各纬线共同中心的直线，其他经线为对称于中央经线的曲线。如图 4-21 所示。由此可见，纬线的投影仅是纬度 φ 的函数，而经线的投影则是纬度 φ 和经度 λ 的函数。由于伪圆锥投影的经、纬线不正交，故无等角投影，只有等面积和任意投影。

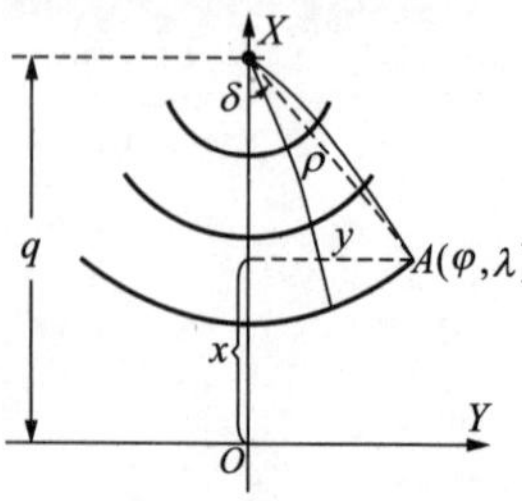

　　伪圆锥投影的一般公式为

$$\rho = f_1(\varphi)$$
$$\delta = f_2(\varphi, \lambda)$$
$$x = q - \rho\cos\delta$$
$$y = \rho\sin\delta$$

图 4-21　伪圆锥投影示意

$$m = -\frac{\mathrm{d}\rho}{\mathrm{d}\varphi} \cdot \frac{\sec\varepsilon}{M}$$

$$n = \frac{\rho}{r} \cdot \frac{\partial\delta}{\partial\lambda}$$

$$P = -\rho\frac{\partial\delta}{\partial\lambda} \cdot \frac{\rho'}{MR}$$

$$\tan\varepsilon = \frac{\rho}{\rho'} \cdot \frac{\partial\delta}{\partial\varphi}$$

式中：q——圆心纵坐标，是一个常数。

因为纬线为同心圆，所以 q 在一个投影中是常数。

在伪圆锥投影中，除中央经线外，其余经线均为曲线。如若经线成为交于纬线共同圆心的直线束，则成为圆锥投影。另外，若纬线半径无穷大，则纬线变成一组平行直线，这时所得到的是伪圆柱投影。可见，不论圆锥投影或伪圆柱投影都是伪圆锥投影的特例。

在伪圆锥投影的实际应用中，最常见的是彭纳等面积伪圆锥投影。下面简单介绍这种投影。

彭纳投影是保持纬线长度不变的等面积伪圆锥投影，即 $n = 1$，$P = 1$。彭纳投影的中央经线 λ_0 及指定的纬线 φ_0 上没有变形，所以它的等变形线在中心点（λ_0，φ_0）附近是"双曲线"。彭纳投影的经纬线网如图 4-22 所示。图 4-22 中另一组曲线是角度等变形线，对称于中央经线。

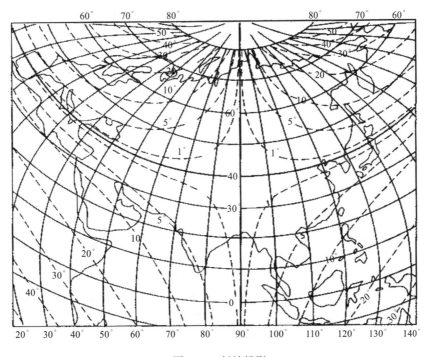

图 4-22　彭纳投影

彭纳投影曾因用于法国地形图而著名。后因发现它不是等角投影而不适宜于军事方面使用，故现在很少用于地形图，一般只用于小比例尺地图。例如，中国地图出版社出版的《世界地图集》中的亚洲政区图，单幅的亚洲地图，英国《泰晤士世界地图集》中澳洲与西南太平洋图，均用此投影。在其他国家出版的地图和地图集中，也常可看到用彭纳投影编制的欧洲、亚洲、北美洲和南美洲及个别地区的地图。

4.6.3　伪圆柱投影

伪圆柱投影是在圆柱投影的基础上，规定经纬线的投影形状，再根据一定投影条件求出投影公式。在伪圆柱投影中，规定纬线投影为平行直线，中央经线投影为垂直于各纬线的直线，其他经线投影为对称于中央经线的曲线。伪圆柱投影可视为伪圆锥投影的特例，当后者的纬圈半径为无穷大时，则成为伪圆柱投影。

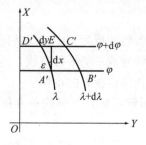

图 4-23　伪圆柱投影在微分梯形
在平面上的坐标关系

如果以中央经线的投影为 X 轴，以赤道的投影为 Y 轴，如图 4-23 所示，则 X 坐标仅是纬度 φ 的函数，而与经度 λ 无关，但 Y 坐标则是 λ 和 φ 的函数。由此可得到伪圆柱投影的一般公式为

$$x = f_1(\varphi)$$

$$y = f_2(\varphi, \lambda)$$

$$\tan\varepsilon = -\frac{\partial y}{\partial\varphi} \Big/ \frac{\partial x}{\partial\varphi}$$

$$m = \frac{\dfrac{\partial x}{\partial\varphi}}{R}\sec\varepsilon$$

$$n = \frac{\dfrac{\partial y}{\partial\lambda}}{R}\sec\varphi$$

$$P = \frac{\dfrac{\partial x}{\partial\varphi} \cdot \dfrac{\partial y}{\partial\lambda}}{R^2}\sec\varphi$$

$$\tan\frac{\omega}{2} = \frac{1}{2}\sqrt{\frac{m^2 + n^2 - 2mn\cos\varepsilon}{mn\cos\varepsilon}}$$

根据经纬线形状可知，伪圆柱投影中不可能有等角投影，而只能有等面积投影和任意投影。伪圆柱投影中以等面积投影较多。

4.6.4　伪方位投影

在正轴情况下，伪方位投影的纬线投影为同心圆，经线为对称于中央经线的曲线，并交于纬线圆心，如图 4-24 所示。在横轴或斜轴投影中，等高圈表现为同心圆，垂直圈表现为交于等高圈圆心的对称曲线，而经纬线均为较复杂的曲线。

伪方位投影的最大特点是其等变形线可设计为椭圆形或卵形、三角形、三叶玫瑰形、方形等规则的几何图形，使它符合对投影变形分布的特殊要求，即等变形线与制图区域轮廓近似一致。伪方位投影的应用以非正常位置（斜轴投影）为多。其一般公式为

$$x = \rho \cos\delta$$
$$y = \rho \sin\delta$$
$$\rho = f_1(z)$$
$$\delta = f_2(z,\ \alpha)$$
$$\mu_1 = \frac{\mathrm{d}\rho}{R\,\mathrm{d}z}\sec\varepsilon$$
$$\mu_2 = \frac{\rho}{R} \cdot \frac{\partial\delta}{\partial\alpha}\csc z$$
$$P = \mu_1 \cdot \mu_2 \cos\varepsilon$$
$$\tan\frac{\omega}{2} = \frac{1}{2} \cdot \sqrt{\frac{\mu_1^2 + \mu_2^2}{P} - 2}$$
$$\tan\varepsilon = -\rho \cdot \frac{\dfrac{\partial\delta}{\partial z}}{\dfrac{\mathrm{d}\rho}{\mathrm{d}z}}$$

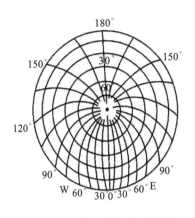

图 4-24　伪方位投影经纬网

从伪方位投影的变形性质分析，它只有任意投影，而不可能有等角或等面积投影。因为经纬线不正交，等高圈投影为圆。

4.7　地图投影的选择

制作地图过程中选择地图投影是一个重要的问题，投影的性质与经纬网形状不仅对于编制地图的过程有影响，而且对以后使用地图也有很大的影响。

现代制作地图的方法和过程日臻完善，对地图投影的要求越来越高。

随着我国现代化建设的发展，对地图的数量和质量要求也日益增长。事实上，自中华人民共和国成立以来，我国的测绘事业（包括各种地图成品的出版）迅速发展。在建立地图数学基础方面也有很大的进步，例如，一些大型地图作品，都采用了我国自行设计和计算的新型的地图投影。

选择地图投影是一项创造性的工作，没有一个现成的公式、方案或规范可以遵循，而投影种类日益繁多，所以要选择投影必须熟悉地图投影的理论及掌握具体投影的知识。

为完成一个具体的编图任务来选择地图投影时，必须了解地图设计书中的要求，可从以下几方面来考虑选择地图投影。

4.7.1　地图的用途、比例尺及使用方法

各种地图具有各种不同的用途，不同的用途对地图投影有不同的要求。例如，航海图常要求等角性质，所以多采用墨卡托投影，因为在该投影中等角航线表现为直线；教学用地图（挂图）常要求各种变形都不太大，则宜采用任意性质投影，如供小学生用的世界地图很少用于图上量算，只是着重显示地球球形概念和地理概念，所以不宜采用分瓣的，而应将地球表现为完整的投影，同时也要避免同一地区重复出现。在中学生和一般读者中，地图有时用于概略量算长度与面积，故要求变形不大。供大学生和对地图有较高要求的人用的地图，则须提高地图数学基础的精度，亦即尽量减小地图投影的变形，以便能在图上进行各种量测和

比较工作。

投影变形大小的要求取决于地图用途和内容，也取决于使用方法，表4-3从使用上提出对投影变形限度的指标，对选择投影有一定参考意义。

表4-3　从使用上提出对投影变形限度的指标

地图用途	测定长度、面积和角度的方法	在下列变形极限以内还适宜于地图上作业
科学和技术出版物中的地图	高精度量测	长度与面积变形在 0.5%，角度变形在 0.5°以内
科技出版物中、技术指南与参考书中的地图	在大多数情况下目估测定，也可以进行近似量测	长度与面积变形在 2%～3%，角度变形在 1°～2°
挂图、中小学地图集和教科书中的某些地图	仅用目估测定	长度与面积变形在 6%～8%，角度变形在 5°～6°

至于比例尺，则主要是针对较小比例尺而且制图区域较大的情况。例如，幅面最大的桌面用的地图中，世界地图的比例尺可能只是 1∶4 500 万～1∶5 000 万，中国全图的比例尺可能只是 1∶800 万～1∶1 000 万，如果比例尺再大，就很难装订，而且也不便于在桌上使用。即使是挂图，面积也不能过大，所以比例尺总是有一定限制的，如中国全图（南海诸岛作插图）的挂图的比例尺，一般是 1∶250 万～1∶400 万比较合适，若比例尺为 1∶150 万，则张贴和阅读都很不方便。

至于地图使用方式对地图投影的选择，是指墙上挂图与桌面用图在选择投影时应该有区别。墙上挂图一般不允许"斜向"定位（即图中的中央经线与矩形图廓的纵边方向不平行），这样会增加读图的不方便。但桌面用图为了迁就地区轮廓而减小幅面且使投影变形较小，有时可以允许这样做，当读图时可将图扭转一个方向来看。由于两者作法要求不同，影响到图幅所包括的面积及其形状，当然选择投影亦不相同。

4.7.2　地图内容

选择地图投影，首先要注意所编地图的内容和目的。明确这个要求之后，即可考虑按投影的变形性质，选择采用哪一类型投影。例如，经济图一般多采用等面积投影，因为这种地图多用以表示经济要素按面积的分布情况，希望图上对这些要素的轮廓面积能有正确的对比。当然，采用这种投影角度变形较显著，长度变形也可能比较大，但这对于这种地图来说，不是主要的。其他如行政区划图、人口密度图、地质图、地貌图、水文图等也常采用等面积投影来编制。

4.7.3　制图区域大小

制图区域面积的大小影响投影误差。一个小的范围常常不管用什么投影都不会有太大差别，都能保证很高的精度；对于一个面积很大的地区，不同的投影其误差可能有较大的差别。

4.7.4　制图区域的形状和位置

制图区域的形状和地理位置对地图投影选择的影响，主要告诉我们按投影的经纬线形状分类应当采用哪一类投影，如采用圆锥投影、方位投影、圆柱投影，还是其他投影。研究的方法要使等变形线基本上符合制图区域的概略轮廓，以便减少图上的变形。俄国的契比雪夫曾提出过一个原则，即"能在地图上制图区域边界保持同一长度比的投影，就是该区域最适宜的投影"。

方位投影最适宜于表示具有圆形轮廓的地区。例如，两极地区宜采用正方位投影，亚洲宜采用斜方位投影。

正轴圆锥投影和圆柱投影最适宜于沿纬线伸展的地区，特别是正轴圆锥投影适宜于中纬度地区，正轴圆柱投影适宜于低纬度和赤道地区。

对于沿经线伸展的地区，宜采用横轴圆柱投影。

对于几个大洋，为了使等变形线与轮廓一致，常采用伪圆柱投影、分瓣投影。

世界地图中希望某种投影的等变形线与它的形状相一致是比较困难的，但也可以概略地找出一些投影符合这个要求，如采用伪圆柱投影或改良的多圆锥投影。

4.7.5　出版的方式

出版的方式对选择地图投影的影响，主要是指单张出版还是以图集（图组）形式出版，如果是单张出版，那么选择地图投影有较大的"自由"；如果它是在地图集中或一组图中的一幅，那么应考虑它与其他图的从属关系，即应取得协调或者同一系统的地图投影。例如，同地区的一组自然地图，应该用同一投影，地图集中的各分幅图可用同一系统或同类性质的几个系统。假如地图的内容不同，也就没有必要考虑这些问题了。

4.7.6　编图资料转绘技术上的要求

编图资料所采用的投影与新编地图所选择的地图投影，其经纬网格形状越接近，则其转绘技术越简单和越迅速。当投影差别较大时，则难以纠正，会给编图工作带来处理上的麻烦，所以有时也有必要顾及这个要求。

4.8　地图投影变换

在制图作业中地图投影变换是常遇到的一个问题，在利用原始资料图编制新地图时常需要变换它的数学基础，但这种变换随着两投影的不同而有些差异。如果新编图和原始资料图投影相同，那么，只需要对它进行比例尺缩放的相似变换，这种变换就比较简单。又如，将墨卡托投影转换为等角圆锥投影，虽然两者投影变形性质相同，但前者是矩形网格，后者是扇形网格，这两者之间的变换就有些复杂。又如，利用1∶25万或1∶50万地形图来编制1∶100万地形图，由于这两种投影本身的变形甚微小，也使它们之间变形的差别甚小，所以尽管理论上两者之间的变换可能是简单的，但常规的变换却很复杂，在实际作业中不能简单地解决。

随着制图自动化的发展，常规制图方法已逐渐被制图自动化作业所代替，制图自动化作业就是利用计算机自动、连续地将原始资料图上的二维点位变换成新编图投影中的二维点位。这就要求建立两种不同投影点的坐标变换关系式。

制图自动化作业中变换地图投影，具体变换过程如下。

（1）通过数字化仪将原始投影的地图资料变成数字资料；

（2）在计算机中按一定的数学方法变换一种投影点的坐标到另一种投影点的坐标；

（3）将变换后的数字资料用绘图仪输出成新投影图形。

实施这种方法必须首先提供从一种投影点的坐标，变换为另一种地图投影点的坐标变换关系式。找出这种关系式的方法很多，下面介绍几种常用的方法。

1. 反解变换法（又称间接变换法）

首先反解出原投影的地理坐标 φ，λ，然后代入新投影中求出新投影点的直角坐标或极坐标。

若原始资料图投影点的坐标方程式为

$$x = f_1(\varphi, \lambda)$$

$$y = f_2(\varphi, \lambda)$$

新编图地图投影点的坐标方程式为

$$X = \phi_1(\varphi, \lambda)$$

$$Y = \phi_2(\varphi, \lambda)$$

显然，如果从原始资料图中反解出：

$$\varphi = \psi_1(x, y)$$

$$\lambda = \psi_2(x, y)$$

代入新编图投影方程，则有

$$X = \phi_1[\psi_1(x, y), \psi_2(x, y)]$$

$$Y = \phi_2[\psi_1(x, y), \psi_2(x, y)]$$

圆锥投影、伪圆锥投影、方位投影等，是用平面极坐标表示投影方程式的，即

$$\rho = \psi_1(\varphi, \lambda)$$

$$\delta = \psi_2(\varphi, \lambda)$$

这时，应先将原投影点的直角坐标变为平面极坐标，求出 φ，λ，然后再代入新编图投影方程。

平面极坐标和平面直角坐标的关系式为

$$\delta = \arctan\left(\frac{y}{x_0 - x}\right)$$

$$\rho = \sqrt{(x_0 - x)^2 + y^2}$$

式中：x_0——平面直角坐标原点至平面极坐标原点的距离。

这种变换投影的方法是严密的，不受制图区域大小的影响，因此，可在任何情况下使用。

[例 4-1]　　由等角圆柱投影变换成等角圆锥投影。

由等角圆柱投影方程

$$x = r_k \ln U$$
$$y = r_k \lambda$$

可得

$$\ln U = \frac{x}{r_k} \text{ 或 } U = e^{\frac{x}{r_k}}$$

$$\lambda = \frac{y}{r_k}$$

式中：r_k ——圆柱投影中标准纬线 φ_k 的半径。

代入下列等角圆锥投影公式

$$\rho = \frac{K}{U^\alpha}, \ \delta = \alpha \lambda$$
$$X = \rho_s - \rho \cos\delta$$
$$Y = \rho \sin\delta$$

可得

$$X = \rho_s - \rho \cos\delta = \rho_s - \frac{K}{U^\alpha} \cos\left(\alpha \frac{y}{r_k}\right) = \rho_s - \frac{K}{e^{\frac{\alpha x}{r_k}}} \cos\left(\alpha \frac{y}{r_k}\right)$$

$$Y = \rho \sin\delta = \frac{K}{U^\alpha} \sin(\alpha \lambda) = \frac{K}{e^{\frac{\alpha x}{r_k}}} \sin\left(\alpha \frac{y}{r_k}\right)$$

注意，此处式中角度是以弧度计的。

[**例 4-2**]　由等角圆柱投影变换成等角方位投影。

将上面 U 和 λ 代入以下等角方位投影公式。

$$\rho = \frac{K}{U}, \ \delta = \lambda$$
$$X = \rho \cos\delta, \ Y = \rho \sin\delta$$

得

$$X = \rho \cos\delta = \frac{K}{U} \cos\lambda = \frac{K}{e^{\frac{x}{r_k}}} \cos\left(\frac{y}{r_k}\right)$$

$$Y = \rho \sin\delta = \frac{K}{U} \sin\lambda = \frac{K}{e^{\frac{x}{r_k}}} \sin\left(\frac{y}{r_k}\right)$$

以上角度同样以弧度计。

以上列举了几个比较简单的变换例子，仅作为方法来了解。因为，实践中较不容易获得地图资料的具体投影方程，由于地图资料图纸存在变形，读取的 x，y 包含着误差，一次反解未必就能得到正确的 φ，λ，不可能不影响最后成果。所以要在计算方法上进行处理以保证必要的精度。

2. 正解变换法或直接变换法

确定原始资料图和新编图相应的直角坐标的直接联系，称之为正解变换法或直接变换法。

这种方法直接建立两种投影点的直角坐标关系式，它们的表达式即为

$$X = F_1(x, y)$$
$$Y = F_2(x, y)$$

这种关系反映了编图过程中的数学实质，并指出了原始资料图和新编图之间投影点的精确对应关系。对于圆锥投影、伪圆锥投影、多圆锥投影、方位投影、伪方位投影，其坐标是用极坐标表示的，应先将原投影平面极坐标改变为平面直角坐标，再求两种投影平面直角坐标之间的关系。

3. 综合变换法

将反解变换法与正解变换法结合在一起，称之为综合变换法。这种方法通常是反解出原投影点地理坐标之一的 φ，λ，然后根据 φ，λ 而求得新投影点的坐标 X，Y。

以上三种变换方法都是在已知原投影和新投影解析式条件下，求得它们之间变换的解析关系式，故上述三种方法统称为解析变换法。

4. 数值变换法

这种方法应用在不知原始投影点直角坐标的解析式或不易求出两种投影点的平面直角坐标之间的关系的情况下。

可以用近似多项式的方法表示点的坐标变换关系式。

$$X = a_{00} + a_{10}x + a_{01}y + a_{20}x^2 + a_{11}xy + a_{02}y^2 + a_{30}x^3 + a_{21}x^2y + a_{12}xy^2 + a_{03}y^3$$

$$Y = b_{00} + b_{10}x + b_{01}y + b_{20}x^2 + b_{11}xy + b_{02}y^2 + b_{30}x^3 + b_{21}x^2y + b_{12}xy^2 + b_{03}y^3$$

为了解上面的三项多项式，需要在两投影之间选择地理坐标对应的 10 个点的平面直角坐标 x_i，y_i 和 X_i，Y_i 组成线性方程组。解这些线性方程组，即可求出系数 a_{ij}，b_{ij} 值。有了 a_{ij}，b_{ij} 值，则可以用上面多项式求解其他点坐标，这些相应点应选择在投影图形周围和具有特征的点。

应用这种方法一般不是一次进行全部区域投影的变换，而是分块变换，以保证变换的一定精度。

4.9　我国编制地图常用的地图投影

4.9.1　世界地图的常用投影

我国编制世界地图采用的投影，按大类分，主要有多圆锥投影、圆柱投影和伪圆柱投影。

1. 多圆锥投影

目前使用的投影方案有等差分纬线多圆锥投影和正切差分纬线多圆锥投影（1976 年方案）。

2. 圆柱投影

等角正割圆柱投影，即墨卡托投影。

3. 伪圆柱投影

目前主要采用等面积伪圆柱投影，有如下几种。

（1）桑生投影。

（2）爱凯特投影。

（3）莫尔韦德投影。

（4）古德分瓣投影。

（5）哈墨-爱托夫投影。

4.9.2　各大洲地图的常用投影

1. 亚洲地图

（1）等面积斜方位投影（投影中心为 $\varphi_0=40°$，$\lambda_0=90°$ 或 $\varphi_0=40°$，$\lambda_0=85°$）。

（2）等距离斜方位投影（投影中心为 $\varphi_0=40°$，$\lambda_0=90°$）。

（3）彭纳投影（等面积伪圆锥投影，标准纬线为 $\varphi_0=40°$，中央经线为 $\lambda_0=80°$）。

2. 欧洲地图

（1）等面积斜方位投影（投影中心为 $\varphi_0=54°$，$\lambda_0=20°$）。

（2）等角圆锥投影（标准纬线 $\varphi_1=40°$，$\varphi_2=66°$）。

（3）等距离圆锥投影（标准纬线为 $\varphi_1=40°$，$\varphi_2=66°$）。

3. 北美洲地图

（1）等面积斜方位投影（投影中心为 $\varphi_0=45°$，$\lambda_0=-100°$）。

（2）等距离斜方位投影（投影中心为 $\varphi_0=45°$，$\lambda_0=-100°$）。

（3）彭纳投影（等面积伪圆锥投影，标准纬线为 $\varphi_0=45°$，中央经线为 $\lambda_0=-100°$）。

4. 南美洲地图

等面积斜方位投影（投影中心 $\varphi_0=-5°$，$\lambda_0=-70°$）。

5. 非洲地图

等面积斜方位投影（投影中心为 $\varphi_0=0°$，$\lambda_0=20°$）。

6. 大洋洲地图

等面积斜方位投影（投影中心为 $\varphi_0=-5°$，$\lambda_0=-170°$）。

4.9.3　我国全图的常用投影

（1）等角斜方位投影（投影中心为 $\varphi_0=30°$，$\lambda_0=105°$）。

（2）等面积斜方位投影（投影中心为 $\varphi_0=30°$，$\lambda_0=105°$）。

（3）等距离斜方位投影（投影中心为 $\varphi_0=30°$，$\lambda_0=105°$）。

（4）伪方位投影。目前我国全图常用的是等变形线为三瓣形的伪方位投影，投影中心为 $\varphi_0=30°$，$\lambda_0=105°$。

（5）正圆锥投影。在南海诸岛作插图处理时，常用等角正割圆锥投影或等面积正割圆锥投影，曾采用的标准纬线分别为 $\varphi_1=24°$，$\varphi_2=47°$ 或 $\varphi_1=25°$，$\varphi_2=47°$。

4.9.4　我国省（区）地图的常用投影

归纳起来，我国省（区）宜采用下列三种类型投影。

（1）正轴等角割圆锥投影（必要时也可选用等面积和等距离圆锥投影）。

（2）正轴等角割圆柱投影（墨卡托投影）。

（3）宽带高斯-克吕格投影（经差可达 9°）。

投影的具体选择：各省（区）在编制单幅地图或分省（区）地图集时，可以根据制图区域情况，单独选择和计算一种投影，这样各个省（区）可获得一个完整的地图投影数据（例如割圆锥投影在制图区域中具有两条标准纬线），变形也比分带投影的变形值小一些，我国目前各省（区）按制图区域单幅地图选择投影时，所采用的两条标准纬线如表 4-4 所示。

表 4-4 我国各省区所选的两条标准纬线

省（区）名称	制图区域范围				标准纬线	
	φ_S	φ_N	λ_W	λ_E	φ_1	φ_2
河北省	36°00′	42°40′	113°30′	120°00′	37°30′	41°00′
内蒙古自治区	37°30′	53°30′	97°00′	127°00′	40°00′	51°00′
山西省	34°33′	40°45′	110°00′	114°40′	36°00′	10°00′
辽宁省	38°40′	43°40′	118°00′	126°00′	40°00′	42°00′
吉林省	40°50′	46°15′	121°55′	131°30′	42°00′	46°00′
黑龙江省	43°00′	54°00′	120°00′	136°00′	46°00′	51°00′
江苏省	30°40′	35°20′	116°00′	122°30′	31°30′	34°00′
浙江省	27°00′	31°30′	118°00′	123°30′	28°00′	30°30′
安徽省	29°20′	34°40′	114°40′	119°50′	30°00′	33°30′
江西省	24°30′	30°30′	113°30′	118°30′	26°00′	29°00′
福建省	23°20′	28°40′	115°40′	120°50′	24°00′	27°30′
山东省	34°10′	33°40′	114°20′	123°40′	35°00′	37°00′
广东省	18°10′	25°30′	108°40′	117°30′	10°30′	24°30′
广西壮族自治区	20°50′	26°30′	104°30′	112°00′	22°30′	25°30′
湖北省	29°00′	33°20′	108°30′	116°20′	30°00′	32°30′
湖南省	24°30′	30°10′	108°40′	114°20′	26°00′	29°00′
河南省	31°23′	36°21′	110°20′	116°40′	32°30′	35°30′
四川省	26°00′	34°00′	97°20′	110°10′	27°30′	33°00′
云南省	21°30′	29°20′	97°20′	106°30′	22°20′	28°30′
贵州省	24°30′	29°30′	103°30′	109°30′	25°20′	28°30′
西藏自治区	26°30′	36°30′	78°00′	99°00′	27°30′	35°00′
陕西省	31°40′	39°40′	105°40′	111°00′	33°00′	38°00′
甘肃省	32°30′	42°00′	92°10′	108°50′	34°00′	41°00′
青海省	31°30′	39°30′	89°30′	103°30′	33°00′	38°00′
新疆维吾尔自治区	34°00′	49°10′	70°00′	96°00′	36°30′	48°00′
宁夏回族自治区	35°10′	39°30′	104°10′	107°40′	36°00′	39°00′
台湾地区	21°50′	25°30′	119°30′	122°30′	22°30′	25°00′

注：北京市、天津市标准纬线同河北省，上海市标准纬线同江苏省，南海诸岛采用正圆柱投影。

另一种情况，是采用分带投影的方法，即把相近的同纬度省（区）合用一个投影，把全国各省（区）分别采用若干个正轴等角圆锥投影，表 4-5 是将全国各省（区）分为十个投影带，计算得采用正轴等角圆锥投影时长度变形均小于 0.5%，这样能保证中等以上乃至高精度量测的要求。对于这种投影方案，有现成数表可用。

表 4-5　全国十个投影带

编号	适用省（区）	标准纬线		最大长度变形
		φ_1	φ_2	
1	辽宁省	45°00′	52°30′	0.2%
2	吉林省	40°00′	45°30′	0.2%
3	黑龙江省	39°40′	46°00′	0.4%
4	江苏省	33°00′	42°00′	0.3%
5	浙江省	36°30′	48°00′	0.5%
6	安徽省	30°00′	35°30′	0.1%
7	江西省	27°30′	35°00′	0.2%
8	福建省	25°00′	30°30′	0.2%
9	山东省	22°00′	28°30′	0.3%
10	广东省	21°00′	25°30′	0.2%

注：南海诸岛采用正圆柱投影。

4.9.5　我国海区图的常用投影

（1）等角正圆柱投影（标准纬线±30°）。

（2）等角斜圆柱投影。

4.9.6　各大洋图的常用投影

（1）太平洋和印度洋地图采用乌尔马耶夫等面积伪圆柱投影。

（2）大西洋地图采用伪方位投影（等变形线为椭圆形，投影中心为 $\varphi_0 = 25°$，$\lambda_0 = -30°$）。

4.9.7　半球及南北极区图的常用投影

1. 东半球图

（1）等角横方位投影（投影中心为 $\varphi_0 = 0°$，$\lambda_0 = 70°$）。

（2）等面积横方位投影（投影中心为 $\varphi_0 = 0°$，$\lambda_0 = 70°$）。

2. 西半球图

（1）等角横方位投影（投影中心为 $\varphi_0 = 0°$，$\lambda_0 = -110°$）。

（2）等面积横方位投影（投影中心为 $\varphi_0 = 0°$，$\lambda_0 = -110°$）。

3. 南北极区图

（1）等角正方位投影。

（2）等面积正方位投影。

（3）等距离正方位投影。

本 章 小 结

本章就几种常用的地图投影进行了介绍，主要包括圆锥投影、圆柱投影和方位投影以及地图投影选择的因素和地图投影变换的方法。通过本章的学习一定要掌握高斯-克吕格投影的定义及其应用；一定要掌握等角圆锥投影的变形特点及其应用；一定要掌握高斯-克吕格投影和 UTM 投影的关系；理解航海中为什么一直采用墨卡托投影。

本章的重点是高斯-克吕格投影和圆锥投影。

复习思考题

1. 试说明方位投影的变形规律。为什么说方位投影适合圆形地区的地图？

2. 简述正轴圆锥投影的变形规律。为什么说圆锥投影适合于编制中纬度沿东西方向延伸地区的地图？

3. 叙述高斯-克吕格投影的性质和用途。

4. 举例说明选择地图投影的一般原则。

5. 在 1：100 万正轴等积圆锥投影地图上，某点的经线长度比为 0.95，自该点向东量得图上距离为 2.10 cm，求其实地长度为多少（精确到 km 即可）？

6. 我国按经差 6°或 3°是如何进行分带投影的？

7. 墨卡托投影的特点及其在实际生活中的意义是什么？

8. 假设有一点 A 其坐标为：$X=1\ 026$ km，$Y=25\ 452.678$ km。试问：（1）该点是在 3°带还是 6°带？（2）该点投影带的中央经度是多少？（3）该点到赤道的距离是多少？（4）该点到中央经线的距离是多少？（5）该点是在中央经线的左侧还是右侧？

9. 解释在 1：100 万地图中，东西相邻图幅拼接无裂隙，而上下相邻图幅拼接时会有裂隙。

10. 地图投影变换有哪些方法？

11. 我国国家基本比例尺地形图系列采用了哪两种投影？1：100 万地形图确定标准纬线的条件是什么？

12. 为什么伪圆柱投影和伪方位投影没有等角投影？

13. 多圆锥投影的经纬网形状与圆锥投影有什么不同？

14. 伪圆锥投影的经纬网形状与圆锥投影有什么不同？

15. 伪圆柱投影的经纬网形状与圆锥投影有什么不同？

16. 计算 $\varphi=25°$，$\lambda=114°30'$ 点的高斯-克吕格投影的通用坐标。

17. 简述高斯-克吕格投影和 UTM 投影有何区别和联系。

18. 试计算 3°带赤道上最大长度比是多少？

19. 试计算 6°带赤道上最大长度比是多少？

20. 高斯-克吕格直角坐标公式中 λ 是不是所求点的大地经度？如果不是怎么求 λ。

21. 计算地形图 J50B001001 中最大长度比是多少？

22. 在墨卡托投影中，等角航线为什么表现为直线，两点间的等角航线与两点间的大圆弧线有什么区别？

23. 正轴圆柱投影中，如何从一条经线上纬线间距的变化估计该种投影的变形性质？

24. 正轴等角圆锥投影常数 α，K 是依据什么条件决定的，主要有哪几种？

25. 为什么编制地图时通常选用割圆锥投影，割圆锥投影与切圆锥投影变形分布有什么规律？

26. 在双标准纬线的等角、等积和等距离圆锥投影中，经纬线长度比是如何变化的？

27. 叙述高斯-克吕格投影的三个条件，说出推导直角坐标的过程中是如何应用这些条件的？

28. 举例说明选择地图投影的一般原则。

第 5 章　地 图 语 言

在日常生活中，人们与地图打交道，但是发现地图上表示的是一些点、线和面，通过配备不同的色彩和注记组合而成，与实际地面不一样，对地面的表示不是一种直观的表达，而是一种抽象的表达。为什么地图的表达与所见的影像、风景画的表达方式不一样？这是因为地图有其独特的表达方式，即地图语言。那么地图语言到底是什么，有哪些特点，由什么构成？这就是本章所要解决的问题。

5.1　地图语言概述

语言分为自然语言和科学语言。科学语言是为反映某学科或认识对象的客观领域而专门创立的语言。作为一门独立学科的地图学，在它的发展过程中创立了地图语言，它属于科学语言的范畴。

地图语言是地图表达的形式。编图者通过地图语言（地图符号系统）传递空间信息。地图语言是一种特殊的图形视觉语言。地图不同于航空、卫星相片及风景画，它用地图符号表达图形要素，反映周围世界的现象和过程及其位置、质量与数量特征、结构与动态演变等。

在地图语言中，最重要的是地图符号及其系统，被称之为图解语言。同文字语言一样，图解语言也有"写"与"读"的功能，有其自己的语言法则。"写"就是编图者把制图对象用一定的地图符号表示在地图上；"读"就是读图者通过对符号的识别与解释，认识制图对象。但同文字语言比较，图解语言最大的特点是形象直观，一目了然，既可表示各事物和现象的空间位置与相互关系、质量和数量特征，又能表示其在空间与时间中的动态与变化，而且地图语言还具有模拟功能与认知功能，这是文字语言所不具备的功能。

构成地图语言的地图符号系统，并不是由孤立的、互不联系的符号所组成，而是由遵守一定法则、互相联系的符号组成。

地图注记亦是地图语言组成的部分，其实质是借用自然语言和文字形式来加强地图语言的表现效果，完成地图信息的传递。它与地图符号配合使用，以弥补地图符号的不足。

地图色彩是地图语言的一个重要内容，它除了充当地图符号的一个重要角色外，还有装饰美化地图的功能。

另外，地图上可能出现"影像"和"装饰图案"，它们虽然不属于地图符号的范畴，但也是地图语言中不可缺少的内容。地图的"影像"，包括作为"衬底"而存在的地表影像，它们是制图对象忠实的、详细的、机械的表象；"装饰图案"多用于地图（特别是挂图）的图边，常与地图主题有某种关联。它不仅可以增加地图的美感，并且可以烘托地图的主题。

因此，地图语言由三部分组成：地图符号及其系统、地图色彩和地图注记。此外还包括影像、装饰图案。

5.2 地图符号

5.2.1 地图符号的概念和意义

地图符号是表示地图内容的基本手段，它由形状不同、大小不一、色彩有别的图形和文字组成。地图符号是地图的语言，是一种图形语言。它与文字语言相比较，最大的特点是形象直观，一目了然。就单个符号而言，它可以表示各事物的空间位置、大小、质量和数量特征；就同类符号而言，可以反映各类要素的分布特点；而各类符号的总和，则可以表明各类要素之间的相互关系及区域总体特征。因此，地图符号不仅具有确定客观事物空间位置、分布特点及质量和数量特征的基本功能，而且还具有相互联系和共同表达地理环境诸要素总体特征的特殊功能。

原始地图并无现代地图符号的概念，更谈不上符号系统，那时的地图就像写景的山水画似的，实地上看到什么就画什么，而且尽量使它越像越好。随着生产的发展和人类对自然与社会环境认识的不断深入，要在地图上表示的客观事物越来越多，形象的画法逐渐地难以满足需要，再加上数学与测量学的发展，才使地图的表示方法从写景向具有一定数学基础的水平投影的符号方向发展，由此地图表示的内容具有了精确定位的可能。进而又出现了将只能反映客观事物的个体符号向分类、分级方向发展，使地图符号具有了一定的概括性，即用抽象的具有共性的符号来表示某一类（级）客观事物。例如，用不同形状的线状符号将道路分为铁路、公路和大车路；用两种不同颜色（或晕线）的符号区分建筑物的坚固与不坚固的特征等。这种定位的概念化的地图符号，不仅解决了把复杂繁多的客观事物表示出来的困难，而且能反映事物的群体特征和本质规律。因此，对客观事物进行归纳、分类分级后而制定的概念化了的抽象的地图符号，实质上是对客观事物的第一次概括，这是地图概括的基础。

地图符号的形成过程，可以说是一种约定俗成的过程，任何符号都是在社会上被一定的社会集团所承认和共同遵守的，在某种程度上具有"法定"的意义。尤其是普通地图上所使用的符号已经过很长时间的检验，由约定而达到俗成的程度，为广大用图者所熟悉和承认。

地图符号的作用，在于它能保证它所表示的客观事物空间位置具有较高的几何精度，从而提供了可量测性；能用不依比例符号或半依比例符号表示出地面上较小但又很重要的事物，还能表示地面上没有具体外形的现象；不但能表示事物的分布，而且还能表示事物的质量和数量特征。特别是运用地图符号，经过概括，可以突出主要事物，使地图内容主次分明，清晰易读，因而才可能在地图上进一步研究客观事物的分布规律、相互关系，使地图成为地理研究中的重要工具。

5.2.2 地图符号的分类

由于科学的进步和生产力发展的需要，地图所能表达的内容向纵深发展，显示地图内容的符号，虽然经过了抽象概括，但数量还是日趋增多。为了对地图符号的特征和作用有进一步的认识，现根据符号的某些特点介绍以下三种分类。

1. 按符号所代表的客观事物分布状况分类

可以把符号分为面状符号、点状符号、线状符号和体状符号。

（1）面状符号是一种能按地图比例尺表示出事物分布范围的符号。客观事物呈面状分布，当实际面积较大，按地图比例尺缩小后，仍能显示其外部轮廓时，用面状符号表示。如大的湖泊、大片森林、沼泽等。面状符号用轮廓线（实线、虚线或点线）表示事物的分布范围，其形状与事物的平面图形相似。轮廓线内加绘颜色或说明符号以表示它的性质和数量（见图5-1）。对于由这类符号所表示的事物，可以从图上量测其长度、宽度和面积。一般又把这种符号称为依比例符号。

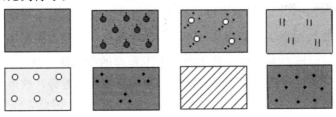

图 5-1　面状符号

面状符号有如下特点。

① 一般有一个有形或无形的封闭轮廓线。

② 为区别轮廓范围内的对象，多数面状符号要在轮廓范围内配置不同的点状、线状符号或者颜色。

（2）点状符号是一种表达不能依比例尺表示的小面积事物（如油库、气象站等）和点状事物（如控制点等）所采用的符号。地面上一些面积较小，但又有重要意义的事物，按地图比例尺缩小后无法显示时，则采用点状符号表示。从理论上来讲，点状符号既没有形状也没有大小，但为了使人能觉察出来，它必须具有某种尺寸和形状，而且还有颜色的变化。点状符号的形状和颜色表示事物的性质，点状符号的大小通常反映事物的等级或数量特征。这种符号的形状与大小和地图比例尺无关，它只具有定位意义。一般又把这种符号称为不依比例符号。

点状符号有如下特点。

① 符号图形固定，不随符号位置的变化而改变。

② 符号图形有确切的定位点和方向性。

③ 符号图形比较规则，能用简单的几何图形构成。

④ 符号图形形体相对较小。

⑤ 符号图形不随比例尺的变化而变化。

（3）线状符号是一种表达呈线状或带状延伸分布事物的符号。在地面上呈线状或带状延伸分布的事物，如河流、道路、境界线等，其长度能按比例尺表示，而宽度一般不能按比例尺表示，需要进行适当的放大。线状符号的形状和颜色表示事物的质量特征，其宽度往往反映事物的等级或数值（见图 5-2）。这类符号能表示事物的分布位置、延伸形态和长度，但不能表示其宽度，一般又称为半依比例符号。

线状符号有如下特点。

① 线状符号都有一条有形或无形的定位线。

② 线状符号可进一步划分为曲线、直线、虚线、点状符号线等。

③ 线状符号的图形可以看成由若干图形组合而成，例如，虚线是由短直线和空白段组合而成的。

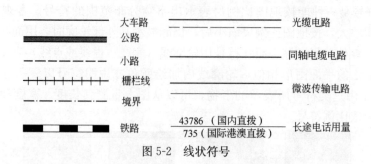

图 5-2　线状符号

（4）体状符号可以推想为从某一基准面向上下延伸的空间体，例如，人口或一座城市，可以表示具有体积量度特征的有形实物（例如，用等高线表示地势）或概念产物（例如，用等值线表示人口密度），这些空间现象可以构成一个光滑曲面。因此，体状符号在地图上可以表现为点状、线状或面状三维模型。表达空间上具三维特征的现象的符号，具有定位特征，与比例尺相关。

2. 按符号与地图比例尺的关系分类

按符号与地图比例尺的关系可将符号分为依比例符号、不依比例符号（非比例符号）和半依比例符号。

制图对象是否能按地图比例尺用与实地相似的面积形状表示，取决于对象本身的面积大小和地图比例尺大小。只有在一定比例尺的条件下，制图对象的宽度和面积仍可保持在图解清晰度允许的范围内时，才可能使用依比例符号。依比例符号主要是面状符号；不依比例符号则主要是点状符号；而半依比例符号是指线状符号。随着地图比例尺的缩小，有些依比例符号将逐渐转变为半依比例符号或不依比例符号，因此，不依比例符号将相对增加，而依比例符号则相对减少。

3. 按符号的定位情况分类

可以把符号分为定位符号和说明符号。

（1）定位符号是指图上有确定位置，一般不能任意移动的符号。如河流，居民地，境界等。地图上的符号大部分都属于这一类。它们都可以根据符号的位置，确定其所代表的客观事物在实地的位置。

（2）说明符号是指为了说明事物的质量和数量特征而附加的一类符号，它通常是依附于定位符号而存在的。如说明森林树种的符号、果园符号、土地类型等。

地图符号还有多种分类方法，在此就不再论述。

5.2.3　地图符号的功能

1. 能对地理现象进行不同程度的抽象和概括

实地存在着大量的地理现象，不可能逐个设置符号，需根据共同特征进行概括，满足图面清晰易读和各方面的需要。抽象、概括是"语言"和"符号"的共同之处，但"语言"是一种思维工具，具有局限性。"符号"是一种传输工具，是世界通用的语言，含义十分丰富，能反映事物的许多特征。

地图上一个点可以表达很多意义。例如，一个点可以表示某些实体的位置，如高程点、机场的位置；可以表示现象的空间变化，如人口的空间分布变化；可以表示某些无形的空间现象，如气温、降水；可以表示时空变化，如人口随时间的变化特征；可以表示制图对象的数量差异，如城市的人口数及国民经济总产值等的数量差异；可以表示某种质量概念，如干出滩、沼泽，等等。

2. 地图符号提供地图极大的表现能力

地图符号既能表示具体的地物如城镇、山林分布，也能表示抽象的事物如宗教信仰、文化素质的区域差异；既能表示地理现状如河流、山岭，也能表示历史时代的事件如黄河改道，以及未来的计划如设计中的道路和土地开发；既能表示地物的外形如海岸线，又能表示地球的物理状态，如重力场或地磁偏角。

地图符号可以表示具体的事物，如一个居民地、一棵树；可以表示抽象的事物，如基督教、佛教、天主教的分布等；可以表示过去的事物，如古迹；可以表示现在的事物，如房屋、山脉；可以表示预期的事物，如计划修建的道路；可以表示事物的外形，如湖泊的轮廓形状；还可以表示事物的内部特征，如海滩的内部特征为淤泥、沙滩，等等。

3. 地图符号是空间信息传递的手段

社会中任何人不可能直接接触所要了解的一切对象，空间信息在制图者的认识、改造和制作过程中，被符号化后构成地图。地图只是认识客观世界的间接手段，虽然读图者阅读地图，但是地图不可能像电影那样恢复地物的形象。例如"爱晚亭"的形象是读者过或见过爱晚亭的相片在头脑中的长时记忆，而在地图的具体位置上只有一个亭子符号和"爱晚亭"注记。因此，符号所传递的只能是具有抽象、综合和简化了的空间信息符号模型。

4. 地图符号构成的符号模型，不受比例尺缩小的限制，仍能反映区域的基本面貌

普通地图在图解精度内能获得区域环境的基本知识，而专题地图能在制图空间内，通过图例的各种形式（符号、注记、刻画等），任意缩放，完整地表达专题内容。

5. 地图符号能提高地图的应用效果

地图符号能再现客体的空间模型，或者给难以表达的现象建立构想模型。例如，等值线、等高线、等温线可以构成立体模型，或构成经过回归分析的趋势面模型。符号之间和曲面上都可以进行数量的测度，为一些现象设计模型，且可量化。地图符号不是孤立存在的，它不仅有名称的"内涵"，还可通过组合关系反映某种"外延"。

5.2.4　地图符号的特征

地图符号是一种科学的人造符号，具有自身的特征。

1. 综合抽象性

大千世界的事物现象复杂多样，用地图符号不可能把它们都一一表现出来。制图者将错综复杂的客观世界，经过分类、分级归纳后进行抽象，然后用特定的符号表示在地图上，不仅克服了逐个表示每个制图对象的困难，而且综合反映了制图对象的本质特征，实际上是对事物现象的一次综合概括过程。

2. 系统性

地图符号的系统性一方面表现为，它是由一系列线性符号、色彩符号和地图注记组成的相互关联的统一体；另一方面表现为，对于一种事物现象，能根据其性质、结构等划分为类、亚类、种、属等不同类别或级别，分别设计为互有联系的系列符号与其对应，构成某一事物现象的符号链。

3. 约定性

自然语言是在长期的社会生产、生活中自然形成的，而地图符号是建立在约定关系基础之上，即人为规定的特指关系之一的人造符号。制图者对客观事物现象进行综合、概括后，确定相应的符号形式及相互之间的关系规则，形成地图符号。其过程就是建立地图符号图像与抽象概念之间一一对应关系的过程，一经约定就成为地图符号，并对制图者和其后的用图者都具有相应的约定性。例如，在一幅图内，一旦用三角形符号表示控制点，其他的内容就不能再采用三角形符号表示。

4. 传递性

在人类认识客观世界的活动中，地图符号是将客观转化为主观的手段；在用图的实践活动中，地图符号又是将主观转化为客观的必不可少的工具，所以地图符号是主体（制图者或使用者）和客体（客观世界）相互联系、相互转化，用以传递地学信息的媒介物。

5. 时空性

地图符号既可以表达事物现象的空间特征（如空间分布、空间结构、质量特征、数量指标等），也可以表达地表事物现象的时间特征（如发展趋势、动态移动、演化特征、空间结构变化特征等）。地图符号是在客观时空变化中，体现人类图形思维能力的结晶。

6. 地图符号具有被表示成分和表示成分的特征

地图符号所指的是一种空间信息，或一个实体的概念，一个完善的地图符号就能够概括这种信息的概念。这足以说明地图符号是空间信息和视觉形象的复合体。

7. 地图符号可以等价变换

符号在指示概念的约定过程中，不同形式的符号存在等价关系，多个符号可以代指同一概念。例如，在不同图幅中，三角形、圆形、方形、文字等符号都可以作为等价符号表示居民地。

5.2.5 地图符号的定位

每一个符号在图上都表示实地上一定的物体，大比例尺地形图要求符号具有较高的精度，但是不依比例符号都是扩大了的图形，那么符号的哪一点（或线）代表实地物体的真实位置呢？通常，在设计符号时就已经规定符号的哪一部位代表其实地位置，这些规定的点和线，叫作定位点（主点）和定位线（主线）。

（1）面状符号。由于其是按物体真实轮廓描绘的，其轮廓本身就可以标明物体的真实位置。

（2）线状符号。以定位线（主线）表示实地物体的真实位置，其符号的定位线具有下列规律。

① 成轴对称的线状符号，定位线在符号的中心线（见图5-3（a））。

② 非成轴对称的线状符号，定位线在符号的底线（见图5-3（b））。

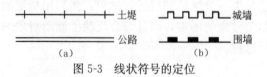

图5-3 线状符号的定位

（3）点状符号。其真实位置是根据图形特点确定定位点，以定位点代表相应物体的真实位置（见表5-1）。

表 5-1 点状符号的定位

类 别	定位点	符号及名称		
有一点的符号	在点上	三角点 △	亭	窑
几何图形符号	图形中心	油库	独立屋 ■	发电厂
底部宽大符号	底部中点	水塔	气象站	古塔
底部直角符号	直角顶点	路标	突出阔叶树	突出针叶树
组合图形符号	下方图形中心	变电所	石油井	塔形建筑物
其 他 符 号	图形中心	车行桥	水闸	矿井

点状符号的定位点有以下几种情况。

（1）符号图形中有一点的，该点即为地物的实地中心位置。

（2）几何图形符号（圆形、正方形、长方形、星形等），以图形的中心为地物的实地中心位置。

（3）宽底符号（烟囱、水塔、古塔、独立石、独立树丛等），以底部中心为地物的实地中心位置。

（4）底部为直角形的符号（路标、突出树等），以直角的顶点为地物的实地中心位置。

（5）几种图形组成的符号（变电所、石油井等），以下方图形的中心为地物的实地中心位置。

（6）不依比例尺描绘的其他符号（桥梁、拦水坝、水闸、矿井、石灰岩溶斗等），以符号的中心为地物的实地中心位置。

5.2.6 地图符号的量表

地理学者为了在地图上直接或间接描述空间的数量特征，应用了心理物理学惯常采用的量度方法——量表法，对空间数据进行数学处理。根据处理数据的属性，量表法可分为四种：定名量表、顺序量表、间距量表和比率量表，它们各自适用于某种或多种数学的研究方法。

1. 定名量表

用文字或字符描述地理信息的种类或质量的差别，即反映质的概念或某地理信息各指标的性质及存在，不反映任何数的概念。它以一个群体中出现频率最高的类别定名。例如，在两个区域内种植小麦、棉花、玉米、薯类，A 区棉花种植面积最大，B 区玉米种植面积最大，它们是 A，B 区域中的众数。因此，对两个区域的代表作物命名时，A 区被命名为"棉花"，B 区被命名为"玉米"。

定名量表是最低水平的量表尺度。地图上表示物体的种类、性质、分布状态等都使用定名量表数据。

2. 顺序量表

这种量表表示的是地理信息的顺序。可以根据某种质量标志排序，也可以根据数量概念简化为顺序量表。如表 5-2 所示。

表 5-2　顺序量表示例

点状符号	线状符号	面状符号
■ ■ ○ 大 ▲ ■ ○ 中 ● □ ○ 小	━━━ 国际公路 ── 美国编号公路 ═══ 州公路 ─ 县公路	大工业区 小工业区 烟污染

顺序量表的运算方法是选择中位数，并以四分位法研究观测结果的排序位置或编号的离差。

以表 5-3 的数据组为例，嘉南镇 12 个乡的蚕丝产量如表所列，中性数位置在顺序 6，7 之间，中位数 Q_2 即为 $(543+329)/2=436$，较高的四分位 Q_1 即为 $(1\,967+1\,213)/2=1\,590$，较低的四分位 Q_3 为 $(98+72)/2=85$。

表 5-3　嘉南镇蚕丝生产

乡名	顺序	产量/kg
大南	1	3 726
多良	2	2 174
王岗	3	1 967
陈李庄	4	1 213
沙峪	5	876
壁店	6	543
尚店	7	329
梓南	8	137
梓西	9	98
三合	10	72
宜良	11	59
万和	12	23

顺序量表显示地图符号的量为优、良、中、差或大、中、小。

若分为四级顺序，则四分位正好是排序的分界，产量 1 590 kg，436 kg，85 kg 成为优、良、中、差的顺序界线；若分为大、中、小产量顺序，可见，大产量在 1 590 kg 以上，而小产量在 85 kg 以下，85～1 590 kg 之间为中产量，如图 5-4 所示。

3. 间距量表

采用间距量表可以区分空间数据量的差别，常用的统计量是算术平均值，而描述数据的平均值离散度的是标准差。

以表 5-4 的数据为例，大名县各个乡的小麦产量如表所列，全县的平均产量 x 和标准差 δ 为

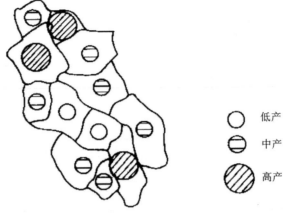

图 5-4 顺序量表示例

$$x = \frac{\sum X}{n}$$

$$\delta = \sqrt{\frac{\sum (X - x)^2}{n}}$$

式中：n——乡数；

X——各乡的每公顷产量，千克/公顷。

则本例中可求出

$$x = 25\ 349,\ \delta = 7\ 590$$

间距量表的间距可定为标准差 δ，间距的排列有

$$x - 2\delta,\ x - \delta,\ x,\ x + \delta,\ x + 2\delta$$

则表 5-2 的数据间距便有

$$10\ 169,\ 17\ 759,\ 25\ 349,\ 32\ 939,\ 40\ 529$$

表 5-4　大名县各个乡的小麦产量　　　　　　　单位：千克/公顷

乡名	X	乡名	X
黄玉	32 040	大洲	37 215
张棚	40 515	王佐	14 640
长乐	21 345	府前	18 345
小庄	19 125	府右	23 235
加鱼	35 145	石坪	15 570
有利	25 365	三门	17 235
石留	28 215	统一	23 085
乐平	28 860	东引	25 650

图 5-5 为大名县小麦单产分布图。从这个例子可以总结出：间距量表也没有绝对零值，而且数据的运算只有加减法而不能用乘除法来处理。

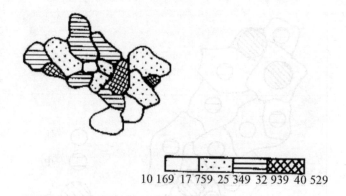

10 169　17 759　25 349　32 939　40 529

图 5-5　间距量表示例

4. 比率量表

比率量表和间距量表一样，按已知数据的间隔排序，但成比率变化，从绝对零值开始又能进行各种算术运算，它实际上是间距量表的精确化。如图 5-6 所示。

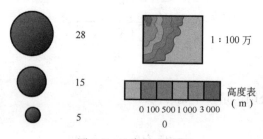

图 5-6　比率量表举例

这四种量表的排列是有序的。在制图过程中，可以把比率量表数据处理成间距量表，也可以处理成顺序量表和定名量表。但它们是不可逆的，即定名量表数据只可能用定名量表来表达，不可能改变成其他的任何形式。它们之间的关系可表示为

$$比率量表 \rightarrow 间距量表 \rightarrow 顺序量表 \rightarrow 定名量表$$

将符号的类别和量表组合起来，再加上注记，便成为地图符号的基本体系，它的结构如表 5-5 所示。

表 5-5　地图符号体系

量　表	点状符号	线状符号	面状符号
定　名	◉ 城市	河流	
顺　序	○ 小 ○ 中 ○ 大	高速公路 公路 大路	低产 高产

续表

量　表	点状符号	线状符号	面状符号
间　距			
比　率			

5.3　地图符号的视觉变量及其效应

5.3.1　视觉变量的概念

　　表象性符号之所以能形成众多类型和形式，是各种基本图形元素变化与组合的结果，这种能引起视觉差别的图形和色彩变化因素称为"视觉变量"或"图形变量"。有了这些变量系统，地图符号就具备了描述各种事物性质、特征的功能。

　　视觉变量也叫图形变量。通常是指可以引起视觉差别的最基本的图形因素（含色彩）的变化，即图形结构元素中能引起视觉差别的元素。

　　最早研究视觉变量的是法国人贝尔廷（J. Bertin，巴黎大学图形实验室）。他总结出一套图形符号的变化规律，提出包括形状、方向、尺寸、明度、密度和颜色的视觉变量，各国地图学家在此基础上也进行了多方面的研究，提出了地图符号的种种视觉变量，如表 5-6 所示。

表 5-6　视觉变量的种类

年份	国别	人　物	概　念	组　成
1967	法国	贝尔廷	视觉变量	形状、尺寸、方向、明度、色彩和密度
1974	美国	莫里逊	视觉变量	形状、尺寸、色相、明度、饱和度及图案的方向、排列和纹理
1976	苏联	萨里谢夫	绘图方法	形状、尺寸、颜色、方向、明度、结构
1977	英国	鲍德	制图字母	形状、尺寸、图案（方向、排列）、纹理、色彩（色相、饱和度、明度）
1982	英国	基茨	图形变量	形状、尺度（维）、明度和联合使用
1984	美国	罗宾逊	基本图形要素	色相、明度、尺寸、形状、密度、方向、位置
1995	美国	罗宾逊	视觉变量	基本：形状、尺寸、方向、色相、明度、彩度 从属：网纹的排列、网纹的纹理、网纹的方向

5.3.2　基本的视觉变量（静态视觉变量）

从制图实用的角度看，视觉变量包括形状、尺寸、方向、明度、密度、结构、颜色和位置。如表 5-7 所示。

表 5-7　地图符号的视觉变量

基本视觉变量		点状符号	线状符号	面状符号
形　状		● ▲ ■ ◆		
尺　寸				
方　向				
明　度				
密　度				
结　构				
颜色	色相	Ⓡ　Ⓨ	C M	5G5/10　5R3/2 2R8/2
	饱和度	5R4/10　5R4/4	5Y8/6 5Y8/2	
位　置				

1. 形状

对于点状符号来说，形状就是符号的外形，可以是规则图形（如几何图形），也可以是不规则图形（如艺术符号）；对于线状符号，形状是指构成线的那些点（即像元）的形状，而不是线的外部轮廓。一个面积相同的图形元素可以取无数种形状，所以形状变量范围极大，是产生符号视觉差别的最主要特征之一。面状符号没有形状变化。形状是点状符号和线状符号最重要的构图要素。

形状变量是基本的视觉变量，具有明显的差异性。一般地，形状上的不同，表现了空间数据的不同。注意，线和面的形状变量指它们的构成元素的形状，而非线、面的轮廓。

2. 尺寸

尺寸是描述数量特征最有效的变量之一。点状符号的尺寸是指符号整体的大小，即符号的直径、宽、高和面积大小。对于线状符号，构成它的点的尺寸变了，线宽的尺寸自然也改变了。尺寸与面积符号范围轮廓无关。

3. 方向

符号的方向指点状符号或线状符号的构成元素的方向，面状符号本身没有方向变化，但它的内部填充符号可能是点或线，也有方向。方向变量受图形特点的限制比较大，如三角形，有方向区别，而圆形就无方向之分。

4. 明度

明度指符号色彩调子的相对明暗程度。明度差别不仅限于消失色（白、灰、黑），也是彩色的基本特征之一。需要注意的是，明度不改变符号内部像素的形状、尺寸、组织，不论视觉能否分辨像素，都以整个表面的明度平均值为标志。明度变量在面积符号中具有很好的可感知性，在较小的点、线符号中明度变化范围就比较小。

5. 密度

密度指在保持符号表面平均明度不变的条件下改变像素的尺寸和数量。它可以通过放大或缩小符号图形的方式体现。当然，对于全白或全黑的图形是无法使用密度变量的。

6. 结构

结构变量指符号内部像素组织方式的变化。与密度的不同在于它反映符号内部的形式结构，即一种形状的像素的排列方式（如整列、散列）或多种形状、尺寸像素的交替组合和排列方式。结构虽然是指符号内部基本图解成分的组织方式，需要借助其他变量来完成，但仅依靠其他变量无法给出这种差别，因而也应列入基本的视觉变量之中。

7. 颜色

颜色作为一种变量，除同时具有明度属性外，还包括两种视觉变化，即色相和饱和度变化，它们可以分别变化以产生不同的感受效果。色相变化可以形成鲜明的差异，饱和度变化则相对比较含蓄平和。

8. 位置

在大多数情况下，位置是由制图对象的地理排序和坐标所规定的，是一种被动因素，因而往往不被列入视觉变量。但实际上位置并非没有制图意义，在地图上仍然存在一些可以在一定范围内移动位置的成分。如某些定位于区域的符号、图表或注记的位置效果；某些制图成分的位置远近对整体感的影响等。所以从理论上讲，位置仍然是视觉变量之一。

以上视觉变量是对所有符号视觉差异的抽象，它依附于这些符号的基本图形属性，其中大多数变量并不具有直接构图的能力，因为它们只相当于构词的基本成分（词素），但每一种视觉变量都可以产生一定的感受效果。为构成地图符号间的差别，不仅可以根据需要选择某一种变量，为了加强阅读的效果，往往同时使用两个或更多的视觉变量，即多种视觉变量的联合应用。

5.3.3　视觉变量的扩展（动态视觉变量）

上述视觉变量是传统的纸介质地图上构成图形（图像）符号的基本参量。现在电子地图已成为地图大家族中的新品种，与传统地图相比，屏幕电子地图在视觉表达形式上有了新的发展，这主要反映在对过程（动态）信息的描述方面。为描述对象的动态特征，电子地图上的动态符号还可采用发生时长、变化速率、变化次序和节奏等变量。这些变量需要借助符号的上述静态变量来描述，属于复合变量，如图 5-7 所示。

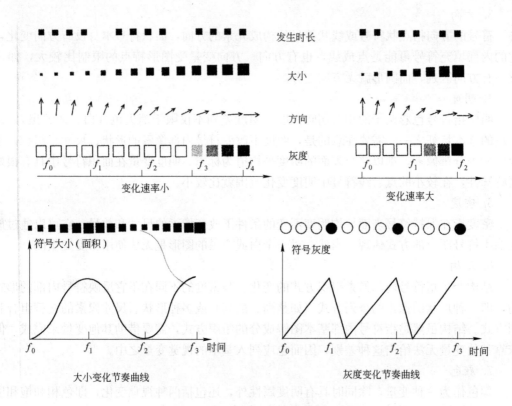

图 5-7　屏幕地图符号的动态视觉变量

1. 发生时长

发生时长指符号形象在屏幕上从出现到消失所经历的时间。发生时长以很小的时间单位计算，通常与多媒体技术中"帧"的概念相对应。在地图设计中，发生时长主要用于表现动态现象的延续过程。

2. 变化速率

变化速率也要借助于符号的其他参量来表现，描述符号状态改变的速度，可以反映同一图像在方向、明度、颜色等方面的变化速度，也可以反映图像在尺寸、形状或空间位置上的变化速度。由于变化着的现象对人的视觉有强烈的吸引力，因而成为电子地图的一种重要的图形变化手段。

3. 变化次序

时间是有序的，以类似于二维空间中的前后、邻接关系的方式建立时间段之间的先后、相邻拓扑关系。将符号状态变化过程中各帧的状态按照出现的时间顺序，离散化处理各帧状态值，使之渐次出现。它可用于任何有序量的可视化表达。

4. 节奏

节奏是对符号周期性变化规律的描述，它是由发生时长、变化速率等变量融合到一起而形成的复合变量，但它又表现出独立的视觉意义。符号的节奏变化可以由周期性函数表示。节奏变量主要用于描述周期性变化现象的重复性特征。

5.3.4 视觉变量的组合

点、线、面符号在视觉变量上的关系，如表 5-8 所示。

表 5-8 点、线、面在视觉变量上的关系

视觉变量	点状符号	线状符号	面状符号
形状			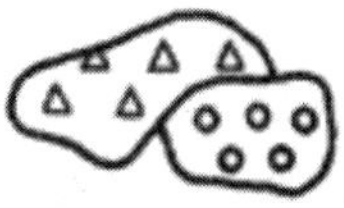
尺寸			
方向			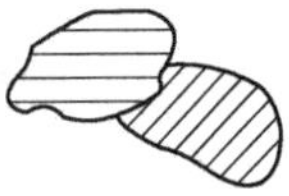
色相	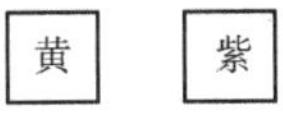 黄 紫	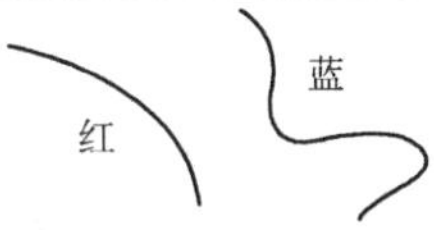 红 蓝	 绿 青
明度		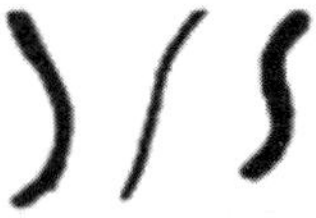	
网纹			

在千变万化的符号形式中，根据空间事物相互联系的特征，以某种变量为主脉，可以形成一系列的符号结构。

在点状符号中表示如下。

（1）改变形状。如果选择铜矿的符号，可以出现图 5-8（a）中的三角形、圆形、矩形、方形作为铜矿标记在地图的位置上。

（2）间断形状。如图 5-8（b）中的废墟、田间路、可通行沼泽，表示为次要等级符号，降低了其重要性。

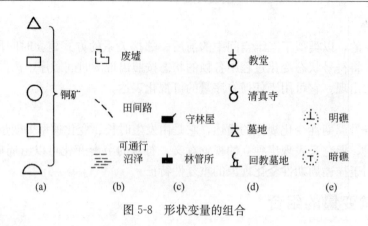

图 5-8　形状变量的组合

（3）附加形状。如图 5-8（c）所示，构成同一类别地物的一个亚类。

（4）组合形状。如图 5-8（d）所示，由两种或多种形状变量组合而成，反映地物相互联系的意义。

（5）改变方向。形状变量表达符号含义，若改变形状变量的方向，那么符号的意义产生变化，如图 5-8（e）所示的明礁、暗礁。

线状符号形状的连续变化，可以产生如图 5-9 所示的实线和间断线。也可以用叠加、组合和定向构成一个相互联系的线状符号系列（见图 5-10）。

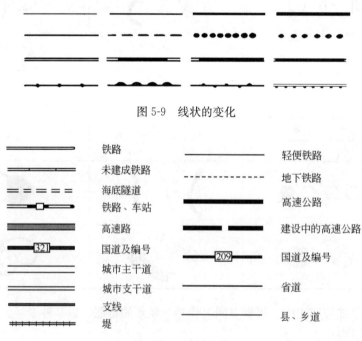

图 5-9　线状的变化

	铁路	轻便铁路
	未建成铁路	地下铁路
	海底隧道	高速公路
	铁路、车站	建设中的高速公路
	高速路	
321	国道及编号	209　国道及编号
	城市主干道	省道
	城市支干道	
	支线	县、乡道
	堤	

图 5-10　线状符号系列

面状符号的结构中，网纹变量起很大作用，从一定意义上说，网纹变量是形状变量的集合。计算机制图时，重复排列的网纹容易生成，并存储在符号库中供快速调用，如图 5-11 所示。

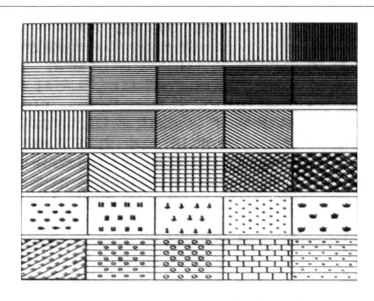

图 5-11　面状符号的结构变化

5.3.5　地图符号的视觉变量的效应

视觉变量提供了符号辨别的基础，同时由于各种视觉变量引起的心理反应不同，又产生了不同的感受效果，这正是表现制图对象各种特征所需要的知觉差异。感受效果可归纳为整体感、差异感、等级感、数量感、质量感、动态感和立体感，对它们进行感受效果分析，有助于它们每个变量能较好地参与地图符号设计，提高地图设计的水平。

1. 整体感

整体感也称为联合感受，所谓"整体感"是指当我们观察出一些像素或符号组成的图形时，它们在感觉中是一个独立于另外一些图形的整体。整体感可以是一种图形环境、一种要素，也可以是一个物体。每个符号的构图也需要整体感。整体感是通过控制视觉变量之间的差异和构图完整性来实现的。换句话说，就是各符号使用的视觉变量差别较小，其感受强度、图形特征都较接近，那么在知觉中就具有归属同一类或同一个对象的倾向。形状、方向、颜色、密度、结构、明度、尺寸和位置等变量都可用于形成整体感（见图 5-12），效果如何主要取决于差别的大小和环境的影响，但形状、方向、色彩中的近似色是产生整体感的主要视觉变量。如形状变量（圆、方、三角形等简单几何图形）组合，整体感较强，而其他复杂图形组合则整体感较弱。位置变量对整体感也有影响，图形越集中、排列越有秩序，越容易看成是相互联系的整体（见图 5-13）。

地图的整体感是必不可少的，整体感的核心是，从不同的构图元素（不同的视觉变量的组合）中产生整体感，而不是从相同元素中产生。整体感的原则是，构成图形的视觉变量之间所存在的差别不太明显。

2. 差异感

差异感也称为选择性感受，当各部分差异很大，某些图形似乎从整体中突出出来，各有不同的感受特征时，就表现出所谓"差异感"。当某些要素需要突出表现时，就要加大它们

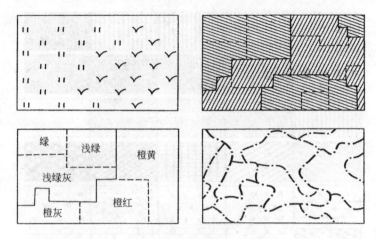

图 5-12 整体感的形成

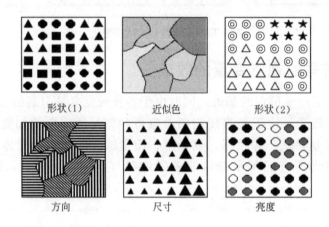

图 5-13 视觉变量产生整体感

与其他符号的视觉差别。

整体感和差异感这对矛盾的同时性关系对制图设计具有重大的意义。地图设计者必须根据地图主题、用途，处理好整体感和差异感的关系，在两者之间寻求适当的平衡，使地图取得最佳视觉效果。只注意统一而忽视差异，就难以表现分类和分级的层次感，缺乏对比，没有生气；反之，片面强调差异而无必要的统一，其结果会破坏地图内容的有机联系，不能反映规律性。

与整体感相反，差异感重在选择性，即某一个或几个元素突出于整体之上，突出表示某些内容。对比色、明度、尺寸等视觉变量易产生差异感。

3. 质量感

所谓质量感即质量差异感，就是将观察对象一一分出不同的质量、类别的感受效果，它使人产生"性质不同"的印象。形状、色相是产生质量感的最好视觉变量，如图 5-14 所示。

一般而言，点状符号用形状较易产生质量感，面状符号用色相较易产生质量感，线状符号用色彩较易产生质量感，形状与色彩融合在一起更易产生质量感。

4. 等级感

等级感指观察对象可以凭直觉迅速而明确地被分为几个等级的感受效果。这是一种有序的感受，没有明确的数量概念，出于人们心理因素的参与和视觉变量的有序变化，就形成了

图 5-14 视觉变量产生的质量感

这种等级感。如居民地符号的大小、注记字号、道路符号宽窄等所产生的大与小、重要与次要，一级、二级、三级、……的差别（见图 5-15）。

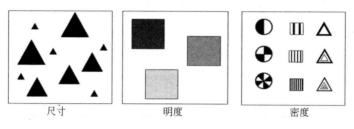

图 5-15 视觉变量产生等级感示意

在视觉变量中，尺寸、密度和明度是形成等级感的主要因素。例如，用不同尺寸的分级符号、由白到黑的明度色阶表现等级效果是地图上最常用的方法之一。形状、方向和色相没有表现等级的功能；颜色和结构可以在一定条件下产生等级感，但它们一般都要在包含明度因素时才有较好的效果。

等级感是体现地图内容分级系统性的重要手段，应用广泛。

5. 数量感

数量感是指从图形的对比中获得具体的感受效果。等级感只凭直觉就可产生，而数量感需要经过对图形的仔细辨别、比较和思考等过程，它受心理因素的影响比较大，也与读者的知识和实践经验有关。

尺寸变量是产生数量感的最有效视觉变量，如图 5-16 所示。由于数量感具有基于图形的可量度性，所以简单的几何图形如方形、圆形、三角形等效果较好。形状越复杂，数量判别的准确性越差。

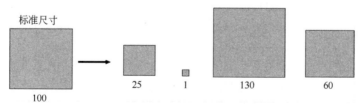

图 5-16 由尺寸变量产生的数量感

6. 动态感

动态感是指从构图上给读者一种运动的视觉感受效果。单一的视觉变量一般不能产生动态感，但是有些视觉变量的有序排列可以产生动态感。例如，同样形状的符号在尺寸上有规律地变化与排列、明度的渐变都可以产生动态感；另外箭头符号是产生动态感的有效方法。

7. 立体感

立体感是指在二维平面上产生三维视觉效果。尺寸变化、明度变化、纹理梯度、空气透视、光影变化等都能产生立体感。

尺寸的大小变化，密度和结构变化，明度、饱和度及位置等都可以作为形成立体感的因素。如地图上的地理坐标网的结构渐变、地貌素描写景、透视符号、块状透视图等都是具有立体效果的实例。以明度变化为主的光影方法和以色彩饱和度及冷暖变化的方法常常用于表现地貌立体感，如单色或多色地貌晕渲、地貌分层设色等。

通过以上讨论，可以将视觉变量能够产生的最佳效果列成一张表，如表 5-9 所示。

表 5-9　视觉变量产生的感受效果

	整体感	差异感	等级感	数量感	质量感	动态感	立体感
尺寸		√	√	√		√渐变	√有规律
明度		√				√渐变	√有规律
密度			√				
色彩	√近似色	√			√	√渐变	√有规律
方向	√角度相近						
形状	√简单几何				√		

5.4　地图符号设计的基本方法

要创造优秀的地图作品，关键问题之一是有针对性地设计一套高质量的符号系统。设计地图符号既不应该就事论事地绘出一个个符号，也不应将其看作单纯的艺术设计只凭直觉来完成，而要从地图的整体要求出发，考虑各种因素，确定每个符号的形象及其在系统中的地位。

5.4.1　地图符号设计的一般要求

1. 概括性

概括性体现了人类心智的发展。对于设计者而言，要善于抓住现象的主要特征，并以最精练的符号加以表示，即构图简洁，易于识别、记忆，图形要形象、简单和规则，如图 5-17 所示。对于读者而言，要善于从这种概括的表现手法中洞察事物的细节，从中获得更多的信息。概括程度受应用目的和比例尺的制约。对于不同的用途，同一现象的符号细节不同。

2. 象征性

符号与对象之间的"人为关系"可以通过图例说明强制实行，但为了使符号能被读者自然而然地接受，最好还是强调符号与对象之间的"自然联系"，利用人们看到符号产生联想等心理活动自然地引向对事物的理解。因而在设计图案化符号时，一般都应尽可能地保留甚至夸张事物的形象特征，包括外形的相似、结构特点的相似、颜色的相似等。对于非具体形象的事物要尽量选择与其有密切联系的形象作为基本素材。凡象征性好的符号都比较容易理解。

3. 组合性

地图符号应充分利用符号的组合和派生，构成新的符号系统，例如，用齿线和线条的组

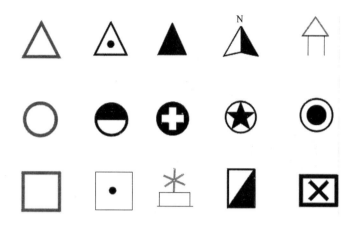

图 5-17 符号构图的概括性示例

合，就可以组成凸出地面的路堤、高出地面的渠、土堆，凹于地面的路堑、冲沟、土坎，以及单面凸凹于地面的梯田、陡崖、采石场等多种地图符号，如图 5-18 所示。

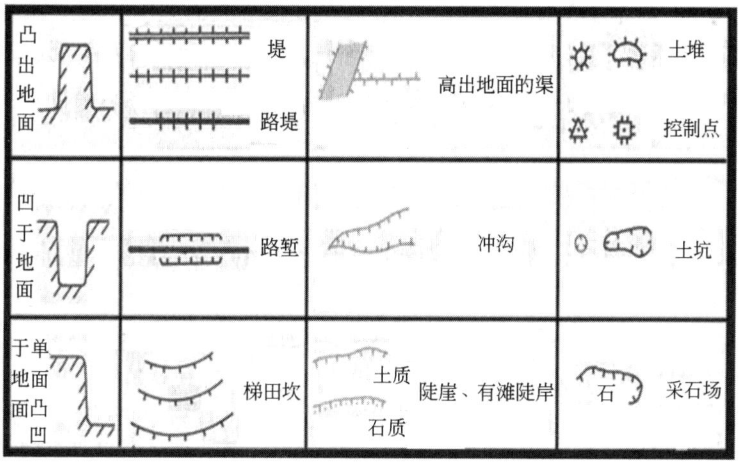

凸出地面	堤 路堤	高出地面的渠	土堆 控制点
凹于地面	路堑	冲沟	土坑
于单地面凸凹	梯田坎	土质 石质 陡崖、有滩陡岸	石 采石场

图 5-18　地图符号的组合性示例

4. 逻辑性

地图符号的构图要有逻辑性，保持同类符号的延续性和通用性，将符号的图形与符号的含义建立起有机的联系，如图 5-19 所示。

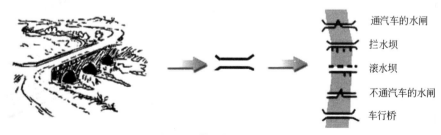

图 5-19　符号构图的逻辑性

5. 可定位性

地图符号的定位性，其实质是符号的精确性。空间数据可视化需要表达现象的定位特征，这就要求符号本身具有可定位性。所以设计的地图符号必须有相应的定位点和方向点。

不同的应用目的对于符号定位精度的要求也不同。普通地图以指明定位点为目的，因此，要求精度高；专题地图强调区域、区划和分布的概念，对精度的要求相对较低；统计地图强调统计区域内的定量概念，对精度的要求最低。定位性较强的符号是简单的几何符号，例如，三角形、方形符号等。

6. 易感受性

地图符号应使读者不费更多的记忆、辨别就可感受到。易感受的图形显得生动活泼，能激起美感，进而提高可视化的传输效果。

7. 系统性

地图符号系统的完整协调，能够最佳地表现地理现象之间的关系。为此，需要考虑构图与用色及地理现象的相互关系等因素。

8. 清晰性

符号清晰是地图易读的基本条件之一。每个符号都应具有良好的视觉特性，影响符号清晰易读的因素主要是简单性、对比度和紧凑性等三个方面，如图 5-20 所示。首先，符号要尽量简洁，复杂的符号需要较大尺寸，会增加图面载负量，制图原则是用尽量简单的图形表现尽量丰富的信息，即有较高的信息效率。符号设计也应遵循这一原则。其次，要有适当的对比度。细线条构成的符号对比弱，适于表现不需太突出的内容；具有较大对比度（包括内部对比和背景对比）的符号则适合表现需要突出的内容。符号之间的差别是正确辨别地图内容的条件，尽管不同层次的符号差别有大有小，但不应相互混淆、似是而非。另外，清晰性还与符号的紧凑性有关。紧凑性是指构成符号的元素向其中心的聚焦程度和外围的完整性，这实际上是同一符号内部成分的整体感。结构松散的符号效果较差，而紧凑的符号则具有较强的感知效果。

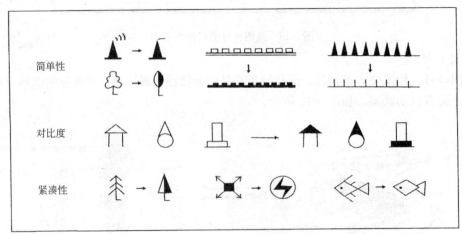

图 5-20　提高地图符号清晰性的方法

9. 生产可行性

设计符号要顾及在一定的制图生产条件下能够绘制和复制。这包括符号的尺寸和精细程度、符号用色是否可行以及经费成本。

5.4.2　影响地图符号设计的因素

设计一个地图符号系统虽然允许发挥制图者的想象力和表现出不同的制图风格，但符号形式既受地图用途、比例尺、生产条件等因素的制约，也受制图内容和技术条件的影响。因此，必须综合考虑各方面的因素，才能设计出好的符号系统。

1. 地图内容

地图包含哪些内容是符号设计的基本出发点。但是符号设计反过来也对地图内容及其组合有一定的制约作用，因为不顾及图解，盲目设想的内容组合可能无法在地图上表现出来。

2. 资料特点

地理资料关系到每项内容适于采用什么形式的符号。这涉及表现对象四个方面的特点：①空间特征，即资料所表现对象的分布状况是点、线、面还是体，这就决定符号的相应类型；②测度特征，指对象的尺度特征是定名的、等级的还是数量的，不同测度水平要采用不同的符号表示法；③组织结构，即资料表现的关系特征；④其他特征，如资料的精确性和可靠程度及制图对象在形象、颜色、结构等方面的特征，这些对设计符号都有实际意义。

3. 地图的使用要求

地图的使用要求由一系列因素决定，如地图类型、主题、比例尺，地图的使用对象和使用条件等。这些因素影响地图内容的确定，又制约着符号设计。

4. 所需的感受水平

地图一般都需要几个特定的感受水平。各项地图内容在地图上的感受水平一方面由资料特点所确定，另一方面由内容主次及图面结构要求确定。主题内容需要较强的感受效果，其他则相反。

5. 视觉变量

不同的视觉变量有不同的感受效果，因而视觉变量的选择直接关系到符号的形象特点。

6. 视力及视觉感受规律

设计符号不能离开视觉的特性和视觉感受的心理物理规律。表 5-10 所列出的一般视力的线划分辨能力数据可作为确定符号线划粗细、疏密和注记大小的参考，但这只是在较好的观察条件下的最小尺寸，在实际使用时要根据预定读图距离、读者特点、使用环境、图面结构复杂程度等做必要的调整、修改和试验。

表 5-10　一般视力的线划分辨能力　　　　　　　　　　单位：mm

距离	种类				
	点的直径	单线粗度	实线间隔	虚线间隔	汉字大小
250	0.17	0.05	0.10	0.12	1.75
500	0.30	0.13	0.20	0.15	2.50
1 000	0.70	0.20	0.40	0.50	3.50

视错觉对符号视觉感受有很大影响，特别是在背景复杂的条件下，会因环境对比产生不正确的感受，如色相偏移、明度改变、图形弯曲、尺寸判断误差等。这需要在设计符号时考

虑它们的图面环境来加以纠正或利用。

7. 传统习惯与标准

符号要能够容易被人们接受就不能不考虑地图符号的习惯用法。普通地图要素一般应尽量沿用标准符号或至少与之相近似；专题内容虽然大多尚无标准化规定，但也应尽可能采用习惯的形式。如水系用蓝色，植被用绿色等。符号的传统和标准是与符号的创造性相对立的，但也是统一的，这要求制图者善于处理传统和创新的关系。

8. 绘图与制印条件

如果符号设计得很精细，但很难绘制，复制成本很高，或不能复制，那也无济于事。因此，设计符号时要了解当前的绘图水平、印刷能力、制印工艺的一些极限数据（见表 5-11 和表 5-12），同时还要了解支撑的经济实力状况。

表 5-11　绘图作业能力　　　　　　　　　　单位：mm

作业水平	能保持的最小空白	每毫米内能绘出的线数	小笔尖绘实线粗	曲线笔绘实线粗	刻图刻的实线粗
优	0.10	5	0.08	0.05	0.03
良	0.15	4	0.10	0.08	—
中	0.20	3	0.12	0.10	—
下	0.25	2.5	0.14	0.10	0.05

表 5-12　印 刷 能 力　　　　　　　　　　单位：mm

印刷水平	线粗（或间隔）	每毫米内能辨清的线数
优	0.10	4.7
良	0.12	4.0
中	0.15	3.2
下	0.18	2.7

5.4.3　地图符号设计基本步骤

对于内容不太复杂的单幅地图来说，符号设计不太困难，但对内容复杂的地图或地图集来说，符号类型多、数量大，各有不同的要求，但又要表现出一定的统一性，从而构成系统难度就大一些。

因此，地图符号设计必须遵循一定的顺序进行，才能很好地设计出相应的符号系统以满足用途要求。符号设计的基本步骤如下。

（1）根据地图的用途，确定地图应表达的内容，并区分内容表达的层次。

（2）分析所收集的地图资料，拟定分类分级原则，确定相应的符号类型、采用的视觉变量及组合效果。

（3）进行符号的具体设计。

（4）进行符号的局部试验。

（5）进行符号修改，并制作相应的样图再进行试验。

（6）符号的再修改及整体协调、艺术加工，形成符号系统表。

5.5　地　图　色　彩

5.5.1　色彩的度量

每一种彩色视觉都可依据三个特性进行度量，即色相、明度和彩度。

1. 色相（色别、色种）

色相即每种颜色固有的相貌。色相表示颜色之间"质"的区别，是色彩最本质的属性。色相在物理上是由光的波长所决定的。光谱中的红、橙、黄、绿、青、蓝、紫等 7 种分光色是具有代表性的 7 种色相。

2. 明度

明度是指色彩的明暗程度，也指色彩对光照的反射程度。对光源来说，光强者显示色彩明度大；反之，明度小。对于反射体来说，反射率高者，色彩的明度大；反之，明度小。

不同的颜色具有不同的视觉明度，如黄色、黄绿色相当明亮，而蓝色、紫色则很暗，大红、绿、青等色介于其间。同一颜色加白或黑两种颜料掺和以后，能产生各种不同的明暗层次。白颜料的光谱反射比相当高。在各种颜料中调入不同比例的白颜料，可以提高混合色的光谱反射比，即提高了明度；反之，黑颜料的光谱反射比极低，在各种颜料中调入不同比例的黑颜料，可以降低混合色的光谱反射比，即降低了明度，由此可以得到该色的明暗阶调系列。

3. 饱和度（纯度、彩度、鲜艳度）

饱和度是指色彩的纯净程度。

当一种颜色本身的含量达到极限时，就显得十分鲜艳、纯净，特征明确，此时颜色就饱和。在自然界中，绝对纯净的颜色是极少的。在特定的实验条件下，可见光谱中的 7 种单色光由于其本身色素含量近似饱和状态，故认为是最为纯净的标准色。在色料的加工制作过程中，由于生产条件的限制，总是或多或少地混入一些杂质，不可能达到百分之百的纯净。

饱和度与明度是两个概念。"明度"是指该色反射各种色光的总量，而"饱和度"是指这种反射色光总量中某种色光所占比例的大小。明度是指明暗、强弱，而"饱和度"是指鲜灰、纯杂。黑白阶调效果可以表示出色彩明度的高低，却不能反映出纯度的高低。某种颜色的明度高，不一定就是纯度高，如果它掺杂着其他较浅的颜色，那么，它的明度是提高了，而纯度却降低了。

色彩的三属性具有相互区别、各自独立的特性，但在实际色彩应用中，这三属性又总是互相依存、互相制约的。若一个属性发生变化，其他一个或两个属性也随之变化。例如，在高饱和度的颜色中混入白色，则明度提高；混入灰色或黑色，则明度降低。同时饱和度也发生变化，混入的白色或黑色的分量越多，饱和度越小；当饱和减至极小时，则由量变引起质变——由彩色变成消色。

一般而言，色相是表示事物或现象的定性性质，而饱和度和明度表示的是事物或现象的定量性质。

5.5.2　色彩的感受效应与象征性

1. 色彩的感受效应

色彩是客观存在的物质现象，但色彩在人的视觉感受中却并非纯物理的。由于在自然界和社会中，色彩往往与某种物质现象、事件、时间存在联系，因而人对色彩的感受是在长期生活实践中形成的，不仅带有自然遗传的共性，而且具有很强的心理和感情特征。

色彩的感受主要表现在以下几个方面。

1) 色彩的兴奋与沉静感

当我们观察色彩形象时，会有不同的情绪反应，有的能唤起人的情感，使人兴奋；而有的让人感到伤感，使人消沉。通常，前者称为兴奋色或积极色，后者称为沉静色或消极色。在影响人的感情色彩中，最起作用的是色相，其次是饱和度，最后是明度。

在色相方面，最令人兴奋的色彩是红、橙、黄等暖色，而给人以沉静感的色彩是青、蓝、蓝紫、蓝绿等色。其中兴奋感最强的为红橙色；沉静感最强的为青色；紫色、绿色介于冷暖色之间，属于中性色，其特征为色泽柔和，有宁静平和感。

高饱和度的色彩比低饱和度的色彩给人的视觉冲击力更强，让人感觉积极、兴奋。随着饱和度的降低，色彩感受逐渐变得沉静。

在明度方面，相同饱和度、不同明度的色彩，一般为明度高的色彩比明度低的色彩冲击力强，低饱和度、低明度的色彩属于沉静色，而低明度的无彩色最为沉静。

2) 色彩的冷暖感

色彩之所以使人产生冷、暖感觉，主要是因为色彩与自然现象有着密切的联系。例如，当人们看到红色、橙色、黄色便会联想到太阳、火焰，从而感到温暖，故称红色、橙色等色为暖色；看到青色、蓝色便联想到海水、天空、冰雪、月夜、阴影，从而感到凉爽或寒冷，故称青色、蓝色等色为冷色。

黑、白、灰、金、银等色属于中性色。

色彩的冷暖感是相对的，两种色彩的互比常常是决定其冷暖的主要依据。如与红色相比，紫色偏于冷色；与蓝色相比，紫色则偏于暖色。色彩的冷暖是互为条件、互相依存的，是统一体中的两个对立面。深刻理解色彩的冷暖变化对于调色和配色都是极为有用的。

3) 色彩进退和胀缩感

当观察同一平面上同形状、同面积的不同色彩时，在相同的背景衬托之下，会感到红色、橙色、黄色似乎离眼睛近，有凸起来的感觉，同时显得大一些；而青色、蓝色、紫色似乎离眼睛远，有凹下去的感觉，同时显得小一些。因此，常将前者称为前进色、膨胀色，而将后者称为后退色、收缩色。色彩的这种进退特性又称为色彩的立体性。

进退或胀缩与色彩的饱和度有密切关系。高饱和度的鲜艳色彩给人以前进、膨胀的感觉，低饱和度的混浊色彩给人以后退、收缩的感觉。

在地图设色时，常利用色彩的前进与后退的特性来形成立体感和空间感。例如，地貌分层设色法就是利用色彩的这一特性来塑造地貌的立体感。也常利用色彩的这一特性，突出图中的主要事物，强调主体形象，帮助安排图面的视觉顺序，形成视觉层次。

4) 色彩的交互作用

观看色彩不仅取决于它的物理刺激，而且还因周围色彩的交互作用向对立色相转化。例如，黄色在白色背景下的明度和在灰色背景下的明度感觉不一样，这是明度对比。红背景上的灰方块被看成是浅绿色，反之绿背景上的灰方块被看成是浅红色，这是颜色对比。

　　5）色彩的偏爱性

　　来自心理学和广告业的研究表明：4～5 岁的幼儿喜欢暖色，红色、橙色最受欢迎，蓝绿色次之；少年也喜欢高饱和度的颜色，但是六年级后，此倾向减弱；成年人偏爱不一致，受多种因素的影响，通常喜欢波长较短的色。

　　2. 色彩的象征性

　　色彩的象征性是人类长期实践的产物，其形成有一个过程。由于地区、民族习惯、文化背景等不同，在用色彩象征事物或现象时有不少差别，但仍有一些可供参考的规律，如表5-13 所示。

表 5-13　色彩的象征性

色彩	表示含义	运用效果
红色	自由、血、火、胜利、暴力、危险	刺激、兴奋、强烈煽动效果
橙色	阳光、火、美食、收获、富裕、快乐	活泼、愉快、有朝气
黄色	阳光、黄金、收获、乐观、光明	华丽、富丽堂皇
绿色	和平、春天、青年、安稳、平静	友善、舒适
蓝色	天空、海洋、信念、沉静、冷淡	冷静、智慧、开阔
紫色	忏悔、女性、优美、问候、高贵	神秘感、女性化
白色	贞洁、光明、病态	纯洁、清爽
灰色	质朴、阴天、压抑、沉默、平静	普通、平易
黑色	夜、高雅、死亡、沉闷	气魄、高贵、男性化

5.5.3　色彩在地图感受中的作用

　　1. 色彩能提高地图的视觉感受和传输效果

　　色彩是一个很重要的地图视觉变量，可以产生多种视觉效果。因此，色彩的应用可以使地图图面层次分明、符号清晰易读、重点突出，改善地图阅读的视觉层次。例如，利用色相可以表达地图对象视觉表达层次和类别，利用亮度可以表达地图对象定量特征，利用色彩的空间感即色彩远近感表示地图对象的变化和层次。

　　同时，色彩还能丰富地图表达的内容，使得单色图无法多重表达的内容可以叠置在一起表达，不仅能描述各自的直接信息，还可以表达出相互之间的深层次的关联关系，增大了地图的信息载负量，使读图者获得更多的信息和知识。

　　另外，色彩的合理配置也是增强地图传输效果的有效途径。例如，对比色的配合可以增强图形与背景的效果，突出主题内容；同种色的配合容易获得协调的图面效果，增强地图的整体感，达到最佳的传输效果。

　　2. 色彩能使图形符号简化和要素清晰

　　地图表示的内容十分丰富，运用的点、线、面符号非常多。在单色地图上，不同的点状地图对象只能依靠符号的形状和纹理来区别；不同的线状地图对象只能依靠符号的形状、粗细、结构以及添加纹理来区别，有时分类分级过多时还难以区分；不同的面状地图对象只能依靠在面状范围内叠加不同的点或线符号的形状和纹理来区别。这样就使得原本已经较复杂的地图符号系统更为庞大和复杂，甚至使许多内容无法表示。色彩的使用大大简化了符号系统，例如，在地图上同是一条细实线，黑色表示铁路、红色表示公路、蓝色表示岸线、棕色表示等高线；同是一个三角形，红色表示铁矿、黄色表示金矿、白色表示银矿；同是一个多边形区域，红色表示大豆区、黄色表示玉米区、蓝色表示小麦区。简单的符号加不同的色彩就能很好地区别不同的地图对象，并且使各要素内容区分明显，清晰易读。

　　3. 色彩可以提高地图的艺术价值

　　地图是科学与艺术的结晶。色彩配合协调美观的地图，可以使人阅读时得到美的享受和熏陶，更重要的是它可以吸引读者的注意力，自觉地去看、去读、去认识和理解地图，从中很容易直观地感受到地图内容的主次、要素质量的差异、要素数量等级的变化等，最终获得相关的信息和知识。这也是地图艺术价值的真正体现，而其中色彩的作用是无法替代的。

5.5.4　地图设色的要求

　　1. 地图的性质决定地图的色彩形式

　　地图色彩受地图性质所制约，它不像写实色彩偏重于自然色彩的真实再现和作者情感的抒发，地图上的色彩除衬托性质的底色外，绝大多数属于符号性质的，每一种色彩代表一定的属性，但此种色彩并非实际事物之本色，而是经过概括、抽象的特定色彩。因此，地图设色必须按照一定的科学原则，按照地图的性质、用途、比例尺及其特定的内容设计色彩。利用地图色彩这一外表的感性形式，去揭示制图对象深层结构的本质规律。

　　2. 地图的色彩应具有一定的逻辑性

　　一般地图的内容至少可分为主要的、一般的、次要的等三部分。设色时，主要内容的颜色必须明显突出；一般的、次要的内容，色彩的明显性应依次降低，以显示其内容的层次感，形成三个目视层面。不同类别的要素可利用色彩对比加以区别表示；同类要素（有共性现象的要素）可用同一色相不同深浅色调来区别表示；底图要素用钢灰色调或者浅棕灰色调。如此设色，各类要素的主次关系明确，逻辑系统性强。

　　3. 地图的色彩要考虑用户的认知习惯

　　在地图设计中，有些颜色经过长期的使用已经形成了一种习惯。地质图除外，它的用色方案是全世界统一的，1881 年在意大利的波伦亚的一次国际地质学术会议上正式确定。我们在设计颜色时，应尽量遵循这些习惯性的用法。例如，蓝色表示水系（所有地图）；红色表示温暖、蓝色表示寒冷（气候图）；黄色和褐色表示干燥、无植被（分层设色）；棕色表示地表，如等高线（地形图）；绿色表示植被（所有地图）；红色表示正值，蓝色表示负值（气压图）等。

　　4. 地图的色彩要考虑地图显示设备或印刷材质

　　计算机图形图像系统采用的是 RGB 表色系统，而印刷工业则采用黄、品红、青印刷三原色系统。这两者必须通过色彩管理软件加以转换，在计算机屏幕上显示的图形图像才能通过印刷再现出来，也就实现"所见即所得"。因此，显示在不同介质上的地图，色彩设计是不一样的。如果要将显示在屏幕上的地图印刷到纸上，就必须基于显示设备、印刷油墨、印刷纸张和印刷机器，建立它们两者之间的色彩转换管理软件，否则最终地图产品就无法达到色彩设计要求。

5.5.5　点状符号的色彩设计

1. 利用不同色相表示地图现象的类别

点状符号多采用对比颜色表示地图现象的类别（即质量差异）。例如，工业分布图中，在半径相同的圈形符号内分别填入灰、蓝、红、黄色以代表金属工业、机械工业、化学工业、食品工业。又如，在用点值法表示玉米、小麦分布范围的图上，分别用红点、蓝点代表玉米和小麦。由于色相对比较强，玉米和小麦的分布清晰易读。

2. 点状符号的色彩应尽量与地物的固有色相似

点状符号的色彩应尽量与地物的固有色相似，便于读者引发联想。如火力发电站用红色，水力发电站用蓝色。当然，并不是图上每种要素均能同地物的自然色取得一致，它还受到多方面因素的影响。例如，在同一幅图上用点值法表示三种作物，分别用红、蓝、黑点代表小麦、大豆和棉花。若考虑棉花的固有色，应该用白色表示，但为了与浅淡的底色形成对比，而用黑色表示。

3. 点状符号使用高纯度的色彩

点状符号的色彩面积应与纯度成反比，以突出符号本身并且形成符号间的对比效果。点状符号色彩面积小，需要加强纯度，多用原色、间色，少用复色，使符号与符号之间有一个鲜明的对比，尤其在结构符号中，多用对比色表示各种结构。

4. 点状符号的色彩应与地图用途相适应

挂图中点状符号用色多偏于鲜艳、浓烈，桌面用图多偏于和谐、素雅。专题地图中点状符号色彩要鲜明、醒目、突出；而作为底图的点状符号，则要求色彩素雅、清淡。此外，还要考虑符号本身的图形、大小以及印刷的经济、技术条件等。

5.5.6　线状符号的色彩设计

1. 利用色彩对比表达线状要素的层次关系

线状符号色彩的设计，首先应确定各类线状物体本身的主、次，然后利用色彩对比，表达主、次关系。例如，在行政区划界线图上，各级境界线用色应浓艳、醒目，常用红色、黑色、白色，而河流、岸线、道路等属于辅助要素，其符号一般用淡蓝色和青冈色表示。

2. 利用不同色相表示地图现象的差异

地图上可以利用不同的色相，来区分线状物体或现象的质量差异。例如，普通地图上用棕色表示等高线、蓝色表示等深线，用来区分陆地和海洋的高度变化；专题地图上可以用黑色表示大车路，红色表示气温图上的等温线，蓝色表示等降雨线等，从而区分不同性质的地图物体或现象。

3. 利用不同的纯度表示要素的发展动态

利用色彩的纯度变化表示要素的发展变化特征。例如人口的迁移变化，可以利用运动线符号的宽窄表示数量大小、用色彩的深浅即纯度变化表示其变化的线路，从而较生动地描述这些专题要素的发展动态。

5.5.7　面状符号的色彩设计

1. 利用色彩象征性反映地图现象的质量特征

表示地图现象质量特征的面状色彩，设色时应尽量考虑到能符合自然色彩及相互间的质量差异。例如，在世界气候图上，表示各类气候区的分布范围，通常采用象征性色彩。另外，也可利用颜色的冷、暖对比，反映气候现象随纬度变化的地带性规律。

2. 利用色彩的纯度变化反映地图现象的数量特征

表示地图现象的数量特征的面状符号色彩，设色时应利用色彩的纯度变化或冷暖色变化进行设色。当数值增大时，应相应地增加其面状色彩的纯度，或者使用色彩向偏暖方向变化；当数值减少时，则相反。例如，在人口分布图上，随着人口密度增大，颜色由浅黄向橙红过渡；反之，颜色由黄向浅蓝过渡。

3. 面域底色要求颜色浅淡

对于起衬托作用的面域底色要求浅淡。一方面，底色不能给读者以刺目的感觉；另一方面，底色不能影响图上其他主要要素的显示，应该能与它所衬托的各专题要素的颜色相协调。地图上常用不饱和色或间色，如淡黄、米色、淡红、淡绿等。

5.5.8　色彩的选配

色彩的选配也就是色彩的组合，一般是指图形与背景的色彩感受。最满意的选配是具有较大的明度差别。高明度对比能使图形—背景组合满意；明亮或深浅的背景较满意，中等明度的效果差；理想的图形色应是从绿到蓝的任何色相，或包含大量灰色的色相。表 5-14 是适合于建立图形与背景的色彩组合。

表 5-14　适合于建立图形与背景的色彩

图形色	最佳背景色	最糟背景色
中　红	墨　绿	艳紫红
绿　橙	墨　绿	艳紫红
浅草黄	墨　绿	艳　红
强淡绿	墨　绿	中　绿
中　绿	淡灰红	灰　蓝
中蓝绿	黑	中　绿
中绿蓝	艳　黄	中　绿
极淡蓝	黑　红	强黄绿
棕紫红	黑	艳　橙
中　灰	淡　红	灰　蓝

5.6 地图注记

5.6.1 地图注记的作用

地图符号用于显示地图物体（现象）的空间位置和大小，地图注记用来辅助地图符号，说明各要素的名称、种类、性质和数量等。其主要作用是标志各种制图对象、指示制图对象的属性，说明地图符号的含义。

1. 标志各种制图对象

地图用符号表示地表现象，同时用注记注明各种制图对象的名称，用注记与符号相配合来准确地标志制图对象的位置和类型。例如，北京、南极、38°（北纬）、大西洋等各种地理名称。

2. 指示制图对象的属性

各种说明注记可用于指示制图对象的某些属性（质量和数量）。常用文字注记指示制图对象的质量，例如，森林符号中的说明注记"松"，补充说明森林的性质以松树为主。也可以用数字注记说明制图对象的数量，例如，河宽、水深、各种比高等。

3. 说明地图符号的含义

通过各种图例、图名的文字说明，使地图符号表达的内容更加容易被理解和接受。

5.6.2 地图注记的种类

地图上的注记可分为名称注记和说明注记。

1. 名称注记

名称注记指用文字注明制图对象专有名称的注记。如居民地名称注记"塔子沟"、山峰名称注记"四角山"、河流名称注记"长熟塘"，等等。

2. 说明注记

说明注记分为文字注记和数字注记等两类。

文字注记是用文字说明制图对象的种类、性质或特征的注记，以补充符号的不足，当用符号还不足以区分具体内容时才使用。例如，说明海滩性质的注记"泥、沙、珊瑚"，等等。

数字注记是用数字说明制图对象数量特征的注记。例如，经纬度、地面高程、水深、路宽、桥长，等等。

5.6.3 地图注记的要素

地图注记的要素包括字体、字色、字号、字隔、字位和字向等，它们使地图注记具有某种符号性的意义。

（1）字体指地图上注记的字体。地图上使用的汉字字体主要有宋体及其变形体、等线体及其变形体、仿宋体、隶书、魏碑体及美术体等。地图注记的字体用于区分不同内容的要素。如水系注记用左斜宋体、山脉注记用耸肩等线体，如表 5-15 所示。

（2）字色指注记所用的颜色。与注记所表示的事物类别相联系。例如，居民地注记用黑色，河流注记用蓝色，行政区表面注记用红色。

（3）字号指注记字的大小。注记尺寸的大小与图形符号相对应，差别明显，图面清晰。字的大小要根据地图的用途、比例尺、图面载负量、阅读地图的可视距离等因素综合确定，如表 5-15 所示。

表 5-15　地图注记的字体

字体		式　　样	
宋　体	正宋	成都	居民地名称
	宋变	湖海　长江	水系名称
		山西　淮南	图名、区域名
		江苏　杭州	
等线体	粗中细	北京　开封　青州	居民地名称用细等线体说明
	等变	太行山脉	山脉名称
		珠穆朗玛峰	山峰名称
		北京市	区域名称
仿宋体		信阳县　周口镇	居民地名称
隶书		中国　建元	图名、区域名
魏碑体		涪陵旗	
美术体		台湾省图	名称

（4）字隔指相邻字间的空白距离。点状物使用小间隔注记；线状物采用较大间隔沿线状物注记，线很长时需要分段重复注记；面状物体根据所注面积大小变更间隔，如图 5-21 所示。

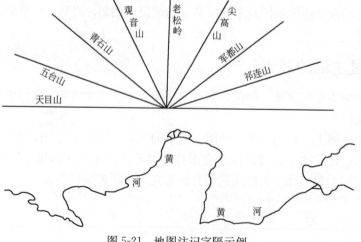

图 5-21　地图注记字隔示例

（5）字位指注记说明对象所安放的位置。字位的选择应注意几点。①能确切说明被注物体，与附近的注记或其他要素不发生混淆，如图 5-22 所示。②字位选择适应读者的习惯，例如居民地和独立符号的名称注记，其字体可按图 5-23 所指的顺序进行注记。③注记不压盖重要地物或地貌；不压盖地形特征变化处，如河流、山脊等。④注记离被说明要素不能太近，一般不小于 0.2 mm。当然，离被注要素不能太远，一般不超过半个字大。

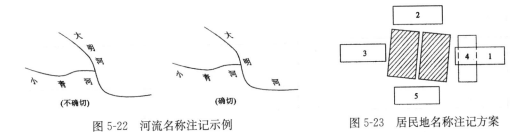

图 5-22　河流名称注记示例　　　　　图 5-23　居民地名称注记方案

（6）字向指注记字头所朝方向。大部分注记字头均朝北。但也有公路的注记，河流的河宽与水深、底质、流速注记、等高线的高程注记等，是随被注符号的方向变化而变化的，如图 5-24 所示。

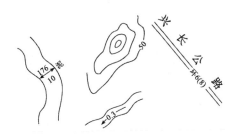

图 5-24　随符号方向确定方向

系统地利用字体类型、大小、字隔、字向和颜色，使地图注记成为空间信息归类的手段。

5.6.4　地图注记配置的原则

注记配置指记的位置和排列方式。地图注记的配置一般应遵循以下原则。

（1）注记位置应能明确说明所显示的对象，不产生异义。

（2）注记的配置应能反映所显示对象的空间分布特征（集群式、散列式、沿特定方向）。

（3）地图注记不应压盖地图要素的重要特征处。

注记的排列方式有如下四种（见图 5-25）。

① 水平字列。这是一种字中心连线平行于南北图廓（在小比例尺地图上也常用平行于纬线）的排列方式。地图上的点状物体名称注记大多使用这种排列方式。

② 垂直字列。这是一种字中心连线垂直于南北图廓的排列方式。少数用水平字列不好配置的点状物体的名称，从南北向的线状、面状物体的名称，可用这种排列方式。

③ 雁形字列。各字中心连线在一条直线上，字向直立或垂直于中心连线，通常应拉开间隔。字中心连线的方位角在 ±45° 之间，字序从上往下排，否则就要从左向右排。

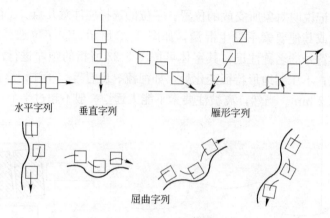

图 5-25　地图注记的排列方式

④ 屈曲字列。各字中心连线是一条自然弯曲的曲线，该曲线同被注记的线状对象平行。其中的字不应直立，而是随物体走向而改变方向。字序排列方式同雁形字列；当字序从上往下排时，字的纵向平行于线状物体；当字序从左往右排时，字的横向平行于线状物体。

5.6.5　地图注记的配置方法

1. 点状要素

对于点状物体或不依比例尺表示的面积很小的物体（如小湖泊、小岛等），多用水平字列配置注记的优先顺序。位于河流或境界线一侧的点状地物的名称应配置在同一侧。海洋和其他大水域岸线上的点状地物，一般应将地名完全水平配置。

2. 线状要素

对于线状的和伸长的地物（如河流、考察路线、海峡、山脉等），多用雁形字列或屈曲字列，其注记与符号平行或沿其轴线配置。如果线状要素很长，要沿要素多处重复注记，以便辨认。

3. 面状要素

对于面状地物或在地图上占据很大面积的制图对象，其注记（例如国家、海洋等的名称）配置在相应的面积内，沿该轮廓的主轴线配置，成雁形或屈曲字列，注记配置的空间要能使要素的范围一目了然。

5.7　地　　名

5.7.1　地名的概念

地名是历史和社会产物。或者说，地名是实用性很强的一种社会文化形态。一个人的姓名，通常不过百年就会名存实亡。一个地域的名称，则往往不是如此，它可能与其指代的地域并存几百几千年。地名（并非所有地名）具有的这种久存性，是任何人名、企事业名称所不能比拟的。

地名是具有指位性和社会性的个体地域实体的指称。例如，太行山、北京市、黄河、渤海、珠穆朗玛峰、汶川县、映秀镇、长安街、王府井等成千上万的地名，形式多样，指代的地域实体和范围各不相同，但都是个体地域实体的指称。所谓"指称"就是"用作指代地域实体的名称"。"指"除了"指代"外，还有"指令"的含义。因为地名受政权控制以来，它是归国家统一管理的，因此，具有"指令性"。

地名通常由通名和专名等两部分组成。例如，山东省、深圳市，"山东""深圳"属于专名，"省"和"市"属于通名。专名是指地名中专有的名称；通名是指那些说明地物、地貌特点的通用名称，如"山""河""市""县"等。

地名称呼不一致，译写没有统一规范，一地多名，给外交、地图、邮电、交通、军事、统计等各个方面带来很大不便，甚至造成不应有的错误。因此，地名标准化是当代社会政治、经济和科学技术发展的需要。随着现代化技术在各行各业的广泛应用，对地名标准化的需求也越来越迫切。尤其在编绘国外地区地图的时候，地名的汉译工作是很重要的一环。

随着计算机和数据库技术的应用，建立了各种地名数据库，存储地名的音、形、义、位、类等五大要素及与之有关的多种性质的信息，同时还存储每个地名对应的坐标，所在地图图幅编号等大量信息，不仅方便了查询，而且避免了相似地名的混淆，便于科学管理和综合分析具有空间内涵的地名数据，为规划、管理、决策和研究提供所需的信息。

总之，地名是社会广泛共享的基础信息，对地名进行科学、先进的存储与管理，是社会发展的迫切需要，同时使用地名数据库还可避免低水平重复劳动，提高效率，为信息共享创造条件。

5.7.2　地名与地图

地名是客观存在的地理实体的名称，地图是地理实体的图像，二者有着十分密切的关系。地名的精确位置，各地名间的相互关系，以及地名的形、位、音、义等特征在地图上都能直观地反映出来，使读者一目了然。人们在使用地图时，往往先查询地名再阅读其他要素，从而获得所需的内容，一幅没有地名的地图，将会阻碍地图信息的传输，甚至失去使用价值。

地图是传播和推广地名的重要工具。地图和书报相比，它能全面地、大量地、集中地显示地名，同时提供所标注目标的空间性质及相互关系，使读者容易记忆。绝大多数地名首先是由测绘工作者注记在地图上并将它固定下来的。由于地图的大量使用，这些地名得到广泛传播。

地图是地名工作的依据，是地名的载体，在从事地名调查和地名研究时都离不开地图。

5.7.3　地名的功能

地名的功能是指地名所具备的社会效能和历史效能。或者说，是指地名在社会生活领域和经济文化建设领域所发挥的作用。

由于地名是涉及语言、地理、历史、社会、文化、民族的高度综合的社会文化现象，因此，地名也表现为多向的功能。可以说，在人类生存的时空内，任何时候、地方及活动，人们都离不开地名。地名的功能在人类活动的时时刻刻、方方面面都清楚地显现出来。下面从四个方面具体加以阐述。

1. 地名的社会功能

地名的社会功能是指地名在人类的社会组织及社会活动中所起的作用。主要体现在如下七个方面。

（1）地名使人类生存的空间变得清晰分明，为人类的相互交往和有目的的各种活动创造了条件。

（2）地名是国家进行行政管理的工具。国家对全国领土的行政管理，在一定意义说是通过具有不同地名的各级政府机关和行政区域来实现的，可见地名是国家进行行政管理的重要工具。

（3）地名是组织重大社会活动的有效手段。各级行政建制和区划及其相应的地名，把整个社会划分为多层次的区域单位。以各级区域单位为单位正是组织某些重大社会活动的主要方式。例如，四年一届的奥林匹克运动会是以各个国家或地区为单位组成体育代表团参加的。

（4）人类社会中各种各样的交往活动离不开地名。人类社会中各种各样的交往活动，如国与国之间的政治、经济、文化交流，人与人之间的通信、走访、约会，都离不开运用地名。地名是人类进行社会交流必不可少的工具。

（5）地名在一定程度上体现了一个国家的社会制度及相应的政策。地名能体现一个国家的社会制度及相应的政策，因此，有些地名便带有鲜明的政治色彩。例如，内蒙古自治区首府呼和浩特，1954 年以前叫"归绥"；新疆维吾尔自治区的首府以前叫"迪化市"，1953 年改为乌鲁木齐市。

（6）地名能够刺激人们的心理和情绪，进而影响人们的抉择和行动。如孔子厌恶像"胜母""盗泉"这样的不孝不义的地名，不在"胜母"住宿，不喝"盗泉"的水。

（7）地名具有纪念前贤、启迪后人的作用。在外国，以领袖人物或其他知名人物的名字命名城镇、街道、山川、海岛等的地名，是一种较普遍的现象。在中华人民共和国成立以前，这种命名方式在我国也不乏其例，如将山西省辽县改名为"左权县"。

2. 地名的历史功能

地名的历史功能包括三方面的含义：其一，地名是历史的见证；其二，不同的地名反映不同的历史特征；其三，历史地名的特殊功能。

3. 地名的现代功能

地名与经济建设有着密切的联系，在经济活动中，商品贸易、物资流通、项目选址、信息沟通、无一能够离开地名。

地名又同精神文明建设息息相关。历史上遗留下来的有些带有封建性、庸俗性、民族歧视等不健康性质的地名，在精神文明建设中被更改、淘汰，代之以新的、进步的、健康的地名。

4. 地名的科学功能

随着社会科技、文化的发展，地名的科学价值正引起学术界的重视。地名学作为一门新的学科，蕴含着很高的科学价值。这主要体现在地名本身的科学性，它的概念、要素、分类、功能、演变、命名、更名、管理及起源和发展等诸方面都具有研究价值。地名也能为其他学科的研究提供线索，从而推动科学进步。

5.7.4 地名译写原则

在用汉字译写外国地名和国内少数民族语言的地名时，经常出现一名多译和译音不准的混乱现象。为了使地名译写尽可能趋于统一，在地名翻译工作中逐渐形成了一些共同的基本原则。

1. "名从主人"原则

译写地名应以该地名所在国的官方语言所确定的标准书写形式为准，不使用别国所赋予的名称，不间接地按别国出版的该区地图上的地名来翻译。

当一个国家是多民族、多语种的国家时，译名可按地名所在地区的语种的发音来翻译。例如瑞士，全国分为德、意、法等三个语区，就应分别按三种语言的发音来音译地名。

一个地点有两个以上的名称时，应以其主权国家（或当地）规定的名称为准，当地政府规定的名称与国际上通行的名称不同时，可采用正、副名称并存，以官方规定为正名，通用名为副名的办法。

有领土争议的地区，双方都有各自地名时，首先是根据我国政府的立场选注，当我国政府看法不明确时，同时用双方语言译写。

界河、界山和海峡等的地名，以及跨国家的河流、山脉等地名，一般按各国所用语言分别译写。

2. 专名以音译为主，意译为辅原则

专名以音译为主，如"Washington"译为华盛顿，"Pebble Lake"译为佩布尔湖。

具有历史意义的、国际上著名的，以数字、日期、人名命名的以及习惯意译的地名，其专名也用意译。例如，"Cape of Good Hope"译为好望角，"Prince George River"译为乔治王子河。

3. 地理通名以意译为主，音译为辅原则

地理通名有明确的含义，而且与地图上的符号有一定的对应性，要采用意译，以期简明清楚。

当地理通名已成为地名专名的一部分或自然通名已当成地名时，不再采用意译，而要采用音译，如"Capetown"译为"开普敦"。

当用汉字译写少数民族地区地名的通名时，因为单纯音译很少有人知道其意，而单纯意译又失去了原有地理通名的读音，当地人听不懂，所以常采用音译与意译重复使用的方法。如"雅鲁藏布江"，藏布就是藏语的江河的音译，再意译为江。

东南亚、南亚、蒙古等邻近国家的地名也采用音译意译重复使用的方法。例如，印度尼西亚山名"Gunung Kasihan"译为"古农嘎锡汉山"，其中"Gunung"是山的意思，音译为"古农"，再意译为"山"。

4. 地名形容词分别用意译与音译原则

地名形容词中形容专名的以意译为主，如"New Zealand"译为"新西兰"。

地名形容词中形容通名的采用音译，如"Great Island"是新西兰岛名，音译为"格里特岛"，不意译为"大岛"。

5. "约定俗成"原则

有些地名的译写虽然不够准确，但它们在社会上流传的时间很长，影响很大，实际上已成稳定的汉字译名。例如，印度尼西亚地名"Bandong"，华侨习惯译名为"万隆"，而不是音译为"班东"，"Müechen"译为"慕尼黑"，虽译音不准，还应本着"约定成俗"的原则不再改动。

5.7.5　地名译写的方法

地名译写指的是把地名从一种文字译成另一种文字的工作。在制图工作中经常遇到的情况有把国外的和国内其他民族的文字书写的地名译成汉字或汉语拼音字母书写的形式。

地名译写方法有音译法和意译法两种。音译法是寻求具有与原文最近似读音的汉字组成地名的方法。音译的优点是读音相近，用汉字读该地名时，当地人容易明白。由于世界上各种语言发音的复杂与差异，故用汉字音译外国地名时，仅能在音准上达到近似，且汉字译名有时过长，难以表达地名的含义。意译法是以原文的含义翻译地名的方法。意译法的优点是译名简短，词能达意。但由于世界上语种太多，地名含义不易搞清，意译法在地名译写时受到较大的限制。一个地名是采用意译法还是音译法，还是两种方法都用（联合用或重复用），要根据地名的特点来决定。

本 章 小 结

本章就地图语言进行了介绍，主要对地图语言组成的三部分——进行了分析。对地图符号主要就地图符号的概念、类别、功能、特征及其定位，地图符号的量表、地图符号的视觉变量及其视觉变量的感受效应，地图符号设计的基本要求、考虑的因素和步骤等进行了介绍；对地图色彩主要从色彩的度量方法、色彩的感受效应和象征性、地图色彩的要求、原则及选配等方面进行研究；对地图注记主要从注记的作用、类别、注记要素、注记原则和方法加以介绍。本章还对地名进行了分析，就地名的功能、译写原则和方法等问题进行了研究。

本章中色彩的象征性一定要能够用在日常生活，对地图的设色一定要牢记设色与本身地物色彩没有任何关系。

复习思考题

1. 什么是地图符号的量表？有哪几种基本量表？
2. 简述地图符号的分类。
3. 地图符号有哪些基本视觉变量？哪些视觉变量的扩展？
4. 地图符号如何定位？
5. 地图符号的实质和基本功能是什么？
6. 地图符号的视觉变量的效应有哪些？
7. 各种视觉变量与视觉感知效果之间关系如何？
8. 试述地图符号设计的基本原则和影响因素。
9. 简述色彩的感受效应和象征性。
10. 在地图上运用色彩起什么作用？
11. 地图上色彩有哪些习惯用法？
12. 地图上地图注记有哪几种排列方式？
13. 注记的作用与功能分别是什么？
14. 如何进行地名译写？应注意哪些问题？
15. 什么是地名？地名有何功能？

第6章　普通地图内容表示方法

大家所见的普通地图中，地物的表示有固定的表示方法，如在小比例尺地形图中低等级公路只表示为大路和小路，而且小路用虚线表示；省会居民地和县级居民地表示的方法不一样；对于不同类型的河流表示方法不一样，有的用实蓝线表示，有的用虚蓝线表示。这些问题其实就是普通地图内容如何表示的问题，也就是本章所要研究的内容。

6.1　普通地图的特征

6.1.1　普通地图的定义及其内容

普通地图是以相对平衡的详细程度表示地面各种自然要素和社会经济要素的地图。如水系、地貌、土质植被、居民地、交通线、境界线等。

普通地图的内容包括数学要素、地理要素和辅助要素等三大类。

6.1.2　普通地图的基本特征

普通地图除具有地图的基本特征（具有严密的数学基础、运用地图语言表示事物、实施科学的地图综合）外，还具有以下几个基本特征。

（1）普通地图主要表示制图区域中客观存在的自然和社会经济要素的一般特征。如，水系、地貌、土质植被、居民地、交通线、境界线等，不突出表示其中的某一种要素。

（2）普通地图具有严密的数学基础和高精度的可量测性。普通地图表示地图要素时，一方面，强调的是事物的定位特征，即什么东西在什么地方；另一方面，可以从地图上获取地面物体的大小、长短、方向、坡度、面积和距离等其他数据信息。

（3）普通地图是以描绘人类活动的可见环境为主，其表示内容时，大多采用图案化的符号，与实地物体图形具有相似性或者象征性。普通地图符号的图形特征具有象形和会意的特点。普通地图中符号的尺寸大多与地图比例尺成比例。普通地图符号在地图上的位置通常代表实地物体的真实位置，从而使地图具有准确的可量测性。

（4）印色的习惯特性。普通地图的印色具有习惯性，特别是我国大比例尺地形图一直采用四色印刷。黑色表示人工物体，如居民地、道路、境界、管线等；蓝色表示水系要素，如江、河、湖、海、井、泉等；棕色表示地貌与土质，如等高线、各种地貌符号等；绿色表示大面积植被，如森林、竹林、果园等。

6.2　独立地物表示方法

1. 定义

实地形体较小、无法按比例表示的一些地物，统称为独立地物。

2. 表示内容

地图上表示的独立地物主要包括工业、农业、历史文化、地形等方面的标志。在 1：2.5万～1：10 万地形图上独立地物表示较为详细，如表 6-1 所示。随着地图比例尺的缩小，表示的内容逐渐减少，在小比例尺地图上，主要以表示历史文化方面的独立地物为主。

表 6-1　独立地物的表示内容

工业标志	烟囱，石油井，盐井，天然气井，油库，煤气库，发电厂，变电所，无线电杆、塔，矿井，露天矿，采掘场，窖
农业标志	水库，风车，水轮泵，饲养场，打谷场，贮藏室
历史文化标志	革命烈士纪念碑、像，彩门，牌坊，气象台，站，钟楼、鼓楼、城楼，古关寨，亭，庙，古塔，碑及其他类似物体，独立大坟，坟地
地形方面的标志	独立石，土堆，土坑
其他标志	旧碉堡，旧地堡，水塔，塔形建筑物

3. 表示方法

由于独立地物实地形体较小，无法以真形表示，所以大都是用侧视的象形符号来表示。图 6-1 是我国 1：2.5万～1：10 万地形图上独立符号的示例。

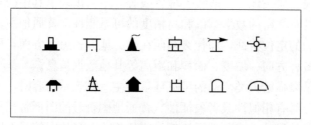

图 6-1　我国地形图上独立符号的示例

在地形图上，独立地物符号必须精确地表示地物位置，所以符号都规定了其主点，便于定位。当独立地物符号与其绘制位置有冲突时，一般保持独立地物符号位置的准确，其他物体移位绘出。街区中的独立地物符号，一般可以中断街道线，街区留空绘出。

6.3　自然地理要素表示方法

在普通地图上主要的自然地理要素有地貌、水系和土质与植被。本节就这三种要素的表示进行研究。

6.3.1　地貌表示方法

地貌是普通地图上最主要的要素之一，它与水系一起，构成地图上其他要素的自然基础，影响着其他要素的地理分布。从地貌本身固有特点来看，地貌是地球表面的起伏形态，是地表的外貌。作为地表形态这一客观实体，它是一种立体的形态。即相对于二维平面来说，它是一种三维空间的物体形态。这正是要重新塑造、再现地貌这一客观实体时首先要解决的问题。

1. 地图上表示地貌的目的

把实地三维空间的地貌通过制图手段模拟再现在二维地图平面上，为了满足用图的要求，地图上表示地貌必须达到的目标如下。

（1）反映地貌形态特征。要便于清楚地识别各种地貌类型、形态特征、分布规律和相互关系。如黄土地貌、河流地貌、冰川地貌等。

（2）具有可量测性。要便于判断地面的坡向、坡度和量测其坡度，可以确定地面上任意一地面点的高程，能计算和量测其面积和体积等。

（3）显示出立体感。

2. 基本地貌表示方法

1）写景法

写景法也叫"透视法"，是以绘画写景的形式表示地貌起伏和分布位置的地貌表示法。虽然写景法表示地貌有一定的立体效果，且一目了然，易绘易懂，便于复制，但因其缺乏一定的数学基础，且画法具有随意性，因此，地形图上已不再采用这种方法了。图 6-2 是西欧地图上的地貌写景图。

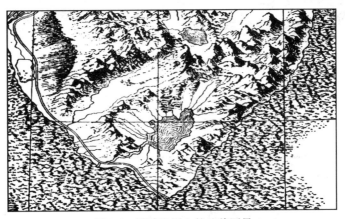

图 6-2　西欧地图上的地貌写景

然而，随着科学技术的进步，一种建立在等高线图形基础上的现代地貌写景法又有了很大的改进和发展。绘图者根据等高线用素描的手法塑造地貌形态，是一种简便的方法（见图 6-3），但需要一定的技巧。根据等高线图作密集而平行的地形剖面，然后按一定的方法叠加，获得由剖面线构成的写景图骨架，经过艺术加工也可制成地貌写景图。图 6-4 分别为剖面按正位叠加、斜位叠加及经过透视处理后叠加而成的地貌写景图示例。电子计算机应用于制图，为绘制立体写景图创造了有利的条件。根据 DEM 自动绘制连续而密集的平行剖面变得十分方便。图 6-5 为自动绘图仪绘制的由一组平行剖面和两组平行剖面所构成的立体写景图。

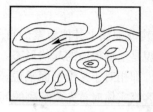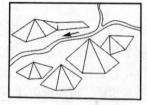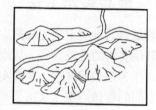

图 6-3　根据等高线素描的地貌写景

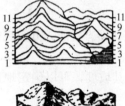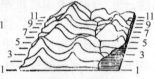

图 6-4　由剖面叠加所成的地貌写景

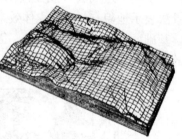

图 6-5　自动绘图仪绘制的立体写景

2）地貌晕滃法

地貌晕滃法，是沿地面斜坡方向布置晕线（粗细、长短不同的短线的排列）以反映地貌起伏和分布范围的一种方法，如图 6-6 所示，出现在 17 世纪中叶。

图 6-6　晕滃法表示的地貌示例

晕滃法优于写景法，在于其能较好地反映山地范围，但依据晕线不能准确确定地面的高程，测定坡度；图面遮盖太大，干扰其他要素；绘制困难，工作量大，需要很高的技艺和很多时间，所以未得到进一步推广，已被晕渲法所代替。

3）地貌晕渲法

地貌晕渲法是把光影在地面上的分布规律进行归纳总结，在地图平面上用不同色调（墨色和彩色）的浓淡表示全部光影变化，获得图上地貌的起伏立体感的方法。其实质就是光影立体效果在地图上的应用。由于晕渲法的阴影浓淡变化的黑度值是可以计算的，所以计算机自动地貌晕渲技术得到了迅速发展。

晕渲的表现形式如下。

（1）按照三种光照原则，晕渲可分为直照晕渲、斜照晕渲和综合光照晕渲，它们分别适用于不同高差对比的山体（见图 6-7）。

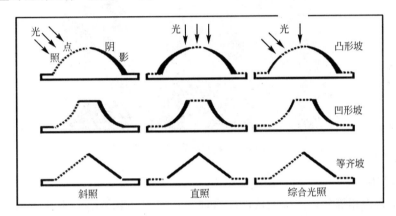

图 6-7　三种不同光照的晕渲

① 直照晕渲。假设光源位于天顶，光线垂直射到地面，由于地面各部分的坡度不同，其受光量也各异。在直照光源下，坡度越陡，阴影越暗。

② 斜照晕渲。斜照晕渲的光影黑度值是可以依地面坡度和坡向计算出来的，其基本原理可总结为：迎光面越陡越亮，背光面越陡越暗，阴暗随坡向而改变，平地也有淡影三分，这也是计算机自动斜照晕渲的基础（见图 6-8）。

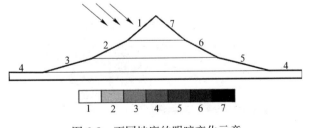

图 6-8　不同坡度的明暗变化示意

③ 综合光照晕渲。该方法是直照晕渲和斜照晕渲相结合的一种方法。以斜照晕渲为主，显示地貌的立体效果；以直照晕渲为辅，补充斜照晕渲的不易表达之处，如深河谷、陡坡等。

（2）按照晕渲表现地貌的详细程度划分，晕渲可分为全晕渲和半晕渲。

晕渲法的特点是技法易掌握，图面立体效果好，与等高线法配合使用，地貌不仅富有立体感，而且可进行精确显示，如图 6-9 所示。但渲绘和印刷的质量稍差时，立体感就会降低。晕渲法是目前在地图上产生地貌立体效果的主要方法，应用较广。

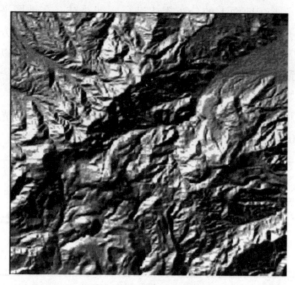

图 6-9　晕渲法表示的地貌

4）等高线法

等高线是高程相等各点连接而成的闭合曲线，如图 6-10 所示。用等高线来表现地面起伏形态的方法，称为等高线法。

等高线法的基本特点就在于它具有明确的数量概念，可以从地图上获取地貌的各项数据；可以用来反映地面的起伏形态和切割程度，使得每种地貌类型都具有独特的等高线图形。

等高线的基本特点如下。①位于同一条等高线上的各点高程相等。②等高线是封闭连续的曲线。③等高线图形与实地保持几何相似关系。④在等高距相同的情况下，等高线越密，坡度越陡；等高线越稀，坡度越缓。

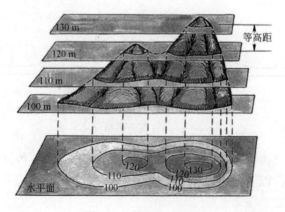

图 6-10　等高线的示意

等高距是地形图上相邻两等高线间的高程之差。

地形图上的等高线有三项基本规定：一是同一幅地形图上采用同一个等高距，称为基本等高距，以有利于地势高低的对比；二是每根等高线的高程为基本等高距的整数倍，等高线的高程顺序必须从 0 m 起算；三是在地势陡峻、高差很大地段，等高线十分密集时可以只绘计曲线或合并两条计曲线间的首曲线。在大、中比例尺地形图上等高距是固定的，如表 6-2 和表 6-3 所示，根据等高线的疏密可以判断地形的变化情况。

表 6-2　各种不同比例尺地形图的等高距（一）　　　单位：m

比例尺	平原	丘陵	山地	高山
1∶500	0.5	0.5	0.5 或 1.0	1.0
1∶1 000	0.5	0.5 或 1.0	1.0	1.0 或 2.0
1∶2 000	1.0	1.0	2.0	2.0
1∶5 000	2	5	5	5

表 6-3　各种不同比例尺地形图的等高距（二）　　　单位：m

比例尺	平原—低山区	高山区
1∶10 000	2.5	5
1∶25 000	5	10
1∶50 000	10	20
1∶100 000	20	40
1∶250 000	50	100
1∶500 000	100	200

等高线平距是指相邻等高线在水平面上的垂直距离。

示坡线是指垂直于等高线而指向下坡的短线。

地形图上的等高线分为首曲线、计曲线、间曲线和助曲线等四种（见图 6-11）。

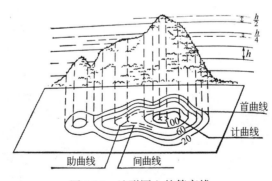

图 6-11　地形图上的等高线

① 首曲线。基本等高线，按基本等高距由零点起算测绘的等高线，用细棕色实线表示。

② 计曲线。加粗等高线，为计算高程方便而加粗描绘的等高线，用粗棕色实线表示。

③ 间曲线。半距等高线，相邻两条基本等高线之间测绘的等高线，用以反映重要局部形态，用棕色长虚线表示。

④ 助曲线。辅助等高线，任意高度上测绘的等高线，表示重要微小形态，用棕色短虚线表示。

等高线符号一般多用棕色表示。

等高线法的不足之处有：其一，缺乏视觉上的立体效果；其二，两等高线间的微地形无法表示，需用地貌符号和地貌注记予以配合和补充。为了增强等高线表示法的立体效果，人们做了大量的探讨和研究，归纳起来有两种做法：①采用其他辅助方法与之配合，以弥补等高线表示法立体效果较差的缺陷；②是在等高线本身上下功夫，如采用粗细等高线（见图 6-12）和明暗等高线（见图 6-13）的手段来增强其立体效果。

图 6-12　粗细等高线

图 6-13　明暗等高线

5）地貌分层设色法

地貌分层设色法是以等高线为基础，在等高线所限定的高程梯级内，设以有规律的颜色，表示陆地的高低和海洋深浅的方法，如图 6-14 所示。它能明显地区分地貌高程带；利用色彩的立体特性，产生一定的立体感；减少变距高度表示错觉的影响。从某种意义上讲，此法是对由等高线所圈定的高程带的一种增强视觉立体感方法。在小比例尺地图上应用更为有效一些。

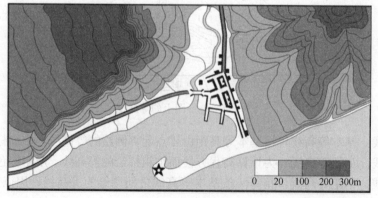

0　20　100　200　300m

图 6-14　分层设色法

　　这种方法加强了高程分布的直观印象，更容易判读地势状况，特别是有了色彩的正确配合，使地图增强了立体感。不难看出，构成分层设色的基本因素有两个：一是合理地选择等高线，二是正确利用色彩的立体特性，即设计出一个好的色层表。

　　分层设色法在设色时要考虑地貌表示的直观性、连续性和自然感等原则，如以目前普遍采用的绿褐色系列为例，平原用绿色，丘陵用黄色，山地用褐色；在平原中又以深绿、绿、浅绿等三种浓淡不同的绿色调显示平原上的高度变化；高山（5 000 m 以上）为白色或紫色；海洋部分采用浅蓝到深蓝，海水越深，色调越浓。这种设色系列把色相与色调结合起来，层次丰富，能引起人对自然界色彩的联想，效果较好。常用的色层表有：适应自然环境色表、相似光谱色表和不同色值递变色表。

　　由于分层设色法使地图图面上普染了底色，因此，底色上某些要素的色彩会发生变化或不够清晰，深色层面上的名称注记不易阅读。

　　3. 其他地貌表示方法

　　由于表示地貌的每一种方法都有其优缺点，因此，把上述方法组合起来表示地貌将会更有效。目前人们正在从事这方面的研究。

　　4. 地貌符号与地貌注记

　　地貌符号与地貌注记作为等高线显示地貌的辅助方法而被广泛地应用于地图上。

　　1) 地貌符号

　　地表是一个连续而完整的表面。等高线法是一种不连续的分级法，用等高线表示地貌时，仍有许多小地貌无法表示，或受地图比例尺的限制，需用地貌符号予以补充表示。这些微小地貌形态可归纳为独立微地貌、激变地貌和区域微地貌等。

　　① 独立微地貌是指微小且独立分布的地貌形态。如坑穴、土堆、溶斗、独立峰、隘口、火山口、山洞等。

　　② 激变地貌是指较小范围内产生急剧变化的地貌形态。如冲沟、陡崖、冰陡崖、陡石山、崩崖、滑坡等。

　　③ 区域微地貌是指实地上高差较小但成片分布的地貌形态。如小草丘、残丘等，或仅表明地面性质和状况的地貌形态，如沙地、石块地、龟裂地等。

　　表 6-4 是普通地图上常用的地貌符号示例。

　　2) 地貌注记

　　地貌注记分为高程注记、说明注记和地貌名称注记。

　　高程注记包括高程点注记和等高线高程注记。高程点注记用来表示等高线不能显示的山头、凹地等，以加强等高线的量读性能。等高线高程注记则是为了迅速判明等高线高程而加注的，应选择在平直斜坡，以便于阅读的方位注出。

　　说明注记说明物体的比高、宽度、性质等，按图式规定与符号配合使用。

　　地貌名称注记包括山峰、山脉注记等。山峰名称多与高程注记配合注出。山脉名称沿山脊中心线注出，过长的山脉应重复注出其名称。

表 6-4　普通地图上常用的地貌符号示例

符号类型		大比例尺地形图	其他地形图	小比例尺地形图
一般的地貌	低山陡陡冲崩滑 地洞山石 山崖沟崖坡		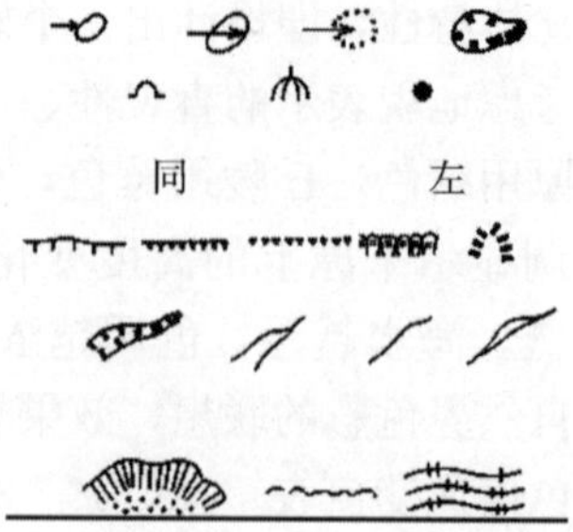 同　　左	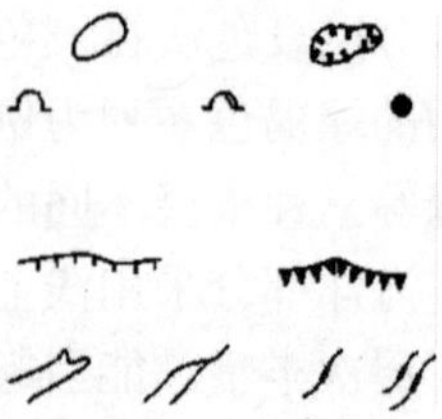
岩溶地貌	岩溶　峰斗	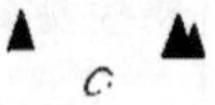		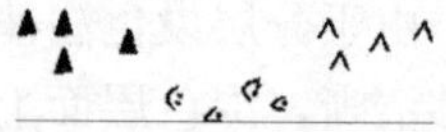
火山地貌	火　山 火山口 岩墙（脉） 熔岩流	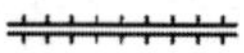	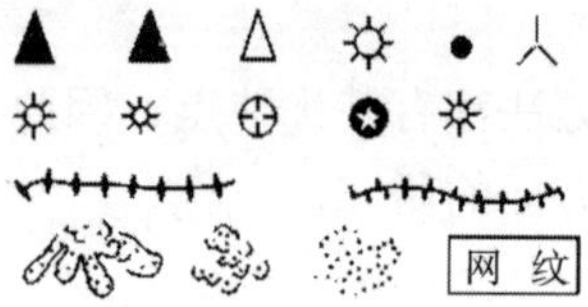 网纹	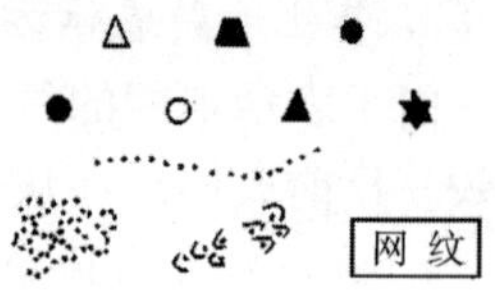 网纹
沙地地貌	平沙地 多小丘沙地 波状沙地 多垄沙地 窝状沙地 沙砾地 戈壁滩	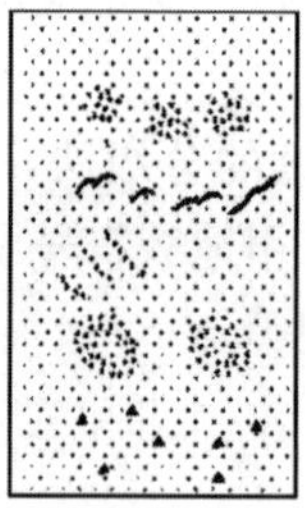	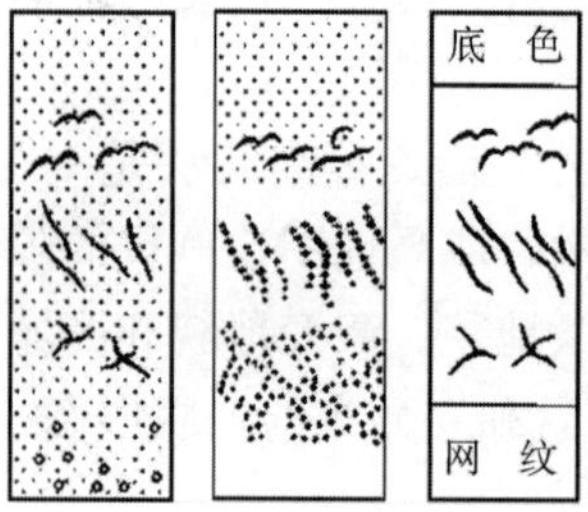 底色 网纹	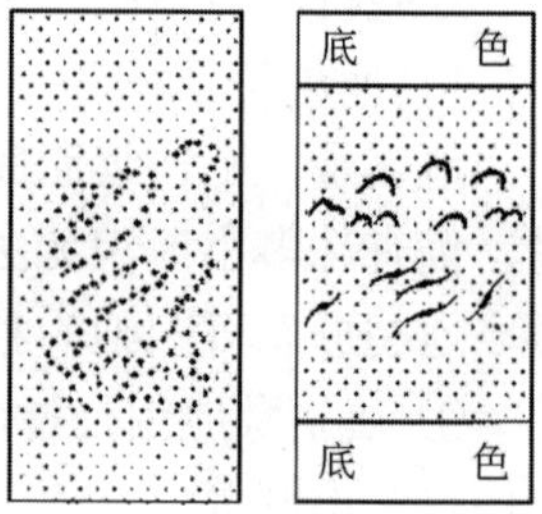 底色 底色
冰雪地貌（蓝色）	粒雪原 冰缝崖 裂陡川 冰冰碛 冰塔 冰		粒雪原 冰塔川 冰碛 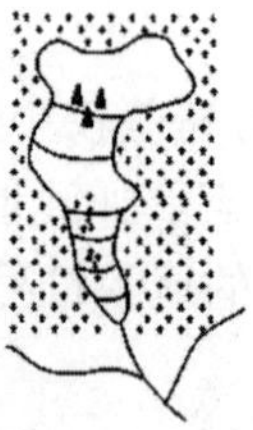 冰	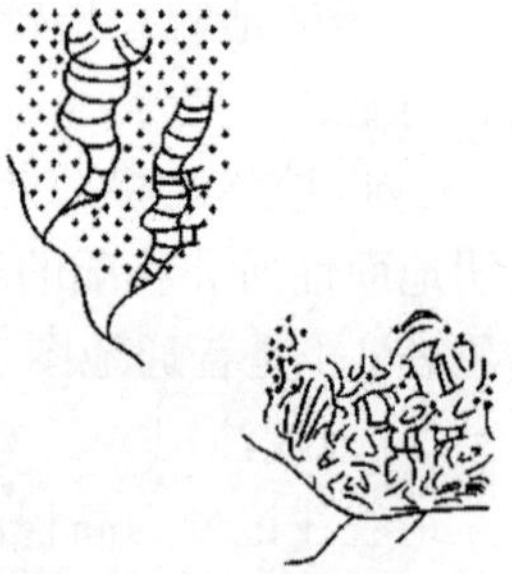

5. 地貌表示方法的发展

　　随着人们对地貌表示的需求增加和科学技术及测绘技术的发展，地貌表示经历了由传统纸质二维平面表示到基于数字地面模型的计算机辅助地貌的表示。随着战场数字化建设对地貌信息保障提出的新要求和计算机图形图像技术、可视化技术的引入，地貌表示又进入到数字地貌虚拟表示这个崭新的阶段。

　　二维数字立体地貌的立体感是利用能产生心理立体视觉的透视方法或晕渲方法产生的，不具有真三维立体感。而在虚拟现实技术和三维图形技术的支撑下，所表示的地貌具有生理立体视觉感，其地貌表示更加生动、逼真、形象。地貌虚拟表示是一种利用计算机技术和可视化技术，将数字化的地貌信息用计算机图形方式再现，加以双眼立体观察设备（头盔、数据手套等），使地貌具有"临场感、真三维立体感"。

地貌虚拟表示广泛地应用于工程建设、战场数字化建设等领域。

6.3.2　水系表示方法

水系是地理环境中最基本的要素之一，它对自然环境及社会经济活动有很大影响。水系对地貌的发育、土壤的形成、植被的分布和气候的变化等都有不同程度的影响，对居民地、道路的分布、工农业生产的配置等也有极大的影响。在军事上，水系物体通常可作为防守的屏障、进攻的障碍，也是空中和地面判定方位的重要目标。因此，水系在地图上的表示具有重要的意义。

1. 海洋要素表示方法

普通地图上表示的海洋要素主要是海岸、海底地形，以及冰界、洋流、航行标志等。作为地图，表示的重点是海岸线及海底地形。

1）海岸的表示

（1）海岸的结构。海水不停地升降，海水和陆地相互作用的具有一定宽度的海边狭长地带称为海岸。海岸系由岸上地带、潮浸地带（干出滩）、沿海地带等三部分组成。

（2）海岸表示方法。沿岸地带和潮浸地带的分界线即为海岸线的位置，它是多年大潮的高潮位所形成的海陆分界线，地图上通常都是以蓝色实线表示；低潮线一般用点线概略绘出，其位置与干出滩的边缘大抵重合。潮浸地带上各类干出滩是地形图表示的重点。它对说明海岸性质、通航情况和登陆条件等很有意义。地形图上都是在相应范围内填绘各种符号表示其分布范围和性质。海岸线以上的沿岸地带、主要通过等高线或地貌符号显示，只有无滩陡岸才和海岸线一起表示。沿海地带重点是表示该区域范围内的岛礁和海底地形。图 6-15 是海岸在地形图上的表示法。

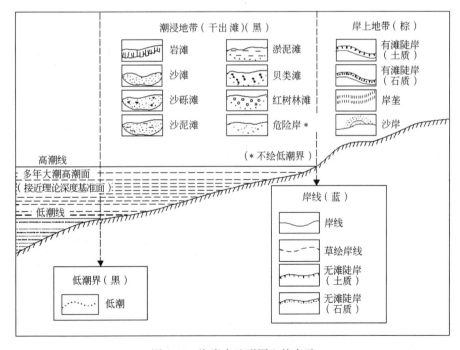

图 6-15　海岸在地形图上的表示

2）海底地形表示方法

海底地形的基本轮廓可以分为三大基本单元，即大陆架（大陆棚）、大陆坡（大陆斜坡）、大洋底。它们通常是通过水深注记、等深线加分层设色表示。三个基本单元的深度，大陆架一般为 0～200 m，大陆坡一般为 200～2 500 m，大洋底一般为 2 500～6 000 m。海洋水深的起算面与陆地高程的计算方法不同，不是采用平均海平面来计算，而是根据长期验潮数据求算出来的理论上可能最低的潮位面，即所谓的将理论深度基准面作为计算海深的基准面。

海底地貌可以用水深注记、等深线、分层设色和晕渲法等方法来表示。

水深注记是水深点深度注记的简称，许多资料上还称水深。它类似于陆地上的高程点。海图上的水深注记有一定的规则，普通地图上也多引用。例如，水深点不标点位，而是用注记整数值的几何中心来代替；可靠的、新测的水深点用斜体字注出；不可靠的、旧资料的水深点用正体字注出；不足整米的小数位用较小的字注于整数后面偏下的位置，中间不用小数点，例如，23₅ 表示水深 23.5 m。

等深线是从深度基准面起算的等深点的连线。等深线的形式有两种：一种是类似于境界的点线符号，另一种是通常所见的细实线符号。图 6-16 是我国海图上所用的等深线符号式样。

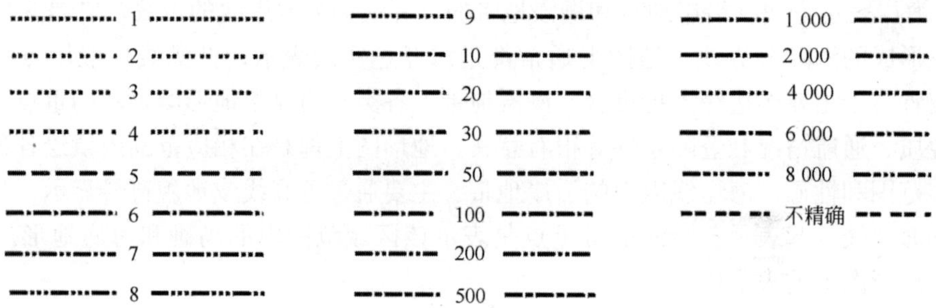

图 6-16　我国海图上的等深线符号

分层设色是与等深线表示法联系在一起的。它是在等深线的基础上采用每相邻两根等深线（或几根等深线）之间加绘（印）颜色来表示海底地貌的起伏。通常都是用不同深浅的蓝色来区分各层，且随着水深的加大，蓝色逐渐加深。

2. 陆地水系表示方法

陆地水系是指一定流域范围内，由地表大大小小的水体，如河流的干流、若干级支流及流域内的湖泊、水库、池塘、井泉等构成的脉络相适的系统。

陆地水系主要包括：河流、湖泊、水库及池塘，点状水系符号、水系附属物和水系注记等。

1）河流的表示

在普通地图上表示河流，必须弄清区域的自然地理特征及河流的类型，才能使水系的图形概括科学、合理。在表现方法上，以蓝色线状符号的轴线表示河流的位置及长度，以线状符号的粗细表示河流的上游与下游、主流与支流的关系。与河流相联系的还有运河和干渠，在地理图上一般只以蓝色的单实线表示。

（1）河流的表示要求。地图上通常要求表示河流大小（长度、宽度）、形状和水流状况。

当河流较宽或地图比例尺较大时，只要用蓝色水涯线符号正确地描绘河流的两条岸线，其水部多用与岸线同色的网点（或网线）表示，就大体上能满足这些要求。河流的岸线是指常水位（一年中大部分时间的平稳水位）所形成的岸线（制图上称水涯线），如果雨季的高水位与常水位相差很大，在大比例尺地图上还要求同时用棕色虚线表示高水位岸线。

　　由于地图比例尺的关系，地图上大多数河流只能用单线表示。用单线表示河流时，通常用 0.1～0.4 mm 的粗线表示。符号由细到粗自然过渡，可以反映出河流的流向和形状，区分出主支流，同时配以注记还可表明河流的宽度、深度和质底。根据绘图的可能，一般规定图上单线河线条粗于 0.4 mm 时，就可用双线表示。单双线河相应于实地河宽，如表 6-5 所示。

表 6-5　单双线河相应于实地河宽

图上线型	比例尺					
	1：2.5 万	1：5 万	1：10 万	1：25 万	1：50 万	1：100 万
0.1～0.4 mm 单线	10 m 以下	20 m 以下	40 m 以下	100 m 以下	200 m 以下	400 m 以下
双　　线	10 m 以上	20 m 以上	40 m 以上	100 m 以上	200 m 以上	400 m 以上

　　为了与单线河衔接及美观的需要，往往用 0.4 mm 的不依比例尺双线符号过渡到依比例尺的双线符号表示。小比例尺地图上，河流有两种表示方法：一是采用不依比例尺单线符号配合不依比例尺双线和依比例尺双线符号表示（见图 6-17），二是采用不依比例尺单线配合真形单线河符号表示（见图 6-18）。

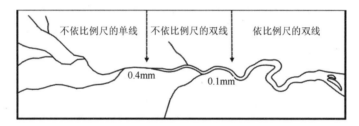

图 6-17　河流符号

图 6-18　真形单线河符号

　　（2）常见的几种河流的表示。时令河又称间歇河，系季节性有水或断续有水的河流，即雨季有水，旱季无水的河流，地图上以蓝色虚线表示。常年河又称常流河或常水河，系常年有水的河流。此类河流占大多数，地图上以蓝色线表示河岸线或水体。消失河段，系河流流经沼泽、沙地或沙砾地时河床不明显或地表流水消失的河段。一般多见于山前冲积、冲积扇和沼泽地区，地图上用蓝色点线表示。干河床属于一种地貌形态，用棕色虚线符号表示。

　　2）运河及沟渠的表示

　　运河及沟渠在地图上都是用平行双线（水部浅蓝）或等粗的实线表示，并根据地图比例尺和实地宽度分级使用不同粗细的线状符号。

3）湖泊的表示

湖泊是水系中的重要组成部分，它不仅能反映环境的水资源及湿润状况，同时还能反映区域的景观特征及环境演变的进程和发展方向，如表 6-6 所示。在地图上，湖泊是以蓝色实线或虚线为轮廓，再配以蓝、紫不同颜色加以表示的。通常用实线表示常年积水的湖泊，用虚线表示季节性出现的时令湖。湖泊的水质，可用不同颜色加以区分。

表 6-6　湖泊的表示

湖水的性质			湖泊的固定性质	
淡水湖	咸水湖	盐湖	固定	不固定
浅蓝	浅紫 粉红	深紫		（5～10） 有水月份

4）水库的表示

水库是为饮水、灌溉、防洪、发电、航运等需要建造的人工湖泊。由于它是在山谷、河谷的适当位置，按一定高程筑坝截流而成的，因此，在地图上表示时，一定要与地形的等高线形状相适应。在地图上能用真形表示的，则用蓝色水涯线表示，并标明坝址；对不能依比例尺表示的，则用符号表示，如表 6-7 所示。

表 6-7　地图上常见的水库符号

依　比　例　尺	不依比例尺
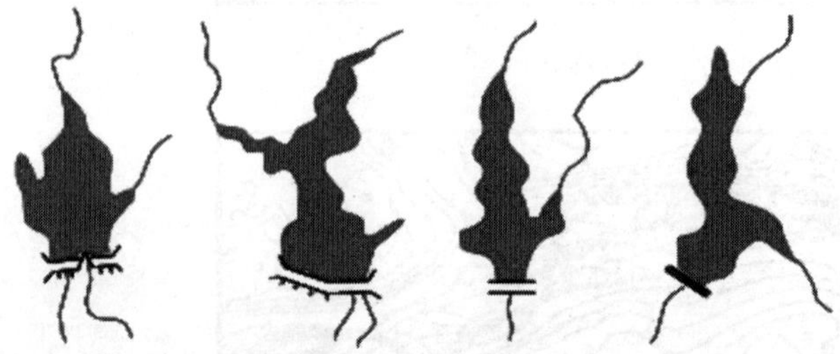	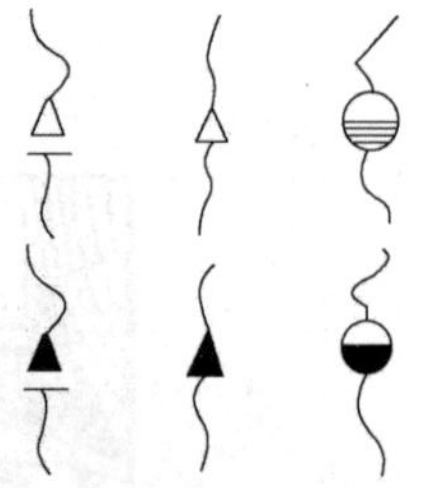

5）井泉的表示

井泉虽小，但它却有不容忽视的存在价值。在干旱区域、特殊区域（如风景旅游区）地图上，用点状符号加以表示。

6）水系注记

地图上需要注出名称的水系物体有：海洋、海峡、海湾、岛屿、湖泊、江河、水库等。

6.3.3　土质和植被表示方法

土质泛指地表覆盖层的表面性质；植被指地表植物覆盖的简称。土质和植被是一种面状分布的物体。地形图上常用地类界、说明符号、底色和说明注记相配合来表示。

地类界是指不同类别的地面覆盖物的界线，通常图上用点线符号给出其分布范围；说明符号是指植被分布范围内用符号说明其种类和性质；底色是指在森林、幼林等植被分布范围内套印绿色底色（网点、网线或平色）；说明注记是指在大面积土质和植被范围内加注文字和数字注记（树种、平均树高等），以说明其质量和数量（见表 6-8）。

表 6-8　土质和植被的表示

地类界	加符号	加底色	加底色、符号	加底色、符号、注记

6.4　社会经济地理要素表示方法

在普通地图上主要的社会经济地理要素有交通网、居民地和境界线。本节就这三种要素的表示进行阐述。

6.4.1　交通网表示方法

交通网是各种交通运输线路的总称，它包括陆地交通、水路交通、空中交通和管线运输等几类。在地图上应正确表示交通网的类型和等级、位置和形状、通行程度和运输能力及与其他要素的关系等。

1. 陆地交通

地图上应表示铁路、公路和其他道路等三类。

1）铁路

在大比例尺地图上，要区分单线和复线铁路，普通铁路和窄轨铁路，普通牵引铁路和电气化铁路，现有铁路和修建中的铁路等；而在小比例尺地图上，铁路只区分为主要（干线）铁路和次要（支线）铁路等两类。

我国大、中比例尺地形图上，铁路皆用传统的黑白相间的所谓"花线"符号来表示。其他的一些技术指标，如单、双线用加辅助线来区分，标准轨和窄轨以符号的尺寸（主要是宽窄）来区分，已建成和未建成的铁路用不同符号来区分等。小比例尺地图上，铁路多采用黑色实线来表示。表 6-9 是我国地图上的铁路符号示例。

表 6-9　我国地图上的铁路符号

铁路类型	大比例尺地图	中小比例尺地图
单线铁路	（车站）	（车站）
复线铁路	（会让站）	
电气化铁路	电气	电
建设中的铁路		

2) 公路

普通地图上一般只表示公路和简易公路，表示内容有路面宽度、路面铺设情况及通行情况。地形图上公路以不同宽窄、粗细的双线表示，并配以色彩和说明注记，表明路面的质量和宽度。表 6-10 是 1∶2.5 万到 1∶10 万地形图上公路的表示示例。

表 6-10　新地形图图式中的公路符号

公路类型	1∶2.5 万、1∶5 万、1∶10 万地形图
汽车专用公路 　a　高速公路 　b　一级公路 　　二级公路 1——公路等级代号	a ══•══•══•══ b ═══════1═══ （套棕色）
一般公路 4——公路等级代号	════════4═══ （套棕色）
建设中的汽车专用公路	━ ━ ━ ━ ━ ━ （套棕色）
建设中的一般公路 4——公路等级代号	━ ━ ═4═ ━ ━ （套棕色）

3) 其他道路

公路以下的低级道路，包括大车路、乡村路、小路、时令路、无定路等在地形图上常用细实线或虚线表示（见表 6-11）。在小比例尺地图上，低级道路表示得更为简略，通常只分为大路和小路。

表 6-11　我国地图上低级道路的表示

低级道路类型	大比例尺地图	中比例尺地图	小比例尺地图
大车路	————————	————————	大　　路
乡村路	— — — — — —	— — — — — —	
小路	- - - - - - - - - -	- - - - - - - - - -	小　　路
时令路　无定路	···· ···· ···· ···· ········		- - - - - - - - - -

2. 水路交通

水路交通主要区分为内河航线和海洋航线两种。地图上常用短线（有的带箭头）表示河流通航的起始点。在小比例尺地图上，有时还标明定期和不定期通航河段，以区分河流航线的性质。

一般在小比例尺地图上才表示海洋航线。海洋航线常由港口和航线两种标志组成。港口只用符号表示其所在地，有时还根据货物的吞吐量区分其等级。航线多用蓝色虚线表示，分为近海航线和远洋航线。近海航线沿大陆边缘用弧线绘出，远洋航线常按两港口间的大圆航线方向绘出，但注意绕过岛礁等危险区。相邻图幅的同一航线方向要一致，要注出航线起讫点的名称和距离。当几条航线相距很近时，可合并绘出，但需加注不同起讫点的名称。

3. 空中交通

在普通地图上，空中交通是由图上表示的航空站体现出来的，一般不表示航空线。我国规定地图上不表示航空站和任何航空标志。国外地图一般都较详细表示。

4. 管线运输

管线运输主要包括管道和高压输电线两种。它是交通运输的另一种形式。管道运输有地面和地下两种。我国地形图上目前只对地面上的运输管道符号加说明注记来表示。

在大比例尺地图上，高压输电线是作为专门的电力运输标志，用线状符号加电压等说明注记来表示的。另外，作为交通网内容的通信线也是用线状符号来表示的，并同时表示出有方位的线杆。在比例尺小于 1∶25 万的地图上，一般都不表示这些内容。

6.4.2　居民地表示方法

居民地是人类由于社会生产和生活的需要而形成的居住和活动的场所。因此，一切社会人文现象无一不与居民地发生联系。居民地的内容非常丰富，但在普通地图上能表示的内容却非常有限。特别在地图上，主要表示居民地的位置、类型、人口数量和行政等级。

1. 居民地的位置

在地图比例尺允许的情况下，除有可能用简单的水平轮廓图形表示位置外，其余绝大多数居民地均概括地用图形符号表示具体位置。

2. 居民地的形状

居民地包括内部结构和外部轮廓，在普通地图上都尽可能地按比例尺描绘出居民地的真实形状。居民地的内部结构，主要依靠街道网图形、街区形状、水域、种植地、绿化地、空旷地等配合表示。其中街道网图形是显示居民地内部结构的主要内容（见表 6-12）。居民地的外部形状，也取决于街道网、街区和各种建筑物的分布范围。随着地图比例尺的缩小，有些较大的居民地（特别是城市式居民地）往往还可用概括的外围轮廓来表示其形状，而许多中小居民地就只能用圈形符号来表示了。

表 6-12　居民地内部结构和外部轮廓的表示

大比例尺地图上	中比例尺地图上	小比例尺地图上

3. 居民地人口数量

地图上表示居民地的人口数（绝对值或间隔分级指标），能够反映居民地的规模大小及经济发展状况。

居民地的人口数量通常是通过注记字体、字号或圈形符号的变化来表示的。在小比例尺地图上，绝大多数居民地用圈形符号表示，这时人口分级多以圈形符号和大小变化来表示，同时配合字号来区分。表 6-13 是表示居民地人口数的几种常用表示方法举例。

表 6-13　居民地人口数的几种常用表示方法举例

用注记区分人口数		用符号区分人口数	
城　镇	农　村		
北京 100万以上 长春 50万~100万 锦州 10万~50万 通化 5万~10万 海城 1万~5万 永陵 1万以下	沟帮子 茅家埠 } 2 000以上 南坪 成远 } 2 000以下	100万以上 50万~100万 10万~50万 5万~10万 1万~5万 1万以上	100万以上 30万~100万 10万~30万 2万~10万 5 000~2万 5 000以下

4. 居民地的类型

在我国地图上居民地只分为城镇居民地和乡村居民地两大类。城镇居民地包括城市、集镇、工矿小区、经济开发区等，乡村居民地包括村屯、农场、林场、牧区定居点等。不同的居民地类型在地理图上主要通过字体来区别。乡村居民点注记一律采用细等线体表示，城镇居民点注记基本都用中、粗等线体表示。但县、镇（乡）一级的居民点注记也有用宋体表示的。

5. 居民地的行政等级

我国居民点的行政等级分为：首都所在地，省、自治区、直辖市人民政府驻地，市、自治州、盟人民政府驻地，县、自治县、旗人民政府驻地，镇、乡人民政府驻地，村民委员会驻地等 6 级。居民点的行政等级一般均用居民点注记的字体、字号加以区分。

表 6-14 是我国地图上表示行政等级的几种常用方法举例。

表 6-14　表示行政等级的几种常用方法举例

行政等级	用注记区分		用符号及辅助线区分		
首　都	☐☐☐	等线	★（红）	★（红） （省辖市）	
省、自治区、直辖市	☐☐☐	等线	●☐☐☐（省）	◎　◎	
自治州、地、盟	☐☐☐	等线	●☐☐（地）	（辅助线）	⊙　☐
市	☐☐	等线			
县、旗自治县	☐☐☐	中等线	●☐☐	⊙	⊙
镇	☐☐☐	中等线			
乡	☐☐☐	宋体		⊙	
自　然　村	☐☐☐	细等线	○☐☐	○	○

6. 居民地建筑物质量特征

在大比例尺地形图上，由于地图比例尺大，可以详尽区分各种建筑物的质量特征。例如，可以区分表示出独立房屋、突出房屋、街区（主要建筑物）、破坏的房屋及街区、棚房等。新图式增加了 10 层楼以上高层建筑区的表示。表 6-15 是我国地形图上居民地建筑物质量特征的表示方法（左栏和右栏分别为前期地形图、新地形图上居民地的表示法）。

表 6-15　我国地形图上居民地建筑物质量特征的表示方法

独立房屋		不依比例尺 依比例尺	普通房层		不依比例尺 半依比例尺 依比例尺
突出房屋	不依比例尺 依比例尺	1：10 万 不区分		不依比例尺 依比例尺	1：10 万 不区分
街　　区	坚固 不坚固	1：10 万		a. 突出房屋 b. 高层建筑区	1：10 万
破坏的房屋 及街区	不依比例尺 依比例尺		同　　左		
棚　　房	不依比例尺 依比例尺		同　　左		

随着地图比例尺的缩小，表示建筑物质量特征的可能性随之减小。例如，在 1：10 万地形图上开始不区分街区的性质，在中小比例尺地形图上，居民地用套色或套网等方法或用圈形符号表示轮廓图形，当然更无法区分居民地建筑物的质量特征。

6.4.3　境界表示方法

在地图上，境界包括政治区划界和行政区划界。

政治区划界包括国与国之间的已定国界、未定国界及特殊的政治与军事分界。行政区划界是指一国之内的行政区划界。

注意，政治区划界和行政区划界，必须严格按照有关规定标定，清楚正确地表明其所属关系。陆地国界在图上必须连续绘出。当以山脊分水岭或其他地形线分界时，国界符号位置必须与地形地势协调。

当国界以河流中心线或主航道为界时，应该通过国界符号或文字注记明确归属关系。当河流能依比例尺用双线表示时，国界线符号应该表示在河流中心线或主航道上，可以间断绘出；当河流不能依比例尺用双线或单实线表示，或双线河符号内无法容纳国界符号时，可在河流两侧间断绘出。如果河流为两国共同所有，即河中无明确分界，也可以采用在河流两侧间断绘出国界符号。

行政区划界的表示原则同国界。境界线符号用不同规格、不同结构、不同颜色的点、线段在地图上表示（见表 6-16）。

在地图上应十分重视境界线描绘的正确性，以免引起各种领属的纠纷。尤其是国界线的描绘，更应慎重、精确，应严格执行国家相关的规定并经过有关部门的审批，才能出版发行。

表 6-16　表示境界的符号示例

对称性符号			方向性符号	
国　界	行政区界	其他界	一般界线	区域界

本 章 小 结

　　本章介绍了普通地图内容的表示方法，主要包括独立地物、地貌、水系、土质和植被、交通网、居民地和境界等的表示方法。一定要按重点地物表示方法的具体要求，如交通网要表示其等级和位置；河流要表示其大小、形状和水流状况。

　　本章内容需要与第 7 章结合起来学习，一定要进行比较。如普通地图的特征是相对专题地图而言的；同样是公路，在普通地图中与在专题地图中表示的要求是不一样的。

　　普通地图主要表示的是位置数据，而不是属性数据。

复习思考题

1. 简述普通地图的基本特征。
2. 地貌表示的基本方法有哪几种？叙述每种方法的优缺点。
3. 如何在地图上表示海岸？
4. 海洋中深度点的表示与陆地高程点的表示有什么不同？
5. 如何表示陆地上的河流？
6. 如何在地图上表示土质和植被？
7. 在普通地图上公路应表示哪些内容？
8. 在普通地图上如何表示居民地？
9. 叙述在普通地图上表示国界线时应掌握的原则。

第7章　专题地图内容表示方法

如果我们所见的地图表示的是无形现象，如气温、人口分布等，这些地图都是专题地图。大家会发现专题地图与普通地图的表达方式不一样，特别是在位置要求上差别很大；专题地图表示的地理现象比普通地图要少，而且表示方法比较特别，如图表、带有箭头的方向线等。这些差别也说明了专题地图的表达有其特定的表示方法。本章就对专题地图的表示进行研究。

7.1　专题地图的特征

专题地图是突出而较完备地表示一种或几种自然或社会经济现象，而使地图内容专门化的地图。它主要由地理基础底图和专题要素构成。地理基础底图用以显示制图要素的空间位置和区域地理背景，专题要素是专题地图上突出表示的主题内容。专题地图不同于普通地图，其内容和形式是多种多样的，侧重于表示某一方面的内容，强调其"个性"特征，拥有固定的使用对象。因此，它能满足科学研究、国民经济和国防建设等方面的各种专门用途的要求。

7.1.1　专题地图的基本特征

专题地图除具有地图的基本特征（具有严密的数学基础、运用地图语言表示事物、实施科学的地图综合）外，还具有以下几个基本特征。

（1）专题地图表示的内容专一，着重表示普通地图要素中的某一种或某几种要素，其他要素概略表示或根本不予表示。例如，政区图上详细表示居民地、交通线和境界线，择要表示水系，地貌、土质植被不予表示，或给予简略表示；地势图上详细表示地貌和水系，而社会经济要素则择要简略表示。

（2）专题地图的主要内容，大部分是普通地图上所没有的，以及在地面上不能直接观察到的，如人口密度、民族组成、环境污染、地磁分布、工农业产值；或存在于空间而无法直接进行量测的，如气候变迁；或者是不可重现的历史事件，如战役发展、历史变迁等。

（3）专题地图不仅可以表示现象的现状、分布规律及其相互联系，而且还能反映现象的动态变化与发展规律，包括运动的轨迹，运动的过程，质和量的增长及发展趋势等，如进出口贸易、人口迁移、经济预测、气候预测等。

（4）专题地图具有专门的符号和特殊的表示方法，可以通过地图符号的图形、颜色和尺寸等的变化，使专题要素突出于第一层平面，而地理底图要素则作为背景要素退居第二层平面。

（5）具备地理底图。专题地图由两部分组成：专题内容与地理底图。地理底图是以普通地图为基础，根据专题内容的需要重新编制的。专题内容不可能孤立地存在，必须依附于一定的地理基础。两者分别处于不同的层面，表现地图主题的专题内容以各种符号组成第一层面，地理底图则以较浅淡的色彩作为第二层面。两者在内容与形式上具有一定的内在联系。地理底图是专题地图不可分割的组成部分。

（6）图型丰富，图面配置多样。由于用途、目的及编制特点的不同，专题地图图型及图面配置的变化相当丰富。长期以来，地图设计与编制所形成的十余种对点、线、面状符号的表示方法，大部分由专题地图总结得出。在色彩运用上从地图的图名、图例、主图与副图、附图、附表及其他表现内容的配置关系上，专题地图比普通地图、特别是地形图更为复杂多变，留给编图设计人员更多的创造空间。

（7）新颖图种多，与相关学科的联系更密切。随着科学技术的发展，观测方法、观测手段的不断增加与更新，特别是地理信息系统中分析功能、决策功能的支持，各类空间信息扩展和视觉化的需求也日益增长。以我国专题地图的发展状况看，从20世纪五六十年代主要由专业普查（如地质、土壤等）、综合考察、自然区划等方面的专题地图编制，逐渐发展到人口、社会经济、自然资源、环境，乃至跨越地学界线的医学、教育等领域用图。编图所依据的数据源，很多就是有关学科的现场调查资料、统计数据及研究成果或结论。遥感图像也已成了专题地图十分重要的信息源。具体的图种也从总结、反映时空分布的一般规律，发展到预测预报、宏观决策等更深层次的功能。

7.1.2　专题地图的类型

现代专题地图的内容和形式多种多样，包括自然的、社会经济的及其他方面的，可以说是"包罗万象"。

专题地图的基本类型可以根据内容的专门性、内容的繁简程度，以及地图的用途、比例尺等标志进行分类，归纳如下。

1. 按内容的专门性分类

根据内容，专题地图可分四大类：表示自然现象主题的自然地图，表示社会经济现象主题的社会经济地图，反映环境状况的环境地图，其他专题地图。

专题地图按内容进行分类时，应根据图件所涉及学科、专业的特点及结构层次，将所编制的专题地图相对应地进行分组，这对于同一层次及不同层次的专题内容进行对比和应用分析，各类信息数据库的建立，进行地理信息系统中的叠置分析、多因子综合分析等都十分重要。

1）自然地图

自然地图是以各种自然要素为主题的地图，主要包括下列几种。

（1）大气现象地图（气象、气候图）。指反映气象、气候要素在空间、时间上变化的地图。如太阳辐射、气团、气旋、气温、降水、气压、风、云、日照、湿度、蒸发量、热量平衡、气候带、气候区划等专题地图。

（2）地质图。显示地壳表层的岩石分布、地层年代、地质构造、岩浆活动等地质现象的地图。如普通地质图，地层、构造、岩相图，第四纪古地理图，大地构造图，工程地质、水文地质图，火山及地震图，地球化学图，矿产图等。

（3）地势图。显示地形起伏特征的地图。如测高图、测深图、地形形态量测图、形态图、地貌图等。地形形态量测图又可分为地形的切割密度、切割深度、坡度等地图。

（4）水文图。显示海洋和陆地水文现象的地图。如洋流、潮汐、波浪、泥沙、水温、盐度、水系、径流、水力资源、水文区划等地图。

（5）地球物理图。表示各种地球物理现象的地图，如地震分布图、火山分布图、地磁图等。

（6）土壤图。反映各种土壤分布、形成、利用与改造的地图，如土壤类型图、土壤肥力图、土壤侵蚀图等。

（7）植被图。反映各种植被分布特征及生态、用途、变迁的地图，如植被类型图、植被区划图。

（8）动物地理图。反映动物的分布、生态、迁移、动物区系形成和发展的地图，如兽类、鸟类、鱼类、昆虫类等的分布图。

（9）综合自然地理图。主要指表示地理综合体的地图，如景观类型图、综合自然区划图等。

2）社会经济地图

社会经济类的专题地图涉及十分广泛。它所包括的主要类别有人口地图、经济地图、社会事业地图、政治行政区划地图及分别在区域及时间上有特殊意义的城市地图和历史地图等。

（1）人口地图。反映人口的分布、数量、组成、动态变化的地图，如人口分布图、人口组成图、人口密度图、人口自然增长率图等。在表达人口组成的地图中，又可分为年龄、性别、宗教、民族、职业构成等；人口分布中又可分为常住人口、流动人口等。

近年来，根据研究水平及在人类生活中的作用与地位，也有把人口地图从社会经济地图中分离，与自然、社会经济等并列而成第五大类的专题地图。

（2）经济地图。反映国民经济各部门的分布、结构及发展水平的地图。经济地图是社会经济，乃至整个专题地图中专题最为广泛的类型。主要包括资源地图、经济发展总体指标图、各经济部门的专题地图等大类。旅游作为国民经济的一个产业，因而旅游地图也成为经济地图的一个大类。资源地图包括劳动力、水、气候、矿产、土地等资源类型在数量、质量、分布及综合评价方面的专题地图；经济发展总体指标包括产业结构、国民生产总值、工资水平、经济发展波动性特征等专题内容。经济部门专题地图的分类十分繁多，包括工业、农业、商业、交通运输业、邮电通信业等类的专题地图，每一类又分为许多次一级的专题，仅以农业为例，就包括农（耕作）、林、牧、副、渔等几个主要类别。因此，经济地图在各个不同层次结构都有数量众多的地图或地图集成果。

（3）社会事业地图。反映教育、科学技术、医疗及卫生、体育、文化娱乐、广播电视、新闻及出版等部门的现状及发展的地图。社会事业各部门的地图常常是综合地图集中的重要组成部分，一般较少单独成图。近年来，为医疗、教育等部门编制了一些有影响的地图集。

（4）政治行政区划地图。表示各类区域（如世界、地区、国家及国内各级行政区）行政区划及政治地理行为的地图。

（5）历史地理图。反映人类社会发展的历史过程、历史事件的地图，如国家疆域的变迁，民族迁徙及民族史，自然环境演变及自然灾害，经济、文化、政治的重大事件及发展变化等专题。

（6）城市地图。作为政治、经济及各类社会事业的特殊区域，反映城市的沿革、现状及发展目标的地图。如城市结构图、城市游览图、城市发展规划图等。城市地图在国内外都已发展为一个较为独立的专题地图系列。

3）环境地图

人类对自身生存环境的重视，环境状况的变化趋势及对环境持续化发展的需求，使环境地图成为专题地图中的新型独立图种。

（1）环境背景条件地图。在编制环境系列图或地图集时，除主题内容外，选取与主题内容有关的自然与社会经济方面的背景条件所制作的地图。背景条件随不同的环境主题内容而有不同的选取。

（2）环境污染现状地图。包括污染源分布（如废气、废水等）、污染现状等方面的地图。

（3）环境质量评价及环境影响评价地图。环境质量评价是对环境质量优劣的定量描述，包括对大气、水、土壤、城市综合环境评价等内容；环境影响评价是针对区域开发活动对环境质量所产生的影响进行评价，通过地图的方式，全面研究环境各要素空间变化的规律，提出环境保护的各项防治、整治措施，以及具体的技术经济论证意见。

（4）环境预测及区划、规划地图。

（5）自然灾害地图。反映区域内各类自然灾害的分布、成因、危害程度、防治措施等方面的地图。自然灾害指地震、洪水、台风、冰雹、泥石流、风沙、森林火灾、病虫害等。

4）其他专题地图

指不能归属于上述类型的，而适用于某种特种用途的专题地图，主要有以下几种。

（1）航海图。用于海洋航行时的定位、定向，保证航行安全的海洋图。着重表示海区与航海有关的要素，包括海岸、干出滩、水深、海底地形、港区建筑物、助航设备、航行障碍物及海洋水文等内容。

（2）航空图。供航空使用的各种地图的总称。着重表示与航空有关的地理要素、航空设施和领航资料等内容，用于计划航线，确定飞行的位置、距离、方向、高度和寻找地面目标。

（3）宇航地图。以宇宙航行轨道设计、飞行控制、预测预报及记录告示为主题内容的地图。

此外，还有各种工程技术图及军事上的地图。

专题地图按内容（主题）所做的分类并不是绝对的，有些专题地图可同时分属不同的类别，如矿产可以作为一种资源属于经济地图，也可作为一种地质现象而属于自然地图。尽管图名及图面所表示的主要内容一致或相似，但编图目的及使用对象不可能相同，因此，对专题资料的选取、处理及表示方法等都该有所区别。由于人类积极作用于环境，综合反映自然现象与社会经济现象的地图数量急剧增加，某些专题在功能上相互结合的趋势不断发展，形成了不少新的图种。因此，在实际使用中，并不一定要求具体图幅内容分类的确切归属。

2. 按内容的概括程度和繁简程度分类

专题地图按内容的概括程度和繁简程度可分为分析图、组合图和综合图。

1）分析图（解析图）

分析图（解析图）通常用来表示单一现象的分布情况，但不反映现象与其他要素的联系成相互作用。对这种单一现象的内容通常不做简化或很少简化。因此，从资料的获取、处理到图形表示都比较直观、单一。如表示各行政单位人口数量及分布范围的人口图，表示各个工厂企业的分布或单一指标（总产值或职工人数或利税等）的工业图，表示某时刻气温分布的温度等值线图，反映区域内地面切割程度的切割密（深）度图等。分析图可直接获取某专题的空间分布规律，也可作为编制组合图、综合图的基础资料。

2）组合图（多部门图）

组合图（多部门图）在同一幅地图上表示一种或几种现象的多方面特征。这些现象及其特征必须有内在联系，但又有各自的数量指标、概括程度及表示方法。因此，组合图都是多变量的专题地图。采用组合图方法编制地图的目的，是为了更完整、深入地说明某一明确的主题。

3）综合图（合成图）

综合图（合成图）表示的不是各种现象的具体指标，而是把几种不同的、但互有关联的指标进行综合与概括，以获取某种专题现象（或过程）的全部完整特征。各种类型的区划图、综合评价图都属此类。如气候区划图中对气候区划的划分依赖于气候及其他诸多因子（气温、降水、湿润度、地貌等），但在气候区划图上，并不出现上述各单因子的解析图，而是通过这些单因子建立综合指标来划分。又如某区域的环境质量综合评价图，是通过大气、水、噪声、固体废弃物、生态与绿化状况等有关的十多个因子，按一定的标准分别打分，以各因子在影响环境质量中的作用确定权重，得到综合性的评价指标及分组，从而编制出环境质量综合评价图。

以传统的方法，分析图、组合图、综合图在设计与编制时的复杂程度是逐步增加的。而运用计算机进行自动制图，特别是地理信息系统方法的介入，它们之间的差异已不十分明显。

有一些类型的专题地图，是为特定的专业需要设计的，并且往往只在相关的专业部门中阅读、作业、使用，可称为专用地图。它们在功能、表示方法、图面配置等方面与一般的专题地图有一定差异。航图（航空、航海、宇航）就是典型的专用地图。其他如教学地图、旅游地图，也可划入专用地图的范畴。

此外，专题地图与普通地图一样，也可以按比例尺大小分为大比例尺、中比例尺和小比例尺专题地图。

7.2　地 理 底 图

7.2.1　地理底图的作用

1. 建立专题地图的“骨架”

专题地图是反映某专题信息的空间特征及分布规律的图形表示。但专题信息本身并不具有空间特征，只有将它们以地图符号的形式落实到具有地图基本特性的地理底图上时，才会显示专题信息的空间特征。

2. 转绘专题内容的控制系统

从编制专题地图的具体步骤看，必须把大量各种类型的专题内容转绘到相应的空间位置，并且必须具有较高的几何精度，以保证专题地图的可量性与可比性，地理底图的数学基础，如地理坐标或平面直角坐标系、比例尺，以及地理底图所选取的地理要素，如水系、居民点、交通网、境界线及地形等高线，不论哪种都可以为专题要素的定位提供足够的精度。

3. 更深入地提取专题地图的信息

专题信息总是与自然和社会经济活动中某种客观存在的事物或现象有关，它们不会孤立地发生、发展，总是与其他地理现象相互联系或制约，这些地理要素通常就是底图要素。而地理底图中所选取的要素，如果不是以全要素选取的普通地图，也必定是其中某一个或某几个与所反映专题密切相关的要素。因此，专题信息所依附的地理底图，不仅能在底图上直接量测以获取信息，更重要的是通过专题要素与地理底图的相互联系，分析出更多专题内容的产生、分布、发展的规律。如地形、水系、交通网、居民点等对区域性的工业布局所产生的积极作用就十分明显。编图者如能正确组织底图内容，会使读图者可能汲取比编图者预期设想的更多的专题信息。

因此，地理底图是专题地图的地理基础，专题信息的存储、表达都必须通过底图才能实现。

7.2.2　地理底图的种类

根据专题地图编制与出版的不同要求，一般应选择和准备不同的地理底图。

1. 工作底图

工作底图供专题地图编稿用，亦称编稿底图。为了供专题内容定向、定位，各地理要素表示得尽可能详细；有时直接采用相应的大中比例尺地形图或中小比例尺普通地图（包括复照晒蓝图或静电复制图），或专门作地图用的单色或双色素图。

2. 正式底图（出版底图）

正式底图供正式出版用。为了不干扰专题内容，地理要素的内容作了一定取舍与概括，内容相对比较简单，但要求保持一定的制图精度，线划、符号和注记应符合出版要求。

3. 统一底图

这主要是为系列地图或地图集统一准备的底图，以保证系列地图与地图集底图的统一性。

4. 系列底图

系列底图供系列地图与地图集使用，包括地图集展开项、单项、1/2 页等多种比例尺的底图。系列底图要逐级缩编，保证各级比例尺底图投影与地理要素的统一协调。

为了便于专题内容的转绘和保证制图精度，除了纸质底图外，最好同时准备透明或半透明塑料片底图，而且水系一般不使用蓝色，以便复照或静电复印之后，水系等要素能够清晰保留。

在计算机制图中，同样需要准备工作底图与正式底图，统一底图与系列底图。

7.2.3　地理底图的内容

底图内容的选取可以有详有略。底图内容的选取是由拟编专题地图的内容、用途、比例尺及区域地理特征确定的。如反映森林分布，除水系起转绘控制的作用外，地形是必须选取的，而居民点、交通网、行政境界线一般都不必选取。编制教学地图时，底图要素也应尽可能减少。在一般情况下，底图内容随比例尺的减小而减少是正常的。而在考虑区域地理特征时，水网密布区的河流在选取时删减的幅度要比河流稀疏区大，但其总量仍应比稀疏区多。

不同的表示方法也会影响地理底图内容的选取。如以点状定位符号表示区域的气候特征时，底图内容可详细些，但以等值线表示同一专题时，底图内容就要少些。

地理底图是专题地图的地理基础，底图内容选取过少就不能发挥应有的作用；但底图要素毕竟又是在第二层次出现的，如果内容过于繁杂，反而干扰主题内容。这两种情况都会影响易读性及专题地图的整体效果。

7.2.4　地理底图编制

地理底图一般以相同比例尺的普通地图为基本资料进行编绘，它与普通地图的编制方法十分相似。

在底图编制中，必须注意几个问题。

（1）专题内容较多或者编制专题地图的时间较紧迫时，可考虑直接选用相应比例尺的国家基本比例尺地形图作为基础底图。在制图技术人员较少的单位也以采取这种做法较为稳妥。这种底图通用性较好，数学精度能有保证，但专题适用性较差，还会造成图面上底图要素与专题要素混杂不清，对专题地图的整体效果影响较大。因此，只要有可能，还以自编专用的地理底图为好。

（2）工作底图的编制应尽早进行，初稿还需经过缜密的审校，并必须在正式编制专题地图之前将地理底图交付编图人员使用。

（3）底图符号和注记的规格不宜繁杂，在保证足够的数学精度的前提下，图形的综合程度宜适当加大。底图的用色宜浅淡些，色数要少，工作底图更以单色（如浅蓝、钢灰、淡棕）为好。

7.3　专题要素的基本表示方法

专题地图的表示就是根据用途的需要选择合适的表示方法和符号，突出表示专题要素。

专题地图表示方法是将专题地图中用于表示专题要素及其各方面特征的图形按组合方式分类，即某一种专题要素及其不同方面的特征可以用某一种固定的表示方法来表示。如质底法表示的是呈面状分布的专题要素的质量或分类特征的方法。专题要素表示方法的选择是制图可视化的重要环节。根据大量制图实践，专题要素表示方法可归纳为以下十种：质底法、定点符号法、线状符号法、等值线法、点值法、动线法、范围法、分级统计区域法、分区统计图表法和定位图表法。

7.3.1　点状分布要素的表示方法——定点符号法

定点符号法是用以点定位的点状符号表示呈点状分布的专题要素各方面特征的表示方法。符号的形状、色彩和尺寸等视觉变量可以表示专题要素的分布、内部结构、数量与质量特征。定点符号法是用途较广的表示方法之一，如居民点、企业、学校、气象站等多用此法表示。这种表示方法能简明而准确地显示出各要素的地理分布和变化状态。

定点符号法常用的符号按形状可分为几何符号、文字符号和象形符号（见图 7-1）。

定点符号法的实现实质上是进行点状符号的设计，可以表示专题要素各方面的特征。

（1）点状符号的形状、色彩（在这里指色相）视觉变量可以区分专题要素的质量差别，表示其定性或分类的情况（见图 7-2）。其中，色彩差别比形状差别更明显，特别是在电子地图设计中色彩尤为重要。表示多重质量差别时，可以用点状符号表示主要差别，用其色彩表示次要差别，反之，也可。

几何符号

文字符号　磷　　石墨　　K　　PbZn　　Cu

象形符号

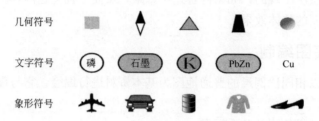

图 7-1　定点符号法举例

城镇居民地类型

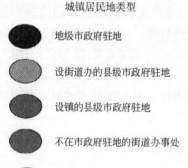

地级市政府驻地

设街道办的县级市政府驻地

设镇的县级市政府驻地

不在市政府驻地的街道办事处

镇政府驻地

图 7-2　点状符号的形状、色彩举例

（2）点状符号的尺寸大小或图案的明度变化可以表示专题要素的数量特征和分级特征。实际设计中，主要是利用尺寸这个视觉变量，所以实质上是进行分级点状符号和比率符号的设计。但需要注意的是不能根据比率符号在地图上所占面积来判断专题要素的分布范围。在同一点上通过相同形状、不同尺寸的符号叠置可以反映专题要素的发展动态（见图 7-3）。

（3）定点符号的配置。在专题地图中采用符号法时，应该注意符号的定位。第一，必须准确地表示出重要的底图要素（河流、道路、居民点等），这样有利于专题要素的定位。第二，运用几何符号可以把所示物体的位置准确地定位于图上。第三，当几种性质不同的现象（但属同一类型、且可量测）同定位于一点，产生不易定位及符号重叠时，可保持定位点的位置，将各个符号化为一个组合结构符号（即非结构型符号）定位于点位。尽管它们同定位于一点，但仍然相互独立。第四，当一些现象由于指标不一而难以合并时，可将各现象的符号置于相应点周围。

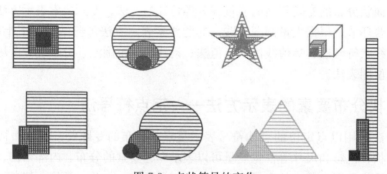

图 7-3　点状符号的变化

7.3.2　线状分布要素的表示方法——线状符号法

线状符号法是用来表示呈线状或带状延伸的专题要素的一种方法。

线状符号在普通地图上的应用是常见的，如用线状符号表示水系、交通网、境界线等。在专题地图上，线状符号除了表示上述要素外，还表示各种几何概念的线划，如分水线、合水线、坡麓线、构造线、地震分布线和地面上各种确定的境界线、气象上的锋、海岸等；还可以表示用线划描述的运动物体的轨迹线、位置线，如航空线、航海线等；还能显示目标之间的联系，如商品产销地、空中走廊等，以及物体或现象相互作用的地带。这些线划都有其自身的地理意义、定位要求和形状特征（见图 7-4）。

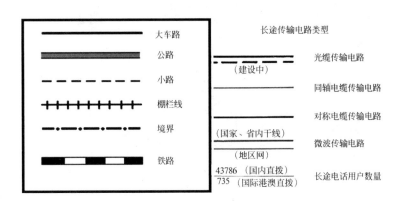

图 7-4　线状符号法示例

线状符号可以用色彩和形状表示专题要素的质量特征，也可以反映不同时间的变化。但一般不表示专题要素的数量特征。如区分海岸类型、区分不同的地质构造线，表示某河段在不同时期内河床的变迁位置。

线状符号有多种多样的图形。一般来说，线划的粗细可区分要素的顺序，如山脊线的主次。对于稳定性强的重要地物或现象一般用实线，稳定性差的或次要的地物或现象用虚线。

在专题地图上的线状符号常有一定的宽度，在描绘时与普通地图不完全一样。在普通地图上，线状符号往往描绘于被表示物体的中心线上；而在专题地图上，有的描绘于被表示物体的中心线（如地质构造线、变迁的河床），有的将其描绘于线状物体的某一边，形成一定宽度的颜色带或晕线带，如海岸类型和海岸潮汐性质。

7.3.3　布满于制图区域现象的表示方法——质底法和等值线法

布满整个制图区域现象的表示方法有两种，即质底法和等值线法。质底法偏重于表示现象的质量特征，而等值线法则偏重于表示现象的数量特征。

1. 质底法

质底法是把全制图区域按照专题现象的某种指标划分区域或各类型的分布范围，在各界线范围内涂以颜色或填绘晕线、花纹（乃至注以注记），以显示连续而布满全制图区域的现象的质的差别（或各区域间的差别）。由于常用底色或其他整饰方法来表示各分区间质的差别，所以称质底法。又因为这种方法着重表示现象质的差别，一般不直接表示其数量特征，故也称质别法。此法常用于地质图、地貌图、土壤图、植被图、土地利用图、行政区划图、自然区划图、经济区划图等。

在质底法图上，图例说明要尽可能详细地反映出分类的指标、类型的等级及其标志，并注意分类标志的次序和完整性。质底法具有鲜明、美观、清晰的优点。但在不同现象之间，显示其渐进性和渗透性较为困难。图上某一区域只属于一种类型或一种区划（见图 7-5）。

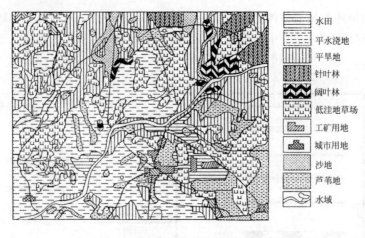

图 7-5　用质底法表示的土地利用

2. 等值线法

等值线是由某现象的数值相等的各点所连成的一条平滑曲线，如等高线、等温线、等雨量线、等磁偏线、等气压线等。等值线法就是利用一组等值线表示制图现象分布特征的方法。等值线法的特点如下。

（1）等值线法适宜表示连续分布而又逐渐变化的现象，此时等值线间的任何点可以插值求得其数值。如自然现象中的地形、气候、地壳变动等现象。

（2）对于离散分布而逐渐变化的现象，通过统计处理，也可用等值线法表示。这种根据点代表的面积指标绘出的等值线称为伪等值线，如人口密度图。

（3）等值线法既可反映现象的强度，又可反映随着时间变化的现象，如磁差年变化；既可反映现象的移动，如气团季节性变化；又可反映现象发生的时间和进展，如冰冻日期等。

（4）采用等值线法时，每个点所具有的数量指标必须完全是同一性质的。

（5）等值线的间隔最好保持一定的常数，这样有利于依据等值线的疏密程度判断现象的变化程度。另外，如果数值变化范围大，间隔也可扩大（如地貌等高距那样）。

（6）在同一幅地图上，可以表示两三种等值线系统，显示几种现象的相互联系。但这种图易读性降低，因此，常用分层设色辅助表示其中一种等值线系统。

图 7-6 是用等值线法表示的气压图。

7.3.4　间断呈片状分布现象的表示方法——范围法

范围法用面状符号在地图上表示某专题要素在制图区域内间断而成片的分布范围和状况，如煤田的分布、森林的分布、棉花或农作物的分布等。范围法在地图上标明的不是个别地点，而是一定的面积，因此，又称为面积法。

范围法实质上也是进行面状符号的设计，其轮廓线及面的色彩、图案、注记是主要的视觉变量。

区域范围界线的确定一般是根据实际分布范围而定的，其界线有精确和概略之分。精确的区域范围是尽可能准确地勾绘出要素分布的轮廓线。概略范围是仅仅大致地表示出要素的

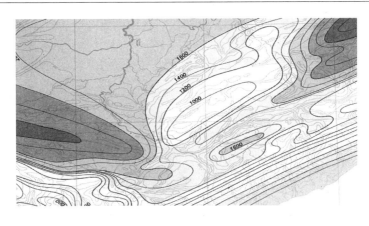

图 7-6　用等值线法表示的气压

分布范围，没有精确的轮廓线，这种范围经常不绘出轮廓线，用散列的符号或仅用文字、单个符号表示现象的分布范围（见图 7-7）。

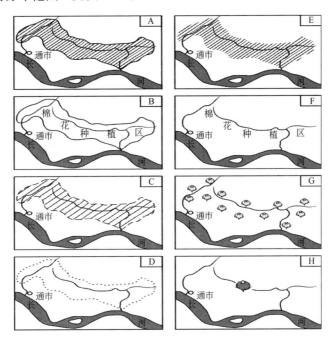

图 7-7　范围法的几种表现形式

7.3.5　分散分布现象的表示方法——点值法

　　代表一定数值的大小相等、形状相同的点，反映某要素的分布范围、数量特征和密度变化的方法叫作点值法。点子的大小及其所代表的数值是固定的；点子的多少可以反映现象的数量规模；点子的配置可以反映现象集中或分散的分布特征；在一幅地图上，可以有不同尺寸的几种点，或不同颜色的点。尺寸不同的点表示数量相差非常悬殊的情况；颜色不同的点，表示不同的类别，如城市人口分布和农村人口分布。点值法主要目的是传输空间密度差异的信息，通常用来表示大面积离散现象的空间分布。如人口分布、农作物播种面积、牲畜的养殖总数等。

用点值法作图时，点子的排布方式有两种：一是均匀布点法；二是定位布点法。如图7-8所示。

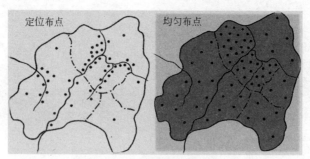

图 7-8　点值法的定位方法

均匀布点法就是在相应的统计区域将点均匀分配，统计区域内没有密度差异，这是它的缺点。为了克服均匀布点的缺点，可以采取缩小统计单元的办法，例如，欲做某省小比例尺某种作物面积分布的点值图，图上以市地为区划单位来阐明各区现象分布的特征，在编图作业中可以取县作为统计单元布点。布点时按县区范围均匀配置，但地区内各县之间就不是均匀的，此时各县之间不应留很大间隔。

定位布点法是按照现象分布的地理特征来配置点子，此时在同一统计单元内，不同的地形小单元如平原区、山区等，现象的密度可能是不同的。因此，点子应按地理单元加权分配，在缺乏这些统计数据的情况下，可参考分布情况或一般规律确定一定比例（总和为 1），以此作为权值来分配点子。

点值法中的一个重要问题是确定每个点所代表的数值（权值）及点子的大小。点值的确定应顾及各区域的数量差异，但点值确定得过大或过小都是不合适的。点值过大，图上点子过少，不能反映要素的实际分布情况；点值过小，在要素分布稠密的地区，点子会发生重叠，现象分布的集中程度得不到真实的反映。因此，确定点值的原则：在最大密度区点子不重叠，在最小密度区不空缺。例如，在人口分布图上，首先规定点子的大小（直径一般为 0.2～0.3 mm），然后用这样大小的点子在人口密度最大的区域内点绘，使其保持彼此分离但又充满区域，数出排布的点子数再除以该区域的人口数后凑成整数，即为该图上合适的点值。

点值的求得可用下式简单表示，即

　　　　　　点值（凑整数）＝数量总值/能安置的点子数（指最大密度区）

确定能安置的点子数，首先要确定点子的大小。点子的大小依地图比例尺、用途等条件而有所不同，一般直径不大于 0.3 mm，可先通过草图试验而定。

如果考虑到每点之间保持 0.2 mm 的间隔（即每点四周各有 0.1 mm 的空白），则计算点子数的公式为

$$N = \frac{P}{(d+0.2)^2} \tag{7-1}$$

式中：N——点子数；

　　　P——某区域实地面积，mm^2；

　　　d——点子直径，mm。

点值 S 计算公式为

$$S=\frac{A}{N}=\frac{A\times (d+0.2)^2}{P} \tag{7-2}$$

式中：A——某区域内物体数量指标总量。

计算后把 S 向上凑整即可求得点值。

7.3.6　现象移动的表示方法——动线法

动线法用箭形符号的宽窄不同显示地图要素的移动方向、路线及其数量和质量特征，如自然现象中的洋流、风向，社会经济现象中的货物运输、资金流动、居民迁移、军队的行进和探险路线等。

动线法可以反映各种迁移方式。它可以反映点状物体的运动路线（如船舶航行）、线状物体或现象的移动（如战线移动），面状物体的移动（如熔岩流动），集群和分散现象的移动（如动物迁徙），整片分布现象的运动（如大气的变化）等。

动线法实质上是进行带箭头的线状符号的设计，通过其色彩、宽度、长度、形状等视觉变量表示现象各方面的特征。

动线符号有多种多样的形式，其中以线状符号的箭头指向表示运动方向，以线状符号的形状、色相表示现象的类别或性质。

以线状符号的宽度尺寸或色彩的明度变化表示现象的等级或数量特征；以线状符号的长度尺寸表示现象的稳定程度；以整个运动线符号的位置表示运动的轨迹。河流的流量用绝对连续比率符号表示；货流强度、输送旅客量可用绝对的或条件的分级比率符号表示。

7.3.7　适用于多种分布现象的表示方法——分级统计区域法、定位图表法、分区统计图表法

有的表示方法，并不局限于表示一种分布特征的专题要素，而是适用于几种分布特征要素的表示。这类表示方法包括分级统计区域法、定位图表法和分区统计图表法。

1. 分级统计区域法

分级统计区域法就是以一定区划为单位，根据各区某专题要素的数量平均值进行分级，通过面状符号的设计表示该要素在不同区域内的差别的方法，具体来说就是用面状符号的色彩或图案（晕线）表示分级的各等值区域，通过色彩的同色或相近色的明度变化及晕线的疏密变化，反映现象的强度变化，而且要符合等级感受效果。其中平均数值主要有两种基本形式，一种是比率数据，又称强度相对数，是指两个相互联系的指数比较。如人口密度（人口数/区域面积）、人均收入（总收入/人口数），人均产量等，这些比率数据，可以说明数量多少、速度快慢、实力强弱和水平高低，能够给人以深刻印象。另一种是比重数据，又称结构相对数，表示区域内同一指标的部分量占总量的比例。如耕地面积占总面积的百分比，大学文化程度人数占总人数的百分比，等等。这些数据也可以用来表示制图现象随时间的变化，如各行政区单位人口增减的百分比或千分比，可以较准确地显示区域发展水平。

2. 定位图表法

定位图表法是一种定位于地图要素分布范围内某些地点上的、以相同类型的统计图表表示范围内地图要素数量、内部结构或周期性数量变化的方法。这种表示方法主要反映周期性现象的特征，例如，温度与降水量的年变化、潮汐的半月变化、相对湿度、沿河流线上各水文站的水文图

表等。专题地图上，根据所表示现象的性质，常见的可分为两种：①表示点上的周期变化数据，无方向概念，如气温与降水；②表示点上的周期变化数据，有方向概念，如风速与频率。

定位图表表示的周期视地图的用途和资料而定，有的以"月"为单位，有的以"季"为单位，也有的以半年乃至一年为单位。如风向频率、相对湿度，可以"月"或"季"为单位，气温和降水则常以"月"为单位。

定位图表法中各观测点的数量指标是根据有较长时间记录的、各点同一时期观测值的平均值而得的。从形式上看，它只是反映某些"点"上的现象，然而，它却可通过这些"点"上图形的总体特征，分析地表明呈面状或线状连续分布的制图现象的变化特征。这就好像通过抽样统计来说明全局一样，因此，正确地选择典型的点十分重要。在海洋上，表示风向（和洋流）频率和风向的定位图表往往是均匀地等间隔配置的。定位图表一般描绘于地图内相应的点上，但也有的被描绘于地图之外，而用名称注记说明所代表的点。

图 7-9 是常见的定位图表举例。

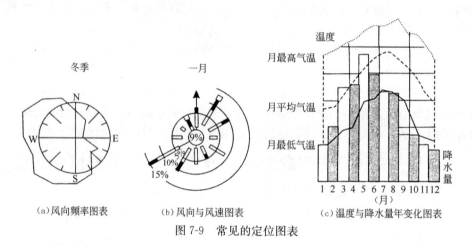

图 7-9   常见的定位图表

3. 分区统计图表法

分区统计图表法是一种以一定区划为单位，用统计图表表示各区划单位内地图要素的数量及其结构的方法。统计图表符号通常描绘在地图上各相应的分区内。分区统计图表法只表示每个区划内现象的总和，而无法反映现象的地理分布，因此，它是一种非精确的制图表示法，属统计制图的一种。在制图时，区划单位越大，各区划内情况越复杂，则对现象的反映越概略。可是分区也不能太小，否则会因分区面积较小而难以描绘统计图表及其内部结构。分区统计图表法显示的是现象的绝对数量指标，而不是相对数量指标，可以用由小到大的渐变图形或图表反映不同时期内现象的发展动态。

分区统计图表法能表示多种制图现象及其各方面特征，与之相适应的统计图表符号多种多样。常用的有线状图表、条形图表、放射线图表、金字塔图表、圆形（扇形）图表、三角形图表、百分比结构图表和找零法图表。

7.4　各种表示方法之间的分析比较与综合运用

7.4.1　几种方法的比较

1. 质底法与范围法

（1）质底法表示布满整个制图区域内某种现象连续地在各地分布的质量差别，各种不同性质的现象不能重叠，全区无"空白"之处，一般不表示各现象的逐渐过渡和相互渗透，即就某一区域来讲，不属于这一类则必然属于另一类，既不可能哪一类都不属，也不可能既属这一类又属那一类。而范围法所表示的现象不是布满整个制图区域内，它只表示某一种或几种现象在制图区域内局部的或间断分布的具体范围，在范围外无此类现象的地区成为空白；不同性质的现象在同一幅图上可以表示其重合性、渐进性和渗透性。

（2）质底法表示不同性质的现象一般均有其明确的分布界线，此界线是在统一原则和要求下，经科学概括而明确划分的毗连两类现象的共同界线，具有同等概括程度，若对这一范围扩大，必然使另一范围缩小。而范围法表示的现象可以有明确的分布范围界线，也可以没有明确的分布范围界线。范围法只表示现象概略分布的范围界线，它的范围界线一般是互不依存、各自独立的，不同现象的范围轮廓的概括程度也不尽相同。

（3）在用范围法表示的地图上，同一种颜色或晕线只代表一种具体的现象范围，如红色表示花生、白色表示棉花、黄色表示水稻等；质底法中同一种颜色有时固定代表一类现象，如地质图、土壤图、植被图等类型图，有时不一定固定代表某种现象，而只用以表示区域单元的差别，如行政区划图上往往用少数几种颜色区分多个行政区域，即一种颜色可以用于表示几个遥隔的不同行政区域。

质底法与范围法的比较如图 7-10 所示。

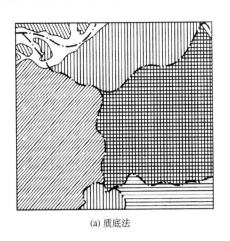 

(a) 质底法　　　　　　　　　　　　　　(b) 范围法

图 7-10　质底法与范围法的比较

2. 分区统计图表法与分级统计区域法的比较

分区统计图表法与分级统计区域法均是以统计资料为基础的表示方法。它们都能反映各区划单位之间的数量差别，但不能反映每个区划单位内部的具体差异。

这两种方法主要的不同在于区域划分的概念方面。分区统计图表法的分区比较固定，如以某一级行政区域为划分依据；分级统计图表法则不然，它是以相对数量指标的分级为划分依据的（各级所包括的分区数目不一定同等且不固定），当分级指标改变后，各等级的范围也随之改变。

在制图上，经常把这两种方法配合使用，用分级统计区域图作为背景，在图上每一分区内描述统计图表，而使它们的优缺点互补。

　　3. 点值法与定点符号法的不同

点值法的点子表示一定区域分布数量，不是严格的定位点，而且所有点的数值是相同的；而定点符号法中单个符号具有严格的点位，而且每个符号所代表的数值随符号的大小而不同。

7.4.2　表示方法配合运用的原则与可能性

如前所述，为了反映某专题要素多方面的特征，往往在一幅地图上同时采用几种方法来反映它们。如在一幅用分级统计区域法（或点值法）编制的人口分布图上，可配合运用符号法表示城镇人口；在土壤图上采用不同的质底系统和补充的区域符号表示土壤的发生类型和土壤的质地与成土母质。

但应注意，在几种方法配合运用时，必须以一种或两种表示方法为主，其他几种方法为辅。为了更好地配合运用表示方法，通常遵循下列原则。

（1）应采用恰当的表示方法和整饰方法，明显突出反映地图的主题内容。

（2）表示方法的选择应与地图内容相适应。例如，在自然地图中的气温图上，表示的是气温现象分布的数量指标，这时表示方法应采用等值线法；当内容是各种气候现象的组合指标的区划图时，就要用质底法。再如，在经济地图上，当内容是某些作物组合的经济指标时，就成了农业经济区划或土地利用类型图，必须用质底法表示。

（3）应充分将点状、面状和线状表示方法配合使用。一般来说，在一幅地图上不宜多于四种表示方法。例如，在经济总图上用符号法表示工业点的分布，用质底法表示农业分区或土地利用现状，用动线符号表示货物的运输，用范围法表示主要农作物的分布。

（4）当两种近似的表示方法配合时，应突出主要者。

（5）当两种以上的表示方法或整饰方法配合使用时，应特别注意色彩的选择，以保证地图清晰易读。

各种方法的配合使用，可充分发挥各种方法的优点，以达到更好地揭示制图现象特征的目的。但是，不是任意两种或几种表示方法都能很好地配合运用。例如，质底法与分级统计区域法配合就不好，而两种统计制图法却能很好地配合使用；分级统计区域法与符号法、分区统计图表法，符号法与范围法及动线法都能很好地配合（见图7-11）。

本 章 小 结

本章就专题地图的内容的表示方法进行了介绍。主要就专题要素的十种方法逐一进行了分析和研究，指出了每种方法的特点和适用范围以及如何表示出专题要素的性质。

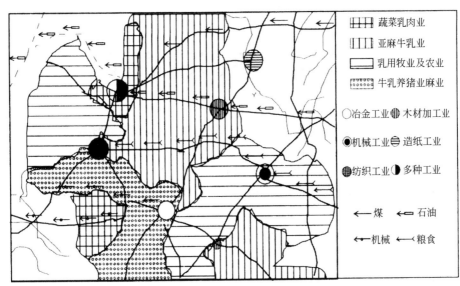

图 7-11　表示方法配合运用

要学习好本章一定要与第 6 章结合起来，一定要进行比较。如专题地图的特征就是相对普通地图而言；同样是公路，在专题地图中与普通地图中表示的要求是不一样的。一定要掌握专题要素的十种表示方法，并对几种方法的区别要认真理解。

专题地图主要表示的是属性数据，而不是位置数据。

复习思考题

1. 简述专题地图的基本特征。

2. 简述地理底图的作用。

3. 地理底图的类型有哪几种？

4. 专题地图的表示与普通地图的表示有什么区别？

5. 点状分布要素的表示方法有哪几种？

6. 线状分布要素的表示方法有哪几种？

7. 布满制图区域现象的表示方法有哪几种？

8. 间断呈片状分布现象的表示方法有哪几种？

9. 分散分布现象的表示方法有哪几种？

10. 能适用于多种分布现象的表示方法有哪几种？

11. 简述质底法与范围法的区别。

12. 简述点值法与定点符号法的区别。

13. 简述分级统计区域法与分区统计图表法的区别。

第8章 地图综合

大家所看到的地图上所表示的物体与实际地物相比，不仅是一种指代表示，而且表示简单，并且只表示主要的，次要的就不予表示。如在地图上的公路都是简化为直线或曲线表示，而有的小路就不表示；对于房屋，在地图上表示成矩形，实际上不一定都是这样。这表明地图上的地物是通过简化来表示的。这就是本章所要研究的问题即地图综合。

8.1 地图综合的基本概念

8.1.1 地图综合的实质

地图是客观存在的物质模型，这是显而易见的。更主要的，地图是对客观存在的特征和变化规律的一种科学的抽象，它是一种概念模型（思想模型）。根据模型理论，概念模型（思想模型）可以分为形象模型和符号模型。前者是运用思维能力对客观存在进行简化和概括；后者则借助于专门的符号和图形，按一定形式组合起来去描述客观存在。而地图则突出地具有这两方面的特点，所以有人也把地图称为形象—符号模型。作为形象模型，任何地图都包含着作者的主观因素，因为任何地图都是在人对客观环境的认识的基础上制作的。任何客体都有数不清的特征，有无数个层次，大量的因素交织在一起，大量的表面现象掩盖着必然性的规律和本质。地图作者必须进行思维的加工，抽取地面要素和现象的内在的、本质的特征与联系——这就是地图综合，是制作地图不可缺少的思维过程。

地图综合的这一过程不仅仅表现在缩小、简化了的地图模型与实地复杂的客观存在之中，而且还表现在将较大比例尺地图转换为较小比例尺地图之中。也就是说，利用较大比例尺地图编绘较小比例尺地图时，必须从资料图上选取一部分与地图用途有关的内容，以概括的分类分级代替资料图上详细的分类分级，并化简被选取的物体的图形。对于单纯的地图数据的综合，地图综合就是要用有效的算法、最大的数据压缩量、最小的存储空间来降低内容的复杂性，保持空间精度、保持属性精度、保持逻辑一致性和规则适用的连贯性。

用地图综合方法解决缩小、简化了的地图模型与实地复杂的现实之间的矛盾，实现资料地图内容到新编地图内容之间的转换，就是要实现地图内容的详细性与清晰性的对立统一和几何精确性与地理适应性的对立统一。

既详细又清晰，是我们对地图的基本要求之一。如果我们能够把地面上的物体全部表示到地图上，或者将较大比例尺地图上的一切碎部全部表示到较小比例尺地图上，那当然是再好不过的了。可是，实际上这是做不到的。如果硬是这样做，势必使地图不清晰，甚至无法阅读，这样的详细性也就失去其意义了。所以，详细性与清晰性是矛盾的两个方面。但是，也必须看到，详细性与清晰性都不是绝对的，而是相对的。在地图用途和比例尺一定的条件下，详细性与清晰性是能够统一的。因为我们所要求的详细性，是在比例尺允许的条件下，尽可能多地表示一些内容；而我们所要求的清晰性，则是在满足用途要求的前提下，做到层次分明，清晰易读。所以，详细性与清晰性统一的条件就是地图用途和比例尺，统一的方法就是地图综合。

在地图用途、比例尺和制图区域地理特点一定的条件下，缩小、简化了的地图模型与实地复杂的现实之间的矛盾得到了暂时的解决，而一旦条件改变，就会产生新的矛盾，就要研究新的条件下的地图综合理论和方法，这种矛盾对立统一的过程，推动了地图综合理论和方法的发展。

8.1.2　地图综合的基本概念

1. 地图综合的定义

根据地图的用途、比例尺和制图区域的特点，以概括、抽象的形式反映制图对象的带有规律性的类型特征和典型特点，而将那些对于该图来说是次要的、非本质的物体舍掉，这个过程叫地图综合。它是通过概括和选取的方法来实现的。

2. 地图综合的目的

地图综合的目的是突出制图对象的类型特征，抽象出其基本规律，更好地运用地图图形向读者传递信息，并可以延长地图的时效性，避免地图很快失去作用。地图综合是一个十分复杂的智能化过程，受到一系列条件的制约：地图用途、比例尺、区域地理特征、图解限制和数据质量，并使用约定的方法。

3. 概括和选取

选取又称为取舍，指选择那些对制图目的有用的信息，把它们保留在地图上，不需要的信息则被舍掉。实施选取时，要确定何种信息对所编地图是必要的，何种信息是不必要的，这是一个思维过程。这种取舍可以是整个一类信息全部被舍掉，如全部的道路都不表示；舍掉的也可能是某种级别的信息，如水系中的小支流，次要的居民地等。在思维过程中取和舍是共存的，但最后表现在地图上的是被选取的信息，因此，学术上称这个过程为选取。

概括指的是对制图物体的形状、数量和质量特征进行化简。也就是说，对于那些选取了的信息，在比例尺缩小的条件下，能够以需要的形式传输给读者。概括分为形状概括、数量特征概括和质量特征概括。形状概括是去掉复杂轮廓形状中的某些碎部，保留或夸大重要特征，代之以总的形体轮廓。数量特征概括是引起数量标志发生变化的概括，一般表现为数量变小或变得更加概略。质量特征概括则表现为制图表象分类分级的减少。所以，概括在西方统称为简化。

概括和选取虽然都是去掉制图对象的某些信息，但它们是有区别的。选取是整体性地去掉某类或某级信息，概括则是去掉或夸大制图对象的某些碎部及进行类别、级别的合并。制图工作者是在完成了选取后，对选取了的信息再进行概括处理的。

8.1.3　地图综合的类型

从对制图物体的大小、重要程度、表达方式和读图效果出发，可以把地图综合区分为比例综合、目的综合和感受综合等三种。

（1）比例综合。由于地图比例尺缩小而引起图形缩小，一部分图形会小到不能清晰表达的程度，从而产生选取和概括的必要，这种综合称为比例综合。

（2）目的综合。制图对象的重要性并不完全取决于图形的大小。因此，制图对象的选取和概括也不能完全由比例综合而定，还要根据制图者对制图物体重要性的认识来确定，这种随制图者对制图对象的认识而转移的地图综合称为目的综合。

（3）感受综合。地图综合不能仅从制图者的角度进行研究，还应从用图者的实际感受出发来研究用图者读图时的感受过程，这称之为感受综合。感受综合由两部分组成，即记忆综合和消除综合。人类的记忆力是有限的，不可能记住所看到的全部细节，仅能记住富有表现力的或具有特殊标志的内容，而其他的细节则会逐渐模糊遗忘。这种由记忆而自然育成的结果称之为记忆综合；在一定距离上观察地图时，看到的往往是比较大的、鲜明突出的目标，而对小的、颜色淡的符号则会视而不见。这种对部分图形的自然消除称之为消除综合。

过去编制地图时比较强调目的综合，即由制图者对客观事物的认识来确定地图综合的标准，这就造成了地图综合的任意性和缺乏客观标准。地图制图学的发展趋势必然是地图综合过程的规格化和标准化。特别是计算机地图制图方法的发展，更要求用解析的方法来认识和描述客观世界，这就要求在地图综合中大量地引用数学的方法。比例综合比较容易运用数学方法来描述，所以多数制图学家都比较注重比例综合数学方法的研究。实际上，与实际的信息总量相比，尽管这部分信息是十分有限的，但就是这部分信息也不能完全被读图者所接受，而使地图的作用还远远没有完全发挥出来。感受综合的研究将有助于提高地图信息的利用率，更有效地发挥地图的作用。感受综合的理论已经成为地图综合理论的重要内容，已经越来越引起地图学家们的重视。

8.1.4　地图综合的科学性与创造性

地图综合是一个科学的抽象过程，也是一个创造性的劳动过程，其主要表现如下。

（1）地图综合不是简单的"取"和"舍"，而是建立在分析和归纳基础上的规律之体现。这些规律是经过科学的思维概括出来的。在科学的思维和规律的表达中，体现了制图人员的知识和技术水平。知识越丰富，对制图对象的认识越深刻，越容易找出事物联系的各个方面，并能用适当的符号和图形将其表示在图上。例如，对等高线的综合，不只是去掉或夸大一些等高线的弯曲，而是通过地质构造、地貌形态的分析及其对河流发育特点的研究，经过综合后才能正确地反映出该区域的地表形态特征。

（2）地图综合是一个科学抽象的过程。制图者对制图对象的地图综合是通过对制图对象的选取、化简、分类、分级及不断地用总概念去代替个别概念等来实现的。通过这个科学抽象的过程可以把地理事物的规律性凸现出来，然后，再用地图符号系统将其表现在地图上。

（3）解决图面上因缩小表示制图对象而产生的各种矛盾。例如，地图内容的详细性与易读性就是制图者所面临的矛盾。为解决这一矛盾，就必须缩小一部分地图符号，或改变表示方法，或适当地应用色彩效果，或减少地图内容等，使地图既有丰富的内容又具备必要的清晰易读性。又如，地图的几何精确性与地理适应性的矛盾是制图者面临的另一个矛盾。随着制图比例尺的缩小，图上非比例符号逐渐增多，各种图形之间争位矛盾加剧。这就需要根据地图的用途、比例尺和要素之间的关系，通过制图人员创造性地运用其专业知识和制图技巧，对两者之间的关系加以科学的协调。

　　总之，编绘地图时，要充分发挥制图人员的丰富知识和熟练技巧，通过各种方法来处理地图上出现的各种矛盾。制图作品的优劣，在很大程度上取决于创造性的地图综合质量的好坏。

　　综上所述，地图综合的实质就在于用科学的概括与选取手段，在地图上正确、明显、深刻地反映制图区域地理事物的类型特征和典型特点。

8.2　影响地图概括的主要因素

　　地图概括的程度受各种因素的影响，主要因素有地图比例尺、地图的主题和用途、制图区域的地理特征及符号的图形尺寸等。

8.2.1　地图用途

　　地图用途是制图的根本宗旨，是编图时运用地图综合方法首先要考虑的条件，也称目的综合。在整个地图综合过程中起主导作用，决定地图综合的方向和倾向。它作用于地图综合的全过程，包括地图综合的编辑过程和编绘过程。在编辑过程中，确定地图的主体、制定地图综合细则等，都要考虑地图的用途要求。离开了服务与地图用途这个根本宗旨，地图综合的编辑过程是肯定做不好的，其在编绘过程中的作用是很容易被忽视的。不少人认为地图综合的编绘过程是根据地图综合细则进行的，是执行地图编辑的意图，因此，可以不必研究地图的用途要求。实际上，地图综合编绘过程中的分析、评价、判断和实施，最终都是以地图的用途要求为依据的。

　　编制任何一幅地图，从确定地图内容的主题、重点及其表示方法到编图时选取、化简、概括地图内容的倾向和程度，都受到地图用途的制约。

　　图 8-1 是不同用途的地图上的居民点的表示。在地势图上不必强调表示每一个县级行政中心；在行政图上则尽量表示各级行政中心；在经济图上只表示与经济数据有联系的居民点，而不管它的行政意义。

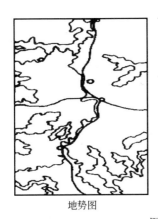 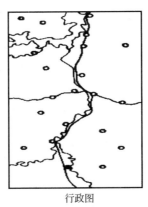 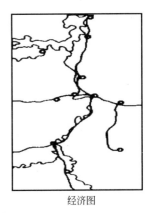

地势图　　　　　　　　　　行政图　　　　　　　　　　经济图

图 8-1　不同用途地图上的居民点

8.2.2　地图比例尺

地图比例尺是编图时运用地图综合方法必须考虑的一个重要条件，也称比例综合。地图比例尺标志着地图对地面的缩小程度，直接影响着地图内容表示的可能性，即选取、化简和概括地图内容的详细程度；它决定着地图表达的空间范围，影响着对制图物体（现象）重要性的评价；它决定着地图的几何精度，影响处理要素相互关系的难度。

1. 地图比例尺影响地图综合的程度

随着地图比例尺的缩小，制图区域表现在地图上的面积成等比级数倍缩小。因此，它对地图综合程度的影响是显而易见的。地图比例尺越小，能表示在地图上的内容就越少，而且要对所选取的内容进行较大程度的概括。所以地图比例尺既制约地图内容的选取，也影响地图内容的概括程度。

2. 地图比例尺影响地图综合的方向

大比例尺地图上，地图内容表达较详细，地图综合的重点是对物体内部结构的研究和概括。小比例尺地图上，实地上即使是形体相当大的目标也只能用点状或线状符号表示，这时就无法去细分其内部结构，转而把注意力放在物体的外部形态的概括和同其他物体的联系上。例如，某城市居民地在大比例尺地图上用平面图形表示，地图综合时需要考虑建筑物的类型、街区内建筑物的密度及各部分的密度对比，主次街道的结构和密度；到了小比例尺地图上，逐步改用概略的外部轮廓甚至圈形符号，地图综合时注意力不放在内部，而是强调其外部的总体轮廓或它同周围其他要素的联系。

3. 地图比例尺影响制图对象的表示方法

众所周知，大比例尺和小比例尺地图上表示的内容不同，选用的表示方法差别很大。随着地图比例尺的缩小，依比例表示的物体迅速减少，由位置数据（坐标点）或线状数据（坐标串）表示的物体占主要地位，在设计地图图式（符号系统）时必须注意到这一点。在小比例尺地图上设计简明的符号系统不仅是被表达物体本身的需要，也是读者顺利读图的需要。

8.2.3　制图区域的地理特征

不同区域具有景观各异的地理特征。例如，我国江南水网地区，水系和居民点上由密集的河渠和分散的居民点组成，居民点多沿河岸和渠道排列，由于河网过密，势必影响其他要素的显示。因此，在制图规范中对这些地区需要限定河网密度，一般不表示水井、涵洞。

在我国西北干旱地区，蒸发量大大超过降水量，干河床多，常流河少，季节给水的河流和井、泉附近，成为人们生活、生产的主要基地（见图 8-2 和图 8-3）。制图规范对这些地区规定必须表示全部河流、季节河和泉水出露的地点。

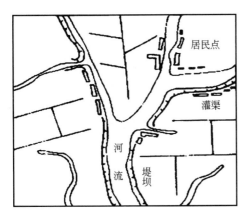

图 8-2　河网地区的地图

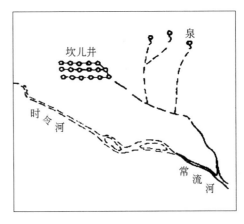

图 8-3　干旱区水系的表示

8.2.4　数据质量

地图概括的过程是以空间数据为基础的。数据的种类、特点及质量都直接影响地图概括的质量。编绘地图所用的各种图表、影像、统计数据和文字资料，均称为空间数据。这些空间数据有如下四种形式。

（1）天文、大地、全球定位系统测量资料。包括平面控制点和高程控制点，主要表现为数字形式。

（2）遥感图像和地图资料。包括可以获得的各种实测原图、航空相片、相片镶嵌图、各类卫星图像，以及各种地形图和部门地图。

（3）现势资料。指对上述图像和地图新近增加的行政隶属变更，地名更改，水系、道路改道，地磁数据的重新测定等文字或图表。

（4）各种专题编图资料。包括各种专题的图表资料（如地质剖面、土壤剖面）、数字资料（如气象报表、人口数字）、文字资料（如历史、地理和各专业部门的研究成果）。

制图时若资料收集完备和准确，则有利于地图概括方法的选择。例如，编制台风路径图，若资料详细、数据点密集，并掌握气象卫星云图，就能准确地编绘当年的台风发生与发展的地图。

空间数据的形式也会对地图概括的过程和方法产生影响，手工制图时，数字数据必须改变或创作成草图以后才能参与编图。而计算机制图时，地图数据需要数字化以后才能进行屏幕编辑。

8.2.5　地图符号的影响

地图上各种地物均以符号加以表示，符号的形状、大小和颜色等三要素直接影响地图的载负量，从而制约地图综合的程度。例如，在教学地图上表示河流，是通过较粗的线段描绘的，河流的细小弯曲便无法表达；而参考用图上的河流是用细线描绘的，能够把河流弯曲的细部表示出来。用细小圆圈符号和注记表示居民点，能在单位面积内表示较多的个数，若改用大的符号和注记，就不能不舍掉较多次要居民点。可见，根据用图的目的，设计合理的符号，能提高地图的容量。

1. 符号形状的影响

地图符号的形状有多种，有的形状占据的图面空间较少，有的则要占用较多的图面空间。例如，矩形或方形符号，互相可以贴得很近，在图上单位面积里可以配置较多的符号，从而收到减少地图综合程度、增加地图载负量和丰富地图内容的效果；而菱形符号无法贴近，只能是角点接近，占用的图面空间较大，在单位面积里可以配置的符号相对较少，结果只能加大地图综合程度。同样，象形符号和文字符号亦会明显地加大地图综合程度。

2. 符号大小的影响

符号最小尺寸的设计受许多因素的影响：读图时眼睛观察和分辨符号的能力，特别是能绘出和印刷出符号的技术可能性；地物的意义和地理环境；视觉因素的影响等。下面列举一些实验及常用数据予以说明。

根据实验数据可以知道，当视场角为 6′时，可观察到绘有晕线的方块（0.5 mm）；当视场角为 7′时，可观察到空心方块（0.6 mm）；当视场角为 4′～5′时，可清楚地看到复杂图形的突出部（0.3～0.4 mm），如图 8-4 所示；当采用深色单个符号表示居民点中建筑物时，可以采用符号的最小尺寸；但要用颜色普染一个小湖泊，用同样的最小尺寸就显不出湖泊的蓝色了，此时，规定图上表示湖泊的尺寸不得小于 1～2 mm²；为了表示地类界内的各种土质、植被，图上最小面积需放大到 25 mm²；海面上的地物较少，小的海岛在淡蓝的背景下显得很突出，即使采用单个的点子也能凸显出小岛的位置。

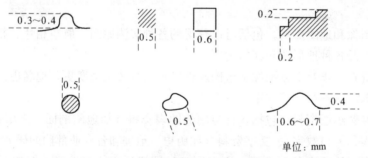

图 8-4　地图符号的最小尺寸

3. 符号颜色的影响

因色彩具有明显的区别性和很强的表现力，在地图上用多种颜色表示地图要素，各种符号的图形可以互相交错和重叠，构成多层平面。与单色地图相比，不仅增加了地图内容种类，而且使图上单位面积的容量成倍增加，并加强了地图的易读性。由此可见，用单色制图，地图综合程度大；用彩色制图，则地图综合程度小，有助于丰富地图内容，增加地图信息量。

8.3　地图概括的基本方法

地图概括的基本方法为内容取舍、数量化简、质量化简和形状化简及移位。

8.3.1　内容的取舍

内容的取舍是指选取较大的、主要的内容而舍去较小的、次要的或与地图主题无关的内容。"选取"主要表现在两个方面：一是选取主要的类别，例如，编地势图时主要选取水系、地形，而居民地、交通线、境界等适当选取；二是选取主要类别中的主要事物，例如，地势图上的水系，要选取干流及较重要的支流，以表示水系的类型及特征，政区图上的居民地要选取行政中心及人口数量多的。"舍去"也有两个方面：一是舍去次要的类别，例如政区图上舍去地形要素；二是舍去已选取类别中的次要事物，如舍去水系中短小支流或季节性河流，舍去居民地中的自然村等。

这里应当指出，所谓主要与次要是相对的，它随地图的主题、用途、比例尺的不同而异。例如，在地势图中，水系与地形是主要内容，应详细表示；居民地和交通线是次要内容，可适当表示，或不表示交通线。而在行政图上，居民地和交通线是主要内容，应详细表示；水系是次要内容，可适当表示；地形要素可不表示。

对地图的选取主要解决以下三个问题。

(1) 选取多少的问题是选取中的主要问题，因为不解决选取多少的问题，地图就不可能有适当的载负量。

(2) 选取哪些的问题是确定具体选取对象问题，它是选取过程的具体化。

(3) 怎样进行选取的问题是选取程序问题，即在选取中应能保证重要地物首先被选取，然后在几乎同等重要的地物之间进行选取。

1. 按分解尺度（最小尺寸）选取（资格法）

分解尺度是编图时决定制图物体取与舍的数量标准。确定分界尺度的主要依据是地图的用途要求、比例尺和制图区域地理特点。分界尺度的种类包括线性地图分界尺度、面积地图分界尺度、实地分界尺度、线性地图分界尺度与实地分界尺度相配合等四种。

按线性地图分界尺度选取就是利用地物在地图上的长度或相邻地物间的距离作为选取地物的尺度标准，一般适用于线状地物的选取。例如河流、冲沟、沟渠、陡岸等都是按线性地图分界尺度选取的，选取的指标如表 8-1 所示。

表 8-1　按线性地图分界尺度的选取标准

地物名称	分界尺度/mm 长 (l) 宽 (d) 深 (t)	说　　明
河流	$l=10$, $d=2$	选取图上长 10 mm 以上的河流，同时考虑相邻平行河流之间的间隔，当其小于 2 mm 时舍去
冲沟	$l=3$, $d=2$	选取图上长 3 mm 以上的冲沟，并保持最小间隔不小于 2 mm
干沟	$l=15$, $d=3$	选取图上长 15 mm 以上的干沟，并保持最小间隔不小于 3 mm
弯曲	$d=0.5\sim0.6$, $t=0.4$	选取宽 0.5～0.6 mm 和深 0.4 mm 以上的小弯曲
陡岸	$l=3$	在 1∶10 万比例尺地形图上，长 3 mm 以上的陡岸均应表示
消失河段 （伏流）	$l=2$	在 1∶10 万比例尺地形图上，熔岩地区的伏流河、干旱地区和沼泽地区的消失河段，图上长 2 mm 以上的一般应选取

地物名称	分界尺度/mm 长（l）宽（d）深（t）	说　　明
沟渠	$l=15$	在 1：10 万比例尺地形图上，凡长度不足 15 mm 的一般可以舍去
密集沟渠	$d=2\sim3$	沟渠密集时，在保持密度差别的情况下进行取舍，相邻沟渠间的距离不得小于 2～3 mm

　　按面积地图分界尺度选取，是利用地物在图上的面积作为选取地物的尺度标准，它适用于轮廓线不规则的呈面状分布的地物。例如湖泊、岛屿、土质与植被等都是按面积地图分界尺度选取的，选取指标如表 8-2 所示。

表 8-2　按面积地图分界尺度的选取标准

地物名称	分界尺度/mm² 面积（p）	说　　明
湖泊	$p=1$	选取图上面积大于 1 mm² 的湖泊
岛屿	$p=0.5$	选取图上面积大于 0.5 mm² 的岛屿
沼泽	$p=25$	选取图上面积大于 25 mm² 的沼泽
盐碱地	$p=100$	选取图上面积大于 100 mm² 的盐碱地（1：10 万）
雪被（裸露区）	$p=2$	选取图上面积大于 2 mm² 的雪地
森林（幼林）	$p=25$	图上面积大于 25 mm² 的森林（幼林）一般应选取，小于此尺寸的一般应舍去
林中空地	$p=10$	图上面积小于 10 mm² 的林中空地一般舍去

　　按实地分界尺度选取，是指按照地物的实际高度、长度或宽度（如梯田、冰塔、桥梁、河宽）作为选取地物的尺度标准。一般对于不能确定地图分界尺度或利用分界尺度不足以表示其实际意义的地物，采用实地分界尺度。例如梯田、冰塔、桥梁、河宽等都是按实地分界尺度选取的，选取指标如表 8-3 所示。

表 8-3　按实地分界尺度的选取标准

地物名称	实地分界尺度/m 比高（h）长（l）宽（d）	说　　明
梯田	$h=2$	1：10 万地形图编绘规范规定，选取实地比高 2 m 以上的梯田
冰塔	$h=5$	1：25 万地形图编绘规范规定，冰塔比高大于 5 m 的应注出比高的注记
桥梁	$l=30$	1：25 万地形图编绘规范规定，桥梁长度大于 30 m 的应予以表示
河宽	$d=50$	1：25 万地形图编绘规范规定，实地河宽大于 50 m 的应注出河宽、水深及河底质

按线性地图分界尺度与实地分界尺度相配合选取，是指有些地物的选取，不能只考虑单一的选取标志，既不能只考虑其线性地图分界尺度也不能只考虑其实地分界尺度。例如，铁路、公路上的路堤、路堑选取时必须同时考虑其图上长度和比高；1：5万地形图上长5 cm、比高3 m以上的路堑要选取等。

按分界尺度选取的方法，分为按分界尺度"无条件"选取和按分界尺度"有条件"选取两种方法。按分界尺度"无条件"选取，是指大于或等于分界尺度的地物全部选取，小于分界尺度的地物全部舍去。按分界尺度"有条件"选取，是指大于或等于分界尺度的地物全部选取后，对小于分界尺度的地物，则根据地图的用途要求和反映制图区域特征的需要，有目的地选取部分小于分界尺度的地物，并按最小尺寸描绘。"条件"是指地物本身所具有的政治、经济意义，该地物所处的地理位置的重要程度，地物的类型以及分布特征和密度差异等。

2. 按定额指标选取

定额指标是指地图上单位面积内选取地物的数量。定额指标可以用回归模型、开方根选取规律公式、适宜面积载负量等方法来计算。按定额指标选取方法主要用于居民地、湖泊群、岛屿群、建筑物符号群等的选取。

例如，规定每平方分米内居民地应选取的个数，它可以保证地图上具有相当丰富的内容，而又不影响地图的易读性。规定选取定额时，要考虑制图对象的意义、区域面积、分布特点、符号大小和注记字体规格等因素的影响。例如，规定居民地选取数量时，要考虑居民地分布的特点，一般都以居民地密度或人口密度的分布状况为基础。对于密度大的地区，单位面积内选取的数量多，密度小的地区，单位面积内选取的数量少，这才比较合理。

定额法的缺点是难以保证选取数量同所需要的质量指标相协调。例如，编制省（区）行政区划图时，要求将乡级以上的居民地均表示在图上，但是由于不同地区乡的范围大小不一，数量多少不等，若按定额选取，将会出现有的地区乡级居民地选完后，还要选入很多自然村才能达到定额，而另外的地区乡级居民地却超过定额数，以至无法保证全部选取，这就形成了各地区质量标准的不统一。为此，常规定选取范围——最高指标与最低指标，以调整不同区域间的选取差别。

3. 按开方根定律选取

在8.4节进行讲述。

4. 按地物综合区选取

地物综合区是将制图区域或图幅范围按物体的分布密度划分成的小区域，作为选取的基本单元，选取时在每一个综合区按统一的定额指标进行选取。综合区的形状根据不同要素的特点可以任意划分，一般比例尺大，综合区小些，反之大些。

5. 按地物等级选取

将制图物体按照某些标志分成等级，然后按照等级的高低进行选取。划分地物等级时必须考虑影响物体重要性的多种标志，即全面评价制图物体。图8-5是按地物某些标志区分等级（数字表示等级高低）后进行选取的示意图。

6. 选取方法的组合形式

在制图综合中，为了弥补一种选取方法的不足，常常采用选取方法的组合形式。主要有两种形式，即定额指标和分界尺度综合的选取、定额指标和地物等级组合的选取。

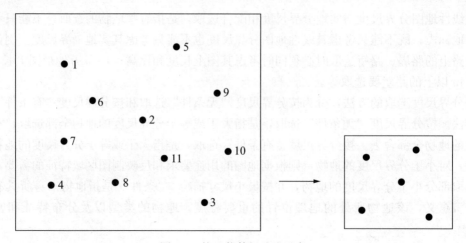

图 8-5　按地物等级选取示意

8.3.2　形状化简

制图物体的形状包括外部轮廓和内部结构，所以形状化简包括外部轮廓的化简和内部结构的化简两个方面。形状化简方法用于线状地物（如单线河、沟渠、岸线、道路、等高线等），主要是减少弯曲；对于面状地物（如用平面图形表示的居民地），则既要化简其外部轮廓，又要化简其内部结构。

1. 形状化简的基本方法

形状化简的基本方法有删除、合并、夸大和分割。

（1）删除。制图物体图形中的某些碎部，在比例尺缩小后无法清晰表示时应予以删除（见表 8-4）。

表 8-4　图形碎部的删除

	河　　流	等 高 线	居民地	森　　林
原资料图				
缩小后图形				
概括后图形				

（2）合并。随着地图比例尺的缩小，制图物体的图形及其间隔小到不能详细区分时，可以采用合并同类细部的方法，来反映制图物体的主要特征。例如，概括居民地平面图形时舍去次要街巷、合并街区；两块森林轮廓在地图上的间隔很小时，可联合成一个大的轮廓范围（见图 8-6）。

（3）夸大。为了显示和强调制图物体的形状特征，需要夸大一些本来按比例应当删除的碎部。例如，一条微微弯曲的河流，若机械地按指标进行概括，微小弯曲可能全部被舍掉，河流将变成平直的河段，失去原有的特征。这时，就必须在删除大量细小弯曲的

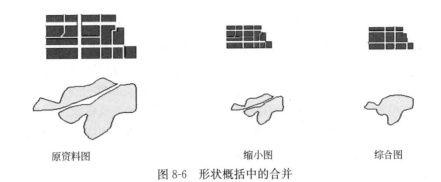

原资料图   缩小图   综合图

图 8-6 形状概括中的合并

同时，适当夸大其中的一部分。表 8-5 显示需要夸大表示的位于居民地、道路、岸线轮廓和等高线上的一些特殊弯曲。

表 8-5 形状概括时的夸大

要 素	居 民 地	公 路	海 岸	地 貌
资料图形			海域 陆地	
根据图形				

（4）分割。单用合并，有时会歪曲制图物体的特征，常常需要辅之以分割的方法。

2. 外部轮廓形状的化简要求

保持弯曲形状或轮廓图形的基本特征，保持弯曲特征转折点的精确性，保持不同地段弯曲程度的对比。

3. 内部结构的化简

内部结构是指制图物体内部或某一具有显著特征的景观单元内部各组成部分的分布和相互联系的格局。化简内部结构的基本方法是合并相邻的各组成部分，必要时辅之以其他化简方法。

8.3.3 数量特征和质量特征的化简

1. 数量特征的化简

制图物体的数量特征指的是物体的长度、面积、高度、深度、坡度、密度等可以用数量表达的标志和特征。

制图物体选取和形状概括都可能引起数量标志的变化。例如，舍去小的河流或去掉河流上的弯曲都会引起河流总长度的变化，从而引起河网密度的变化。

数量特征概括的操作体现在对标志数量的数值的化简，例如，去掉小数点后面的值，使高程或比高注记简化。

数量特征概括的结果，一般地表现为数量标志的改变并且常常是变得比较概略。

2. 质量特征的化简

制图物体质量特征指的是决定物体性质的特征。

用符号表示事物时，不可能对实地具备某种差别的物体都给以不同的符号，而是用同样的符号来表达实地上质量比较接近的一类物体，这就导致地图上表示的物体要进行分类和分级。

分类比分级的概念要广一些。对于性质上有重要差别的物体用分类的概念，例如，河流和居民地属于不同的类。同一类物体由于其质量或数量标志的某种差别，又可以区分出不同的等级。其分级数据可以是定名量表的（如居民地按行政意义分级），也可以是顺序量表的（如居民地按大、中、小分级）或是间隔量表的（如居民地按人口数分级）。

分级的标志可能不同，但区分出的每一个级别都代表一定的质量概念。随着地图比例尺的缩小，图面上能够表达出来的制图物体的数量越来越少，这也需要相应地减少它们的类别和等级。制图物体的质量概括就是用合并或删除的办法来达到减少分类、分级的目的。由于地图比例尺缩小或地图用途的改变，在地图上整个地删除某类标志的情况是常有的，例如，不表示河流的通航性质，也就减少河流之间的质量差别。减少分级则常常是通过对原来级别的合并来实现的，例如，把人口数 1 万～2 万和 2 万～5 万的居民地合并为 1 万～5 万的居民地。

质量概括的结果，常常表现为制图物体间质量差别的减少，以概括的分类、分组代替详细的分类、分组，以总体概念代替局部概念。

3. 实施质量、数量特征概括的方法

实施质量、数量特征概括的基本方法有等级合并方法、概念转换方法和图形等级转换方法。

（1）等级合并方法。等级合并就是通过合并制图对象的质量、数量等级，即减少按质量、数量特征分级的数目，实现质量、数量特征的概括。

地图上表示的制图对象的质量、数量等级，可以分为质量等级和顺序等级两种。

若表示的制图对象有明确的质量差异但无先后次序（可按任意方式排列），则为质量分级，最典型的例子如植被、干出滩、沼泽等的质量分级；若表示的制图对象的质量或数量特征有明确的先后顺序，则为等级顺序，如公路按宽度、建筑情况、行驶速度等分级，居民地按行政意义或人口数分级等。

地物质量等级由于没有明确的被公认的先后顺序，因此，可以用不同的方法进行分类合并。但是，这种分类和合并必须建立在正确的、科学的归类概念上。例如，随着比例尺的缩小，植被中的森林、矮林、幼林、苗圃和小面积树林可以合并为森林。但是，植被中的森林和稻田则不能合并，因为前者是木本植物，而后者是草本植物。地物顺序等级由于有明确的被公认的先后顺序，因此，随着比例尺的缩小，可以按质量特征（或数量特征）重新划分等级，也可合并等级，即按级合并相邻的地物种类，如道路等级的合并。

按空间数据的质量和数量特征来合并等级，减少等级，扩大级差。类别合并不是类别删除，而是组成新类。

应当指出，并非所有的地物顺序等级都能采用合并的方法，例如，居民地按行政意义分级，在任何时候，都不能将县级居民地与乡级居民地合并为一个等级，此时只能采用"截取"方法，即只选取县级以上居民地，乡级以下居民地不表示。

（2）概念转换方法。概念转换是指由一种目标的本来的质量概念转换为另一种目标的质量概念。例如，大片森林中的小面积空地转换为森林。

（3）制图物体的图形等级转换方法。对于同类地物来说，地物质量的差别是通过与地物质量相应的图形分级来体现的。图形等级转换通过轮廓图形和符号图形的转换来实现地物质量、数量特征概括。

例如，图 8-7 是居民地轮廓图形和符号图形的转换。

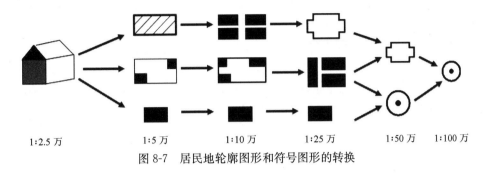

图 8-7　居民地轮廓图形和符号图形的转换

8.3.4　位移

随着地图比例尺的缩小，以符号表示的各个物体之间相互压盖，模糊了相互间的关系（甚至无法正确表达），使人难以判断，需要采用图解的方法加以正确处理。即采用"位移"的方法。"位移"的目的是要保证地图内容各要素总体结构的适应性，即与实地的相似性。

1. 位移解决的问题

采用位移方法，必须解决以下问题。

（1）哪个位移，哪个不位移？

（2）往哪个方向位移？

（3）位移多少？

2. 位移的条件

为了使地图上各要素间关系正确，有下列情况之一者，地物符号必须位移。

（1）毗邻地物之间没有必要的最小间隔但又必须放大地物本身的轮廓。

（2）加粗线条，加宽符号时。

（3）在不破坏毗邻地物图形的情况下必须放大地物本身的轮廓。

（4）由于毗邻地物的移位不允许改变彼此的相对位置。

3. 位移的大小

位移的大小以两符号间关系能够清晰表达且留有最小间隙（0.2 mm）较为适宜。

4. 位移的基本要求

1）一般原则是保证重要物体位置准确，移动次要物体

（1）海、湖、大河流等大的水系物体与岸边地物发生矛盾时，海、湖等不位移。

（2）海、湖、河岸线与岸边道路发生矛盾时，保持岸线位置不动，平移道路，或保持岸线、道路走向不变，断开岸线。

（3）海、湖、河岸线与岸边人工堤发生矛盾，堤为主时，堤坝基线不动，堤坝基线代替岸线；岸线为主时，岸线不动，向内陆方向平移堤坝，堤坝与岸线保持间隔 0.2 mm。

（4）城市中河流、铁路与居民地街区矛盾时，河流、铁路位置不动，移动或缩小居民地街区（河流不动，移动铁路和街区）。

（5）高级道路与居民地发生矛盾时，保持相离、相切、相通的关系，移动小居民地。

2）在特殊情况下，要考虑地区特点、各要素制约关系、图形特征、移位难易等条件

（1）峡谷中各要素关系处理，保持谷底位置不动，依次移动铁路、公路。

（2）位于等高线稀疏开阔地区的单线河与高级道路，应保持高级道路位置不动，而移动单线河。

（3）沿海、湖狭长陆地延伸的高级道路与岸线，应移动岸线，保持高级道路的完整而准确地绘出。

（4）狭长海湾与道路、居民地毗邻时，应保持道路位置和走向及居民地位置不变，而平移河流，扩大海湾的弯曲。

3）相同要素不同等级地物间图解关系的处理

（1）同一平面上相交时。等级相同的高级道路，应断开高级道路岔口内的交叉边线；等级不同的高级道路，应保持高一级道路符号的完整连续，其他等级的道路在交叉点处衔接；低级道路均以实线相交，并保持交点位置准确。

（2）同一平面上平行时。高级道路及桥梁采用共边线的方法，或保持高一级道路不动，移动低一级的道路；相同等级的道路则视情况，移动一条，或者两条同时向两侧移动。

（3）不同平面上相交时。位于上面的道路，不论等级高低，一律压盖下面的道路；对于立体交叉的道路可作适当化简。

（4）不同平面平行时。保持高级道路不动，移动低级道路，或者共用边线。

8.4 开方根定律

开方根定律是探讨新编图（派生图）与资料图上某类制图物体数量的规律。因为新编图与资料图上某类制图物体数量之比同两种地图比例尺分母之比的开方根有着密切的关系，故称为开方根定律，又叫根式定律法，它是德国地图学家托普费尔在多年制图经验的基础上提出的。

8.4.1 开方根定律的基本模型

开方根定律的基本模型为

$$n_F = n_A \sqrt{\dfrac{M_A}{M_F}} \tag{8-1}$$

式中：n_A——资料图上有关要素的数量；

n_F——新编图上要选取的有关要素的数量；

M_A——资料图比例尺分母；

M_F——新编图比例尺分母。

8.4.2 开方根定律的通用模型

在地图制图综合中，选取物体数量的多少受多种因素影响，如新编图与资料图的符号尺度并不都是按开方根规律来设计的，又如物体重要性不一样等，使物体的选取数量不符合基本选取规律。为此，对开方根定律的基本模型进行改进，有

$$n_F = n_A C_Z C_B \sqrt{\dfrac{M_A}{M_F}} \tag{8-2}$$

式中：C_Z——符号尺度系数；

　　C_B——物体重要性系数。式（8-2）称为通用选取模型。

　　1. 符号尺度系数 C_Z

　　（1）当符号尺寸符合开方根定律时，地图符号按比例尺分母的比率缩小，选取时不需要考虑符号的尺度，此时

$$C_Z = 1 \tag{8-3}$$

　　在实施制图综合时，有些物体符号虽然不符合尺度规律，但符号尺度对选取没有明显的影响。例如，河流的选取，等高线弯曲的选取（概括）和数量不多的独立物体的选取，也可以不考虑地图符号的尺度。

　　（2）当符号尺寸既不符合开方根定律，又不相等时，要分线状和面状两种情况来考虑。对于线状物体有

$$C_Z = \frac{s_A}{s_F} \sqrt{\frac{M_A}{M_F}} \tag{8-4}$$

对于面状物体有

$$C_Z = \frac{f_A}{f_F} \sqrt{\left(\frac{M_A}{M_F}\right)^2} \tag{8-5}$$

　　式（8-4）和式（8-5）中，s 和 f 分别为线状符号的线粗和面状符号的面积。

　　（3）当符号尺寸不符合开方根定律，但相等时，要分线状和面状两种情况来考虑。对于线状物体有

$$C_Z = \sqrt{\frac{M_A}{M_F}} \tag{8-6}$$

对于面状物体有

$$C_Z = \sqrt{\left(\frac{M_A}{M_F}\right)^2} \tag{8-7}$$

　　2. 物体重要性系数 C_B

　　当制图物体为重要物体时

$$C_B = \sqrt{\frac{M_F}{M_A}} \tag{8-8}$$

当制图物体为一般物体时

$$C_B = 1 \tag{8-9}$$

当制图物体为次要物体时

$$C_B = \sqrt{\frac{M_A}{M_F}} \tag{8-10}$$

　　在同时考虑符号尺度系数和物体重要性系数的情况下，可得出一系列的实用公式，如表 8-6 所示。

8.4.3　选取系数和选取级

　　在式（8-2）中，令 $K = C_Z C_B \sqrt{\frac{M_A}{M_F}}$，则有

$$n_F = K n_A \tag{8-11}$$

其中，K 称为选取系数。显然影响 K 的大小有三个因素：地图比例尺（M），物体的重要性（C_B）和符号尺度（C_Z）。因此，选取系数 K 可表示为

$$K = \sqrt{\left(\frac{M_A}{M_F}\right)^x} \tag{8-12}$$

或

$$\left. \begin{array}{l} \text{线状物体：} K = \dfrac{s_A}{s_F}\sqrt{\left(\dfrac{M_A}{M_F}\right)^x} \\[4mm] \text{面状物体：} K = \dfrac{f_A}{f_F}\sqrt{\left(\dfrac{M_A}{M_F}\right)^x} \end{array} \right\} \tag{8-13}$$

表 8-6　实用公式

C_Z ＼ C_B		$C_B = \sqrt{\dfrac{M_F}{M_A}}$（重要）	$C_B = 1$（一般）	$C_B = \sqrt{\dfrac{M_A}{M_F}}$（次要）
符号尺寸符合开方根定律 $C_Z = 1$		$n_F = n_A$	$n_F = n_A\sqrt{\dfrac{M_A}{M_F}}$	$n_F = n_A\sqrt{\left(\dfrac{M_A}{M_F}\right)^2}$
符号尺寸不符合开方根定律，但尺寸相等	线状 $C_Z = \sqrt{\dfrac{M_A}{M_F}}$	$n_F = n_A\sqrt{\dfrac{M_A}{M_F}}$	$n_F = n_A\sqrt{\left(\dfrac{M_A}{M_F}\right)^2}$	$n_F = n_A\sqrt{\left(\dfrac{M_A}{M_F}\right)^3}$
	面状 $C_Z = \sqrt{\left(\dfrac{M_A}{M_F}\right)^2}$	$n_F = n_A\sqrt{\left(\dfrac{M_A}{M_F}\right)^2}$	$n_F = n_A\sqrt{\left(\dfrac{M_A}{M_F}\right)^3}$	$n_F = n_A\sqrt{\left(\dfrac{M_A}{M_F}\right)^4}$
符号尺寸不符合开方根定律，尺寸也不相等	线状 $C_Z = \dfrac{s_A}{s_F}\sqrt{\dfrac{M_A}{M_F}}$	$n_F = \dfrac{s_A}{s_F}n_A\sqrt{\dfrac{M_A}{M_F}}$	$n_F = \dfrac{s_A}{s_F}n_A\sqrt{\left(\dfrac{M_A}{M_F}\right)^2}$	$n_F = \dfrac{s_A}{s_F}n_A\sqrt{\left(\dfrac{M_A}{M_F}\right)^3}$
	面状 $C_Z = \dfrac{f_A}{f_F}\sqrt{\left(\dfrac{M_A}{M_F}\right)^2}$	$n_F = \dfrac{f_A}{f_F}n_A\sqrt{\left(\dfrac{M_A}{M_F}\right)^2}$	$n_F = \dfrac{f_A}{f_F}n_A\sqrt{\left(\dfrac{M_A}{M_F}\right)^3}$	$n_F = \dfrac{f_A}{f_F}n_A\sqrt{\left(\dfrac{M_A}{M_F}\right)^4}$

在符号尺度符合开方根定律或符号尺度相等的情况下，用式（8-12）可确定选取系数 K，K 的区别仅在于指数 x，x 称为选取级。其余情况需分别确定 s 和 f 的值，才能得到 K。一般来说，$0 \leqslant x \leqslant 4$，$x$ 可分别取 0，1，2，3，4 等数值。

　　[例 8-1]　用 1∶10 万比例尺地形图作为资料，编制 1∶25 万比例尺地形图，符号尺度不符合开方根定律又不相等。

解： 根据通用选取定律模型

$$n_F = n_A C_Z C_B \sqrt{\frac{M_A}{M_F}}$$

（1）对于独立地物

$$C_Z = 1$$

重要独立地物为

$$C_B = \sqrt{\dfrac{M_F}{M_A}}, \quad K = C_Z C_B \sqrt{\dfrac{M_A}{M_F}} = 1, \quad x = 0, \quad n_F = n_A$$

一般独立地物为

$$C_B = 1, \quad K = C_Z C_B \sqrt{\dfrac{M_A}{M_F}} = \sqrt{\dfrac{10}{25}} = 0.632, \quad x = 1, \quad n_F = 0.632 n_A$$

次要独立地物为

$$C_B = \sqrt{\dfrac{M_A}{M_F}}, \quad K = \sqrt{\left(\dfrac{M_A}{M_F}\right)^2} = \sqrt{\left(\dfrac{10}{25}\right)^2} = 0.4, \quad x = 2, \quad n_F = 0.4 n_A$$

（2）对于线状地物

$$C_Z = \dfrac{s_A}{s_F} \sqrt{\dfrac{M_A}{M_F}}$$

重要线状地物为

$$C_B = \sqrt{\dfrac{M_F}{M_A}}, \quad K = C_Z C_B \sqrt{\dfrac{M_A}{M_F}} = \dfrac{s_A}{s_F} \sqrt{\dfrac{M_A}{M_F}} = 0.632 \dfrac{s_A}{s_F}, \quad x = 1, \quad n_F = 0.632 \dfrac{s_A}{s_F} n_A$$

一般线状物体为

$$K = 0.4 \dfrac{s_A}{s_F}, \quad x = 2, \quad n_F = 0.4 \dfrac{s_A}{s_F} n_A$$

次要线状物体为

$$K = 0.253 \dfrac{s_A}{s_F}, \quad x = 3, \quad n_F = 0.253 \dfrac{s_A}{s_F} n_A$$

（3）对于面状物体

$$C_Z = \dfrac{f_A}{f_F} \sqrt{\left(\dfrac{M_A}{M_F}\right)^2}$$

重要面状物体为

$$C_B = \sqrt{\dfrac{M_F}{M_A}}, \quad K = C_Z C_B \sqrt{\dfrac{M_A}{M_F}} = \dfrac{f_A}{f_F} \sqrt{\left(\dfrac{M_A}{M_F}\right)^2} = 0.4 \dfrac{f_A}{f_F}, \quad x = 2, \quad n_F = 0.4 \dfrac{f_A}{f_F} n_A$$

一般面状物体为

$$K = 0.2534 \dfrac{f_A}{f_F}, \quad x = 3, \quad n_F = 0.253 \dfrac{f_A}{f_F} n_A$$

次要面状物体为

$$K = 0.16 \dfrac{f_A}{f_F}, \quad x = 4, \quad n_F = 0.16 \dfrac{f_A}{f_F} n_A$$

8.4.4　开方根模型在地图综合中的应用

开方根模型为制图综合提供较为客观而简单易行的数字标准。开方根模型的适应性非常强、可以用于地图各要素的制图综合，这里只举几个类型的例子。

1. 独立地物的选取模型

[例8-2]　选择面积为 $100~\mathrm{km}^2$ 的相应地区的 1∶5 万和 1∶10 万地形图进行量测试验，

量测结果，如表 8-7 所示。

解： 根据通用基本模型

$$n_F = n_A C_Z C_B \sqrt{\frac{M_A}{M_F}}$$

对于独立地物有：$C_Z = 1$

重要独立地物（本例中编号为 1，2，3）为

$$C_B = \sqrt{\frac{M_F}{M_A}}, \quad K = C_Z C_B \sqrt{\frac{M_A}{M_F}} = 1, \quad n_F = n_A$$

一般独立地物（本例中编号为 4，5，6）为

$$C_B = 1, \quad K = C_Z C_B \sqrt{\frac{M_A}{M_F}} = \sqrt{\frac{M_A}{M_F}} = \sqrt{\frac{5}{10}} = 0.707, \quad n_F = 0.707 n_A$$

次要独立地物（本例中编号为 7，8，9，10）为

$$C_B = \sqrt{\frac{M_A}{M_F}}, \quad K = C_Z C_B \sqrt{\frac{M_A}{M_F}} = \sqrt{\left(\frac{M_A}{M_F}\right)^2} = \sqrt{\left(\frac{5}{10}\right)^2} = 0.5, \quad n_F = 0.5 n_A$$

用上述模型进行计算所得的结果列于表 8-7。从表 8-7 中可以看出，量测值和计算值十分接近。

表 8-7　数　据

编号	地物名称	1∶5 万地形图上的数量	1∶10 万地形图上	
			实有数量	计算量
1	导线点	1	1	1
2	有烟囱的工厂	1	1	1
3	牌坊	2	2	2
4	土堆、砖瓦窑	7	4	5
5	坟地	15	10	11
6	采掘场	10	6	7
7	有方位意义的树林	3	1	1
8	独立树	5	2	2
9	灌木丛	5	2	2
10	土地庙	10	4	5

2. 居民地的选取

由于居民地的数量相差很大，地图上居民地不可能按照一个固定的选取系数进行选取。当居民地很稀疏时，必须全部选取，$K = 1$，$x = 0$；当居民地密度非常大时，达到最高量，取 $x = 4$，即

$$K = \sqrt{\left(\frac{M_A}{M_F}\right)^4}$$

因此，居民地选取系数 K 应在 $1 \sim \sqrt{\left(\frac{M_A}{M_F}\right)^4}$。

　　按照地图制图综合的一般规律,综合后的地图上既要保持各区域的密度有差别,又要使稀疏区能尽可能多表示一些,即前面的级差大一些,后面的级差小一些。取对数分级就可做到这一点。

　　[例 8-3]　用 1∶50 万地形图作为资料,编绘 1∶100 万地形图,居民地密度分为 6 级。

$$K = \sqrt{\left(\frac{M_A}{M_F}\right)^4} = \sqrt{\left(\frac{50}{100}\right)^4} = 0.25$$

选取系数范围在 1～0.25 之间。

　　解: 对选取系数 K 取常用对数

$$\lg 1 = 0, \quad \lg 0.25 = -0.6$$

即 0～−0.6,分为 6 级,即

$$0 \sim -0.12 \sim -0.24 \sim -0.36 \sim -0.48 \sim -0.6$$

求反对数可得各级选取系数 K 为

$$1 \sim 0.76, \ 0.76 \sim 0.58, \ 0.58 \sim 0.44, \ 0.44 \sim 0.33, \ 0.33 \sim 0.25, \ \leqslant 0.25$$

　　从以上的分级结果可以看出,分级的级差前面大,越到后面越小,符合制图综合原理。

　　有关学者曾对居民地的选取系数进行了大量的分析和研究,用样图试验和分析已成图的办法获得选取系数的分组界限。表 8-8 列出了以 1∶50 万地形图作为资料,编绘 1∶100 万地形图时的系数分级的研究成果。

表 8-8　研　究　成　果

密度系数个/100 cm²	0～15	15～35	35～60	60～110	110～200	＞200
选取系数	1～0.7	0.7～0.5	0.5～0.4	0.4～0.32	0.32～0.27	0.27
选取个数个/100 cm²	0～42	42～70	70～96	96～141	141～216	＞216

　　从表 8-8 中可以看出两者的差别不大,但前者与后者相比,一是方法要简单很多,二是所有过程全部模型化。

8.5　地图综合的基本规律

　　前面讨论了地图综合的各种方法和它的制约因素,应当可以明白地图综合包含大量的因素。制图者的认识水平会对地图综合结果产生极大的影响。不管是对人还是对机器,这种所谓的主观性都是不可避免的。

　　地图经过漫长的演变和发展,对它的规格和标准已经形成了一些约定的规则。

8.5.1　图形最小尺寸

　　地图上的基本图形包括线划、几何图形、轮廓图形和弯曲等。这里要讨论的是图形可以小到什么程度,即基本图形应当达到的最小尺寸。根据长期的制图实践,可得到以下数据。

　　(1) 单线划的粗细为 0.08～0.1 mm。

　　(2) 两条实线间的间隔为 0.15～0.2 mm。

　　(3) 实心矩形的边长为 0.3～0.4 mm。

（4）复杂轮廓的突出部位为 0.3 mm。

（5）空心矩形的空白部分边长为 0.4～0.5 mm。

（6）相邻实心图形的间隔为 0.2 mm。

（7）实线轮廓的半径为 0.4～0.5 mm。

（8）点线轮廓的最小面积为 2.5～3.2 mm^2。

（9）弯曲图形的内径为 0.4 mm 时，宽度需达到 0.6～0.7 mm。

这些数据都是图形在反差大、要素不复杂的背景条件下制定的。如果地图上带有底色或图形所处的背景很复杂，都会影响读者的视觉，应适当加大其尺寸。

这些尺寸为地图综合尺寸提供基本参考。

8.5.2　地图载负量

衡量地图上地图内容的多少，目前使用最普遍的指标是地图载负量。

1. 基本概念

地图载负量也称为地图的容量，一般理解为地图图廓内符号和注记的数量。显然，地图载负量制约着地图内容的多少，当地图符号确定以后，地图载负量越大，意味着地图内容越多。

在研究地图载负量时，还必须研究另外两个概念，即极限载负量和适宜载负量。

（1）极限载负量。指地图可能达到的最高容量。

（2）适宜载负量。根据地图的用途、比例尺和景观条件确定该图适当的载负量。

2. 载负量形式

地图载负量分为两种形式：面积载负量和数值载负量。

（1）面积载负量。指地图上所有符号和注记的面积与图幅总面积之比，规定用单位面积内符号和注记所占的面积来表达。例如，23 是指在 1 cm^2 面积内符号和注记所占的面积平均为 23 mm^2。

（2）数值载负量。指单位面积内符号的个数。例如，对居民地，数值载负量通常指的是 100 cm^2 面积内居民地的个数。例如，163 指在 100 cm^2 范围内有 163 个居民地。对于线状物体，通常指 1 cm^2 范围内平均拥有的线状符号的长度，称为密度系数，表示为 $K=1.8$ cm/cm^2。对于林化程度、沼化程度，则使用面积百分比来表示，例如 0.63 或 63%。

3. 面积载负量的计算

地图上不同要素的面积载负量的计算方式不同。其计算方法如下。

（1）居民地。用符号和注记的面积来计算，不同等级要分别计算，注记字数按平均数计算。

（2）道路。根据长度和粗度计算面积。

（3）水系。只计算单线河、渠道、附属建筑物、水域的水涯线及注记的面积。

（4）境界线。根据长度和粗细计算面积。

（5）植被。只计算符号和注记，不计算普色面积。

（6）等高线。作为背景，不计算面积。

实践证明，一幅地图的总载负量中居民地载负量占的份额最大，有时可达总量的 70%～80%，其次是道路和水系，境界的载负量通常很小。所以，当研究地图载负量时，重点是研究居民地。

4. 地图载负量分级

不同地区的适宜载负量指不同地区应具有的相应载负量的值。

人的视觉辨认图上内容多少的能力是有限的，它们之间的差异必须达到一定的程度才能被识别出来，因此就要研究载负量的分级问题，它的目的是确定载负量能够辨认出的最小差别。

大量的研究证明，载负量分级可用下面的数学模型来描述。

$$Q_n = Q_{n-1}/\rho_i$$

式中：　　Q_n——第 n 级密度区的面积载负量，$n = 1，2，3，\cdots$；

　　　　Q_{n-1}——第 $n-1$ 级密度区的面积载负量；

　　　　ρ_i——辨认系数，它是一个变数，在 1.2～1.5 之间变化，Q_{n-1} 的值越大，ρ_i 的值就越小。

当 $n = 1$ 时，可认为是最密区的载负量，即极限载负量。

5. 极限载负量及其影响

迅速而准确地确定新编地图上的极限载负量是目前地图学中需要解决的重大理论问题之一。

地图极限载负量的数值主要取决于地图比例尺。当然，地图用途、景观条件、制图和印刷技术也会对它有一定的影响。

根据有关专家的统计数据，可以用图 8-8 的形式表示极限载负量同地图比例尺之间的关系。

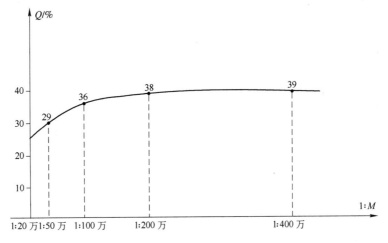

图 8-8　极限载负量同地图比例尺的关系

从图上可以看出以下一些规律。

（1）随着地图比例尺的缩小，极限载负量的数值会增加。

（2）极限载负量的数值会有一个限度，当地图比例尺小于 1：100 万时，其增加已经很缓慢，到 1：400 万时逐渐趋于一个常数（阈值）。

（3）面积载负量达到一个常数的条件下，通过改进符号设计、提高制图和印刷的技艺还可以增加所表达的地图内容。

8.5.3　制图物体选取基本规律

在进行地图综合时，可以通过许多方法来确定选取指标并对制图物体实施选取。由于制图者的认识水平和所采用的数学模型的局限性，其选取结果可能是有差异的。那么，如何判断选取结果是否正确就成为一个必须研究的问题，这就是选取基本规律问题，即正确的选取结果应符合如下的基本规律。

（1）制图物体的密度越大，其选取标准定得越低，被舍弃目标的绝对数量越大。

（2）选取遵守从主要到次要、从大到小的顺序，在任何情况下舍去的都应是较小的、次要的目标，而把较大的、重要的目标保留在地图上，使地图能保持地区的基本面貌。

（3）物体密度系数损失的绝对值和相对量都应从高密度区向低密度区逐渐减少。

（4）在保持各密度区之间具有最小的辨认系数的前提下保持各地区间的密度对比关系。

8.5.4　制图物体形状概括的基本规律

前已论述，地图综合中的概括分为形状概括、数量特征概括和质量特征概括三个方面。其中数量特征概括和质量特征概括表现为数量特征减少或变得更加概略，减少物体的分类、分级等。所以，地图综合中概括的基本规律实际上主要是研究形状概括的规律。

形状概括基本规律表现为以下几点。

1. 舍去小于规定尺寸的弯曲，夸大特征弯曲，保持图形的基本特征

根据地图的用途等制约因素，设计文件给出保留在地图上的弯曲的最小尺度。一般来说，地图综合时应概括掉小于规定尺寸的弯曲，但由于其位置或其他因素的影响，某些小弯曲是不能去掉的，这就要把它夸大到最小弯曲规定的尺寸，不允许对大于规定尺寸的弯曲任意夸大。化简和夸大的结果应能反映该图形的基本（轮廓）特征。

2. 保持各线段上的曲折系数和单位长度上的弯曲个数的对比

曲折系数和单位长度上的弯曲个数是标志曲线弯曲特征的重要指标，概括结果应能反映不同线段上弯曲特征的对比关系。

3. 保持弯曲图形的类型特征

每种不同类型的曲线都有自己特定的弯曲形状，例如，河流根据其发育阶段有不同类型的弯曲。不同类型的海岸线其弯曲形状不同，各种不同地貌类型的地貌等高线图形更有不同弯曲类型。形状概括应能突出反映各自的类型特征。

4. 保持制图对象的结构对比

把制图对象作为群体来研究，不管是面状、线状，还是点状物体的分布都有个结构问题，这其中包括结构类型和结构密度两个方面，综合后要保持不同地段间物体的结构对比关系。

5. 保持面状物体的面积平衡

对面状轮廓的化简会造成局部的面积损失或面积扩大，总体上应保持损失的和扩大的面积基本平衡，以保持面状物体的面积基本不变。

8.5.5　地图综合需处理好的几个关系

地图综合应加强客观性，避免主观性。为此既要强调地理规律，即加强对制图对象区域

特点和分布规律的研究，又要通过数量统计分析建立选取和概括的数量指标和依据。地图综合需要处理好下列矛盾和关系。

（1）地理真实性（相似性）与几何精确性的关系。在反映制图对象地理分布规律和区域特点与体现相似性的前提下，进行必要的图形的取舍、合并、简化、夸大与位移，但为了保持地图几何的精确性，具有重要定位意义的点与线不能移动与夸大。

（2）制图对象分布的普遍规律、典型特征与特殊规律、区域特点的关系。不能为了强调普遍规律而使图形千篇一律，如不能把高山、中低山与丘陵地区，以及黄土高原的等高线画法都画成一种模式；但也不能为了保持区域特点而使图形千变万化，体现不出地理规律性。

（3）地图载负量与地图易读性的关系。既不要为了过多表达地图内容而影响地图易读性，也不能为了地图的易读性而致使地图内容贫乏。可采用多层平面设计，在不影响易读性的前提下，尽可能多地表示地图内容，尤其是多要素的综合性地图。分布图与类型图，尽量避免图例很多而轮廓界线很少，力求做到图例少，而图斑细致。

本 章 小 结

本章就地图综合的基本知识进行了介绍。主要介绍了地图综合的基本概念、地图概括的基本方法、地图综合考虑的因素、开方根定律及其应用、地图载负量及其地图综合的基本规律。一定要掌握地图综合的基本概念，如概括与选取；一定要理解地图载负量的含义及其意义；一定要学会利用开方根定律解决地图综合的问题。

复习思考题

1. 何谓地图综合？为什么要进行地图综合？

2. 地图选取用什么方法？它们各自有什么优缺点？如何配合运用？

3. 影响地图综合的主要因素有哪些？这些因素是如何影响地图综合的？

4. 地图综合的概括包括哪些内容？如何进行概括？

5. 什么是地图载负量、面积载负量、数值载负量、极限载负量和适宜载负量？

6. 何谓开方根选取的基本模型公式。对于独立地物，用点状符号来表示，如果在 1∶5 万地图上选取点数为 100 个，那么在 1∶25 万地图上按此基本模型计算应选取多少？

7. 论述概括与选取的关系。

第9章 地图设计

生产一幅地图首先的工作是干什么？它与修路等工程项目一样，首先是要进行设计。在地图生产以前，要确定出地图的图幅、地图投影、地图的比例尺、图例的设计、地图的图面内容安排和地图总体设计书等内容。这也就是本章所要解决的问题，即地图设计。

由于在第3章对地图投影的选择已经做了介绍，本章就不再重复。

9.1 地图设计概述

9.1.1 地图设计的基本概念和特点

地图设计是根据地图用途和用户的要求，按照视觉感受理论和地图设计原则，对地图的技术规格、总体构成、数学基础、地图内容及表示方法、地图符号与色彩、制作工艺等进行全面的规划。一般以地图设计书、地图编绘规范、地图图式符号的形式做出原则性规定。

地图设计实际上是地图的创作过程，是整个地图生产过程的准备工作，是地图制图人员在制图业务准备阶段的所有思维过程的统称。如何将纷繁复杂的地表存在表现在地图上，这一直是测绘科学研究的重点内容，也是地图学研究的核心问题。

地图设计的特点体现在它是一种创造性的智力劳动。地图设计者在设计地图时，首先根据需求对未来的地图进行心象设计，而后对心象进行思维，确定几种较好的心象设计方案，并将其可视化出来，对几种方案分析、权衡、评价、比较，最终确定一种最佳设计方案。因此，一个好的地图设计方案是研究成果与新理论、新技术的融合。在此过程中人的认知能力，以及社会环境和技术特征起到关键性作用。同一制图区域，不同国家、不同时期、不同制图者设计制作的地图是不一样的。

9.1.2 地图设计的过程与内容

地图设计的内容主要包括以下各项工作。

（1）深入地了解和认识地图的用途和使用者的要求。这是开始设计地图之前必须明确的问题。地图的用途和要求决定了地图内容的选取及内容表示的深度和范围，也是选择表示方法等一系列重要技术方案的依据。

地图的用途和要求，通常在上级下达设计任务时已有交代，但往往还不够具体，尤其容易缺少制图专业技术上的要求。因此，在设计地图前，应与用图单位充分交换意见，以期共同地对新地图的面貌建立一个初步的轮廓。

（2）分析研究已出版的与新编地图接近的或同一类型的地图，作为设计工作的参考。任何一幅地图的设计方案，都不是凭空想出来的，而是在总结过去设计生产地图的经验，分析现有地图的优缺点的基础上，根据新图的要求和生产条件产生的。因此，在设计地图前，分析研究已出版的与新编地图接近的或同一类型的地图，可以使地图设计有所借鉴，有所启发，少走弯路，缩短设计时间。地图设计工作既要重视前人的经验，又要避免墨守成规，要在原有的基础上有所提高，有所发展。

这一工作不限于对已出版图的图面分析，如有可能获得某些地图的原始设计文件和技术总结，可以了解该图的设计思想和成图过程，对地图设计工作很有帮助。

（3）了解地图资料的保障状况，收集和分析资料。这是地图设计工作的中心环节。一切新的要求、方案的实现，全要依赖编图资料的保障，这是设计工作的物质基础，设计与编绘地图的全过程本质上就是处理与使用资料的过程。

收集来的资料种类繁多，情况复杂，要根据新图的要求加以整理和分析，区分出基本资料和补充资料，以便最大限度地利用资料内容，确定合理的生产方案。

（4）进行地图的总体设计。地图的总体设计就是初步确定地图的基本规格。即在上面调查研究的基础上，提出新地图的初步设计方案，包括地图的名称、制图区域范围、地图比例尺和图面的规划与安排等，同时，提出地图内容及表示方法的初步设想。总体设计是从形式上与规格上体现用图者要求的重要环节，是地图设计能否成功的基本保障。

（5）设计地图投影。明确地图用途后就可以开始设计地图投影。对普通地图来说，如无特殊要求，投影的设计实际上就是投影的选择问题，可以在地图投影选择集上，根据需要直接选择使用；对有特殊要求的普通地图及专题地图则应专门设计投影，以适应用图者的需要。这项工作可以和以后各工序平行进行，但它与确定图幅的准确范围和转绘内容的技术方法等环节有较密切的关系，相互之间有影响。

（6）研究制图区域状况和确定地图内容。区域状况研究的结果是要明确地图用途所要求表示的那些内容能否正确表示，要表示到何等详细的程度，用什么样的制图方法表示等一系列问题，只有通过区域研究才能把地图要求具体化。区域研究的目的十分明确，即研究那些与地图用途和要求有关的内容，例如，一幅图要求表示出军事基地的性质、等级和分布，区域研究就要摸清这些资料并能最后落实于图上。区域研究可能涉及政治、军事、行政、经济、自然环境诸方面的问题，所用材料相当广泛，因此，这一项工作要和制图资料的收集与分析工作相结合地进行。区域研究要能落实于地图内容的表达，还必须与拟定制图综合标准的工作相结合。

（7）设计地图符号。经过区域研究，确定了地图内容及其分类分级的原则后，就可以设计地图符号。这一项工作也常常与区域研究交错进行。有了内容的分类分级，才可以定出相应符号的形状、尺寸和色彩；有了符号的形状、尺寸和色彩，才能对地图内容的表达程度和容量即地图的图面效果有一个初步的估计。所以，只有符号设计结束后，并经过制作样图的检验和修改，确定地图内容的工作才算告一段落。

（8）拟定地图生产的工艺方案。在进行了制图资料的分析研究之后，结合本单位生产条件和作业员的技术状况就可以拟定出地图生产的工艺方案，包括从资料的处理开始一直到印刷成图的整个工艺过程的技术环节和方法。

（9）地图设计当中的试验工作。地图设计当中的试验工作贯穿整个设计过程。就人们认识地图的过程来说，一次地图生产就是对一次设计工作的检验，成功了的就是正确的，失败了的就是错误的。为了避免失败或较大的返工，在设计阶段应当进行若干试验，如资料研究之后，确定了基本资料和作业方案，它们用于编图的效果如何，可以局部地进行试验，看哪一种方法效率高，质量好。尤其是采用新工艺、新技术时，在正式作业之前一定要进行试验。

制作和试印样图也是试验工作经常采用的方法。选择局部地区进行试验，可以检验设计工作是否合乎实际，是否适应用图者的要求。符号的设计也要通过样图的试验才能检查其图面效果和各符号间的图面对比关系是否恰当，制图综合及其标准的拟定也要通过制作样图检验。

（10）写出地图编辑设计的成果，形成编辑设计文件。地图编辑设计工作的最后任务，是将设计成果整理加工，写出地图设计文件。地图设计文件包括地图规范或设计书、编辑计划、图幅作业要点以及各种作业规定。这是地图设计工作的积累，也是地图生产的指导文件。地图设计书没有固定的格式，要针对当时任务情况、作业人员技术条件、资料保障等因素来定。编辑计划则因受规范的控制，大体上有个编写的范围，对重点应灵活掌握。设计文件的文字应简明扼要，样图和图表相配合，体现地图设计思想。

9.1.3　地图设计的主要成果

地图设计的主要成果包括编图规范、编辑计划（总体设计书）以及图幅作业要点等三级技术文件。目前生产中主要使用各种数字地图编绘规范以及各种数据采集规范、数据要求、属性数据编码标准等一系列数字地图技术文件。

（1）编绘规范是国家主管测绘工作的最高业务机关为系列比例尺地图的编绘而拟定和颁发的，有些带有一定的强制性，一经颁发要严格遵照执行。编绘规范是地图生产中的第一级技术文件，内容主要包括：总则、编辑准备工作、编图技术方法、地图内容各要素的编绘、地图出版准备、地图出版。系列比例尺地形图以外的其他地图的编制，必须根据任务要求自己编写相应的总体设计书。

（2）编辑计划是地图生产中的第二级技术文件，它以编图规范为指导和基本依据，但又不是重复编图规范的一般原则。编辑计划是针对某个制图区域，根据制图区域地理特点和资料保证情况，使这一地区的编绘作业，尤其是各要素的编绘规定具体化。它的主要内容包括：任务、地理概述、编图资料、编图技术方法、各要素编绘、编绘原图整饰。

（3）图幅作业要点是在认真研究编辑计划的基础上，针对每一幅图的特殊问题而写的，是编辑计划对图幅的落实计划，是地图生产中的第三级技术文件。因此，在内容上要具体、实用，无须重复编辑计划中的规定，只就与编绘本图幅有关的问题提出具体的解决方法。图幅作业要点一般应按要素来写，在每一要素中，应当把地理规律、资料运用、编绘方法等三者结合在一起，这样在作业中便于使用。

9.1.4　影响地图设计的主要因素

1. 客观因素

影响地图设计的客观因素包括：使用者的要求及理解程度、使用地图的环境、地图信息复杂程度、技术设备条件和经济状况以及地图存储介质等因素。

（1）使用者的要求及理解程度，主要是指地图用途不同，其表示内容及其详细程度、表现形式、色彩应用及符号大小都应该是不同的。例如，为儿童设计的地图，色彩一般都很鲜艳，符号大多用象形符号和艺术符号，便于他们理解和认识。

（2）使用地图的环境不同，主要是指根据使用特点要求设计地图的大小或地图集的开本。例如，桌面地图和挂图，由于使用要求不同，则地图尺寸、地图符号大小等都不同。

（3）地图信息复杂程度不同、地图精度要求不同，则地图编图技术方法就不同；地图印刷设备工艺不同、提供的经费不同，则所采用的出版印刷工艺方案和地图印刷色彩数量就不同。

上述几个因素主要是纸质地图设计时应加以考虑的。如果是电子地图，则设计时还应考虑计算机屏幕分辨率、屏幕视觉载负量等因素的影响。

2. 主观因素

影响地图设计的主观因素包括设计者的素质、技能水平、直观判断和经验等。地图设计过程是地图的创作过程，人的思维能力和经验知识起到很大的作用，地图符号、地图色彩、地图图面整体效果的设计与制图人员的设计能力、美学修养、制图经验和技巧、制图技术水平及能力有很大的关系。设计地图时，要充分发挥设计人员的创造力和能动性，科学运用地图理论和技术方法，提高地图的科学性和艺术性。

9.2　地图的分幅设计

地图的总尺寸称为地图的开幅。顾及纸张、印刷机、方便使用等条件，地图的开幅是受到限制的。确定地图开幅大小的过程就叫作分幅设计，它讨论如何圈定或划分图幅范围的问题。

9.2.1　国家（或法定）统一分幅地图的分幅设计

分幅地图指的是按一定规格的图廓分割制图区域所编制的地图，如 1∶100 万世界航空图。分幅地图的图廓可能是经纬线（经纬线分幅），也可能是矩形（矩形分幅），下面分别进行讨论。

1. 经纬线分幅地图的分幅设计

经纬线分幅是当前世界各国地形图和大区域的小比例尺分幅地图所采用的主要分幅形式。

（1）合幅。经纬线分幅的地图，为了解决各图幅的图廓尺寸相差过大的问题，在设计图幅范围（即确定图幅的经差和纬差）时，要以尺寸最大的图幅（通常是纬度最低的图幅）为基础进行计算，使最大的图幅能够在纸上配置适当，有足够的空边和布置整饰内容的位置。其他图幅的尺寸则会逐渐减小。为了不使图廓尺寸相差过大，当图幅尺寸过小时可以采用合幅的办法。这样可以在一定程度上减少图幅之间大小的不平衡。

（2）破图廓或设计补充图幅。经纬线分幅有时可能破坏重要地区（例如一个大城市，一个岛屿，一个重要工业区、矿区、港区或一个完整的自然单元）的完整性。为此，常常采用破图廓，如图 9-1 所示。有时涉及的范围较大，破图廓也不能很好地解决问题，就要设计补充图幅，如图 9-2 所示，即把重要的目标区域单独编成一张图，该图不纳入整个分幅系统，它的图幅范围小于标准分幅范围。

（3）设置重叠边带。为了克服经纬线分幅地图拼接不方便的问题，往往采用一种带有重叠边带的经纬线分幅方案。其特点：以经纬线分幅为基础，把图廓的一边或数边的地图内容向外扩充，造成一定的重叠边带。

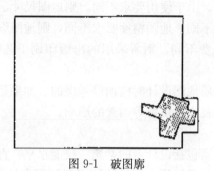

图 9-1　破图廓

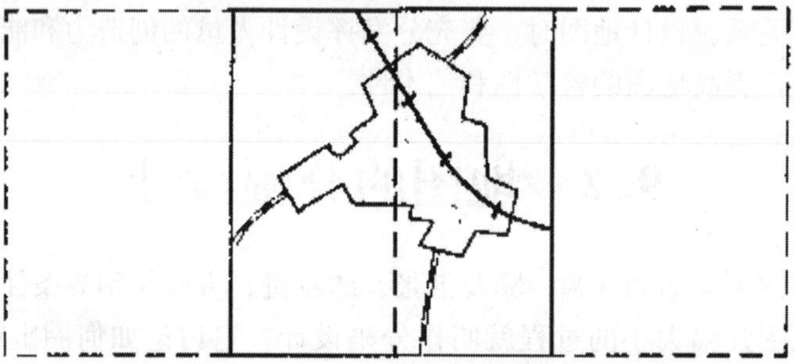

图 9-2　补充图幅

　　图 9-3 是我国 1∶100 万世界航空图的分幅式样。该图为经纬线分幅，地图内容向三个方向扩展，构成重叠边带，东、南方扩充至图纸边，西边扩充至一条与南图纸边垂直的纵线，只有北边的图廓保持原来的形状。这样，拼图时就可以不受纬线曲率的影响，也可以不用折叠，从而便于使用。

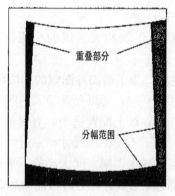

重叠部分

分幅范围

图 9-3　我国 1∶100 万世界航空图的分幅式样

　　有重叠边带的经纬线分幅设计实际上也是拼接设计的一种方式。

　　2. 矩形分幅地图的分幅设计

　　我国大于 1∶5 000 比例尺的地形图采用矩形分幅，其他国家也有采用矩形分幅来测（编）制地形图的。这种分幅形式比较简单，只需要考虑纸张、印刷机的规格及使用等因素，与内分幅地图的分幅设计没有什么本质差别，而且相对来说要简单些，它只要按某个投影坐标系统、按同样间隔的直角坐标网划分图廓即可。它的规格问题放到内分幅地图中一起讨论。

9.2.2 内分幅地图的分幅设计

内分幅是区域性地图，特别是大型挂图的分幅形式，它们的图廓都是矩形，使用时沿图廓拼接起来形成一个完整的图面。

1. 分幅原则

（1）顾及纸张规格。印图需要大量的纸张，最大限度地发挥纸张的作用是降低成本的重要因素。设计地图的图廓时要尽可能适应纸张的各种规格的大小。通常出版地图时使用的图纸规格如表 9-1 所示。

表 9-1　出版地图所使用的图纸规格 单位：mm

单张图（用 787×1 092 纸张）		图册（用 787×1 092 纸张）		挂图（用 850×1 168 纸张）	
开幅	尺寸	开本	尺寸	开幅	尺寸
一全张	770×1 068	四开	522×752	一全张	833×1 144
二全张	1 068×1 496	八开	373×522	二全张	1 622×1 144
三全张	1 068×2 229	十六开	258×373		
四全张	1 496×2 110	三十二开	183.5×258		
六全张	2 110×2 229	六十四开	126×183.5		
方对开	534×763	十八开	246.5×352		
长对开	385×1 068	三十六开	170×246.5		
方四开	381×534	十二开	246.5×522		
长四开	190.5×1 048	二十四开	246.5×258		

表 9-1 提供的是可能的最大尺寸，如果用色边和满版印，或用全张拼印对开各种规格，由于不能利用白边作为咬口，其尺寸应略为缩小。

表 9-1 给出的是各种纸张除去丁字线以后的有效尺寸，但是没有顾及印刷机的咬口边，欲满幅印刷时其短边尺寸还应缩小（全开缩 10～18 mm，对开缩 9～12 mm）。

（2）顾及印刷条件。主要指所使用的印刷机的规格，图幅的分幅设计要考虑充分利用印刷机的版面。

（3）主区在图廓内基本对称，同时照顾到与周围地区的联系。对称和保持同周围联系这两者之间可能会有矛盾，在图廓受到限制的条件下，有时不得不局部放弃对称的要求来照顾主区同周围的地理联系。

（4）各图幅的印刷面积尽可能平衡。印刷面积指的是图纸上带有印刷要素的有效面积，各边应算到丁字线和咬口线，而不是单指图廓的大小。内分幅的挂图，图名往往放在北图廓的外边，外围的图幅上还要有花边、图外说明等，再往外才是丁字线，分幅时必须考虑这些因素，以便有效而合理地利用纸张和印刷版面。

（5）照顾主区内重要地物的完整。主区内的重要城市、矿区、主要风景区、水利工程建筑等小区域性的重要制图物体，尽可能完整地保持在一个图幅（印张）范围内，即分幅线不要穿过这些制图物体，这会给地图的使用带来方便。

（6）照顾图面配置的要求。分幅设计时，还要顾及图名、图例、图边、附图等要素同分幅线的联系。例如，图名的字和图例、附图等都尽可能不被分幅线切割。

　　2. 分幅的方法和步骤

　　（1）在工作底图上量取区域范围的尺寸。在进行分幅和图面设计时，一般总是在作为工作底图用的较小比例尺地图上进行。在工作底图上量取制图区域东西方向和南北方向的最大距离。为此，应先找出区域边界在东西南北方向上最突出的点，并按平行或垂直于中央经线的方向量取其最大尺寸。但必须注意，作为工作底图用的较小比例尺的地图应具有必要的精度，投影和新编图相近，在这种图上量取的距离才有实际意义。

　　（2）换算成新编图上的长度并与纸张和印刷机的规格相比较。将量得的长度换算成新编图上的长度，例如所用的工作底图比例尺为1∶200万，欲设计的地图为1∶50万，要把量取的尺寸放大4倍，这尺寸就成为设计图廓的基本依据。

　　根据主区的大小和纸张的有效面积，在充分顾及空边、花边、重叠边、内外图廓间的间隔的条件下，设计图幅的数量及排法。其方法是把主区大小和纸张有效面积相比较，采用最合理的排法，用最少的幅数拼出需要的图廓范围。一般应使得除掉外图廓和必要的空边外，内图廓能容纳主区并稍有空余。

　　设计时如发现图廓内邻区面积过大，可以适当缩小图廓尺寸，仍按上述分幅条件配置图幅。若纸张容纳不下，有两个可供选样的措施：其一是变更纸张的规格、变更图名的位置、变更花边和空边的宽度等；其二是调整地图的比例尺，但要注意比例尺数字的相对完整。

　　（3）确定分幅线的位置和每幅图的尺寸。图廓总的尺寸确定以后，就可以根据印刷面积相对平衡的原则，按照纸张规格、图名的大小和位置、花边和内外图廓间的宽度等确定分幅线的位置和每幅图的尺寸。

9.2.3　坐标网的选择

　　选择坐标网包括确定坐标网的种类、密度、定位和表现形式。

　　1. 种类

　　地图投影是通过坐标网的形式表现出来的。地形图上的坐标网大多选用双重网的形式。大中比例尺地形图，图面多以直角坐标网为主、地理坐标网为辅（绘于内、外图廓之间），中小比例尺地形图及地理图则只选地理坐标网，不讲求几何精度（如旅游地图），大比例尺的城市图（由于保密原因）常不选用任何坐标网。

　　2. 定位

　　定位指确定坐标网在图纸上的相对位置。定位的依据是确定地图投影的标准线、图幅的中央经线和地图的定向。

　　投影标准纬线是投影面同地球面相切（割）的点或线，它决定了地图投影的变形分布。图幅的中央经线应是靠近图幅中间位置的整数位置的经线，它应位于图纸的中间，其余的经纬线网格以它为对称轴分列两侧。当地图以北定向时，只需要将中央经线朝向正上方（垂直于南北图廓）即可，用斜方位定向时，就需要将中央经线旋转一个角度。

　　3. 密度

　　坐标网的密度适中。密度太小，影响测量精度；密度太大，会干扰地图其他内容的阅读。大比例尺地图上直角坐标网的密度为2～10 cm，间隔应为整千米数（或其倍数）。中小比例尺地图的图面上用经纬线网，1∶50万地图上用$30' \times 20'$。其他的地图可参考选择。

4. 表现形式

坐标网的表现形式有粗细线、阴阳线、实虚线之分。参考图上用 0.1 mm 的细线，挂图、野外采用图上线划可适当加粗。一般地图上用阳线，深底色地图上可采用阴线。当一般地图上用实线需要降低线网的视觉强度时，可用挂网方式将其变为虚线。

9.3　确定地图比例尺

地图比例尺的确定受到地图的用途、制图区域的范围（大小和形状）和地图图幅面（或纸张规格）的影响，三者相互制约。确定地图比例尺时，应注意以下几点。

（1）在各种因素制约下，确定的比例尺应尽量大，以求表达更多的地图内容，使设计的图面更宽绰些。

（2）计算的比例尺数值，应向小里凑整数。这样做的目的是便于在图上快速量测和标绘，便于使用资料，也有利于与系列比例尺图配合使用。但是，要注意地图比例尺调整的同时，地图图面大小也随之改变了。

9.3.1　确定单幅地图比例尺的方法

1. 利用图上线段长估算比例尺

选择一幅与设计地图区域相同、地图投影相近的出版地图作为设计用的工作底图，由设计地图与工作底图的图廓尺寸、工作底图的比例尺计算出设计地图的比例尺。估算地图比例尺的公式为

$$M = \frac{\alpha}{A} m \tag{9-1}$$

式中：M——设计地图的比例尺分母；

m——工作底图的比例尺分母；

A——设计地图的内图廓尺寸；

α——工作底图的内图廓尺寸。

[**例 9-1**]　　选择的工作底图的比例尺为 1 : 300 万，在其图上量得内图廓尺寸为 32.8 cm × 25 cm，若设计底图的纸张开幅的内图廓尺寸为 200 cm × 190 cm。求设计地图的比例尺。

解：根据式（9-1），设计地图的横向比例尺和纵向比例尺分别为

$$M_{横} = \frac{32.8}{200} \times 300 \times 10^4 = 4.92 \times 10^5$$

$$M_{纵} = \frac{25}{190} \times 300 \times 10^4 = 3.95 \times 10^5$$

通过横向和纵向比例尺的比较，并向小里凑整，则设计地图的比例尺应为 1 : 50 万。

2. 利用制图主区的经纬差概算

已知制图主区的经纬差范围和图幅面大小（或纸张开幅大小），概算出设计地图的比例尺。其中，纬差 1° 的经线平均长约为 110 km，经差 1° 在赤道上的纬线长约为 111 km，经差 1° 的纬线弧长为 111cosφ km。概算地图的比例尺的公式为

$$M_{横} = \frac{\Delta\lambda \times \Delta S_n \times \cos\varphi}{a}$$

$$M_{纵} = \frac{\Delta\varphi \times \Delta S_m}{b} \tag{9-2}$$

式中：$M_{横}$，$M_{纵}$——设计地图的横向和纵向比例尺的分母；

　　　　ΔS_n——经差 1°的纬线长；

　　　　a，b——设计图幅面横长和竖宽的有效尺寸；

　　　　ΔS_m——纬差 1°的经线长；

　　　　$\Delta\lambda$，$\Delta\varphi$——制图区域的经差和纬差。

[**例 9-2**] 已知某制图区域范围为北纬 21°～31°，经度 112°～122°，设计图的图幅大小为 200 cm×190 cm，求设计地图的比例尺。

解： 根据式（9-2）可得

$$M_{横} = \frac{\Delta\lambda \times \Delta S_n \times \cos\varphi}{a} = \frac{10 \times 111 \times \cos 21° \times 10^5}{200} = 5.18 \times 10^5$$

$$M_{纵} = \frac{\Delta\varphi \times \Delta S_m}{b} = \frac{10 \times 110 \times 10^5}{190} = 5.79 \times 10^5$$

根据所求比例尺数值向小里凑整的原则，设计图的比例尺为 1∶60 万。

3. 根据制定的图上精度近似计算

当保证地图上两点的距离误差不超过某一数值时，可以根据下面公式近似计算比例尺。

$$M = 710 \frac{M_d}{\Delta} \tag{9-3}$$

式中：M——地图比例尺分母；

　　　M_d——实地两点间允许的中误差，m；

　　　Δ——地图上的点位图解误差和量测误差，mm。根据误差传播律可计算出 $\Delta = 0.29$ mm。

[**例 9-3**] 若要求图上量测两点的中误差在实地不超过 100 m，设计地图应选择多大比例尺？

解： 根据式（9-3）可得

$$M = 710 \frac{M_d}{\Delta} = 710 \times \frac{100}{0.29} = 244\ 827.6$$

将比例尺的数值向小里凑整，故比例尺应为 1∶25 万。

9.3.2　图组（图集）比例尺的确定

1. 利用工作底图套框确定比例尺

在设地图集时，图纸规格是固定的，在这个固定的图面上，各制图单元（例如省或县）要选用什么比例尺，适合用套框法确定。

套框法的步骤如下。

（1）确定一幅较小比例尺的工作底图，如图 9-4 所示。

（2）根据图纸规格确定内图廓（有效使用面积）的尺寸。

例如，编制 8 开本的地图集。其展开页为 4 开，图纸面积为 54.6 cm×39.3 cm、内图廓定为 47 cm×32 cm。

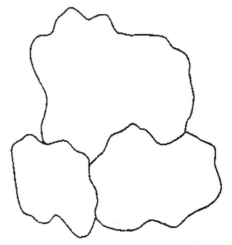

图 9-4　用套框法确定较小比例尺的工作底图

（3）把内图廓尺寸换算为工作底图上某比例尺的相应尺寸，计算如下。

$$a = A \times \frac{M}{m}$$

$$b = B \times \frac{M}{m} \tag{9-4}$$

式中：a，b ——在工作底图上相应的图廓边长；

　　　　A，B ——按图纸规格确定的内图廓边长；

　　　　m ——工作底图的比例尺分母；

　　　　M ——设计地图的比例尺分母。

本例中，$A = 32$ cm，$B = 47$ cm，$m = 100$ 万，M 分别定为 40 万、50 万、60 万，从而计算出 a 的长度为 12.8 cm，16 cm，19.2 cm，b 的长度为 18.8 cm，23.5 cm，28.2 cm。

（4）根据计算的尺寸分别在透明纸上或在计算机屏幕上绘出图廓，如图 9-5 所示。

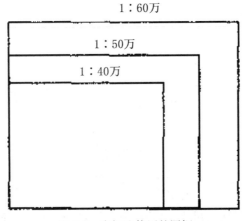

图 9-5　套框法使用的图框

（5）套框确定各制图单元所需的比例尺。用图框去套工作底图，哪一个框能套上，就选用哪个框所对应的比例尺。

2. 利用参考数据确定比例尺

规定地图开幅（全开、对开、4 开、8 开等），用 1：100 万作为过渡比例尺（也可选用其他比例尺），将各开幅的内图廓尺寸换算为 1：100 万图上的经纬度差值，以此作为确定各开幅比例尺的基本参考数据。计算比例尺的参考数据如表 9-2 和表 9-3 所示。

表 9-2　计算比例尺的参考数据（一）

纸张开数	全开	对开	4 开	8 开
内图廓尺寸/cm	100×68	68×48	46×31	29×21
1：100 万图上经纬度差值	9°secφ×6.1°	6°secφ×4.3°	4.1°secφ×2.8°	2.6°secφ×1.9°

表 9-3　计算比例尺的参考数据（二）

φ	0°～30°	31°～40°	41°～50°	51°～60°	61°～70°	71°～80°
secφ	1.0	1.3	1.5	2.0	3.0	5.7

[例 9-4]　已知某制图区域纬度为 17°～29°，经度为 110°～124°，分别求全开、对开、4 开、8 开横幅制图的比例尺。

解： 因图区纬度低于 30°，故，secφ=1，$\Delta\lambda$=14°，$\Delta\varphi$=12°。

全开纸比例尺计算为

$$M_{横}=\frac{\Delta\lambda\times10^6}{9°\text{sec}\varphi}=\frac{14°\times10^6}{9°}=1.56\times10^6$$

$$M_{纵}=\frac{\Delta\varphi\times10^6}{6.1°}=\frac{12\times10^6}{6.1}=1.97\times10^6$$

对开纸比例尺计算为

$$M_{横}=\frac{\Delta\lambda\times10^6}{6°\text{sec}\varphi}=\frac{14°\times10^6}{6°}=2.33\times10^6$$

$$M_{纵}=\frac{\Delta\varphi\times10^6}{4.3°}=\frac{12\times10^6}{4.3}=2.79\times10^6$$

4 开纸比例尺计算为

$$M_{横}=\frac{\Delta\lambda\times10^6}{4.1°\text{sec}\varphi}=\frac{14°\times10^6}{4.1°}=3.41\times10^6$$

$$M_{纵}=\frac{\Delta\varphi\times10^6}{2.8°}=\frac{12\times10^6}{2.8}=4.29\times10^6$$

8 开纸比例尺计算为

$$M_{横}=\frac{\Delta\lambda\times10^6}{2.6°\text{sec}\varphi}=\frac{14°\times10^6}{2.6°}=5.38\times10^6$$

$$M_{纵}=\frac{\Delta\varphi\times10^6}{1.9°}=\frac{12\times10^6}{1.9}=6.32\times10^6$$

所以，用全开纸制图时比例尺为 1：200 万，用对开纸制图时比例尺为 1：300 万，用 4 开纸制图时比例尺为 1：450 万，8 开纸制图时比例尺为 1：650 万。

[例 9-5]　已知某制图区域为纬度 21°～33°，经度 100°～112°，地图比例尺为 1：200 万，求地图开幅多大？

解：$\sec\varphi = 1.3$，$\Delta\lambda = 12°$，$\Delta\varphi = 12°$

对开纸比例尺计算为

$$\Delta\lambda = 6°\sec\varphi \times 2 = 15.6° > 12°$$

$$\Delta\varphi = 4.3° \times 2 = 8.6° < 12°$$

全开纸比例尺计算为

$$\Delta\lambda = 9°\sec\varphi \times 2 = 23.4° > 12°$$

$$\Delta\varphi = 6.1° \times 2 = 12.2° > 12°$$

因此，应选用全开纸制图。

9.4　确定制图区域范围

确定一幅图中内图廓所包含的区域范围，也称"截幅"，主要受比例尺、制图区域地理特点、地图投影、主区与邻区的关系等因素的影响。

9.4.1　制图主区有明确界线时区域范围的确定

（1）截幅的基本要求是主区应完整，并置于图幅中央。

（2）截幅时要考虑主区与邻区的关系，要能全面反映主区与邻区的自然、人文、政治、经济、军事和国际关系。

（3）若没有特殊要求，截幅时不宜把主题区域以外的地区包含过大。

9.4.2　制图主区无明显界线时区域范围的确定

当制图主区无明显界线时，截幅主要以某个特定区域来确定，尽量保持特定范围的行政区域、地理区域的完整性。这种图的图名，通常泛指这一地区的名称。

9.4.3　图组范围的确定

在确定图组范围时不但要保持每个行政单位、地理区域的完整，图幅之间还应有一定的重叠，特别是重要地点、名山、湖泊、大城市等应尽可能在相邻两幅图上并存，因为它们是使用邻图时最突出的连接点。

图组中的每一幅图都可以单独使用，每一幅图的比例尺可以不同。例如一个国家的一组省图，一个区域的一组交通图等。

截幅时，还要考虑横放、竖放的问题。对于挂图，横放图幅便于阅读，是主要样式。但有些地区的地理特点决定其不宜横放，例如山西省的地理形状为竖长形，所以山西省的挂图一般要竖放。

9.4.4　主区与邻区表示方法的处理

单幅地图截幅以后，图廓内包括的邻区如何处理，也是地图设计时应考虑的问题。

邻区可以采用和主区完全相同的表示方法，也可以把区域界线的符号设计得明显些，或者采用邻区空白、主区与邻区底色不同、邻区内容概略表示等方法。邻区空白即邻区不表示任何内容。这种方法多用于小区域图和专题地图，即重点在于突出区域内容而没必要与周围相联系的地图。有时也因为资料的限制而采用这种方法。从图面处理的角度来看，这种方法较灵活、生动，空白处便于安放附图或文字说明。

9.5　地图图例的设计

通常每幅图的图面上都需要放置图例，供读者读图时使用。地形图和分幅图的图例常放在图廓外的某个位置，内分幅地图的图例则常放在图廓内主区外的某个空白的位置上。

图例是带有含义说明的地图上所使用符号的一览表。它有双重的任务：在编图时作为图解表示地图内容的准则，用图时作为必不可少的阅读指南。甚至有人认为图例是读图的钥匙。图例应当包含地图上的全部内容，阐明各要素的意义和它们的分类，通过科学的编排，体现出各类符号重要性的差别。图例设计是地图设计的一个重要环节。

9.5.1　图例设计的基本原则

1. 完备性

图例中应包含地图上所有的符号和标记，并且能够根据图例对地图上所有的图形进行解释。

2. 一致性

图例中使用的图形和符号的形状、尺寸、颜色都应与地图中使用的完全一致。图例中的点状符号，其图形、大小、颜色均应严格与描绘地图内容时所使用的符号一致。对于线状和面状符号，由于有比例尺的因素在内，情况比较复杂。不依比例尺的线状符号，通常要求其形状、尺寸、颜色同图内一致。依比例的线状和面状符号（双线河、湖泊、地类或土壤性质等），根据图上表达的意向来设计图例，以表达形状为主时，图例中突出其边线，要求其尺寸和颜色同图内一致；以表达性质为主时，图例中所示的只是表达面状区域性质的颜色或网纹，完全不出现形状的概念，通常用一定大小的矩形斑块来限定它们。对于分区统计图中的统计图表，一致性仅仅意味着其图形的同类性，即图中的图表是柱状的，图例中也应该是柱状，柱的宽度和颜色与图内一致；图中是圆、环或其他形状，图例中也应该具有相应的形状，其颜色同图内一致，由于它们有数量含义，其大小则根据图例所在的空间大小而定。

3. 对标志说明的明确性、单一性和艺术性

对图例中的标志进行的说明要明确、肯定，每种符号只有一种解释，对不同的符号不能有相同的解释。所有的说明都应该简洁，富有科学性，字体字号要满足图例编排、分级及使用的要求。

4. 编排的逻辑性

符号的编排要有严密的分类、顺序，并体现各种符号的内在联系。图例中的符号可以根据其内容分为若干组，每组还可以冠以小标题，也可以连续排列。通常都是把重要的符号排在前面，例如，普通自然地理图把自然地理要素排在前面，而且首先是把对其他要素起约制作用的水文要素排在前面，行政区划图则是把行政中心和境界线排在前面。有些专题地图上，为了不分散读者的注意力，图例中只排有关专题内容的符号，而不排地理基础底图上所用的符号。这时其符号的排列可以按重要性分类、分组编成组排列，也可以按点、线、面符号分组排列。

从布局上要考虑到在预定的范围内图例密度适中、安置方便和便于阅读。

5. 图例的框边设计要求艺术形式

图例的框边设计要求艺术形式，但又不能过于复杂，若框边范围有余地，也可以将数字比例尺、图解比例尺、地貌高度表、坡度尺等尽可能放在一起。

9.5.2　图例设计的注意事项

由于专题地图内容和表示方法各不相同，所以图例的内容、复杂性、容量和结构也各不相同。在图例设计中，一般需要注意以下几点。

（1）按照既定类别为每一项内容设计相应的符号和色彩，设计各种文字和数字注记的规格和用色，并对其给予简要说明。

（2）为每项地图内容要素确定较为理想的表示方法及相应的符号，符号应做到信息量大、构图简洁、生动、表现力强、便于记忆。

（3）图例应便于绘制和印刷。

（4）图例设计要制作样图，经过反复试验和比较，最后确定符号的形状、大小、颜色和构图。

（5）在图例设计时，根据对地图内容的研究，决定图例的分类分级并加以详细的说明。

图例和图式是两个不同的概念。图式是供地图编图使用的，它还应当包括符号各部位的尺寸说明，并且要包含该图所有可能使用的符号。计算机制图中的地图符号库是图式而不是图例。

9.6　地图附图的设计

附图是指除主图之外在图廓内另外加绘的插图或图表。它的作用主要有两个方面：一是作为主图的补充，二是作为读图的工具。附图在单幅地图和地图集上常常采用。附图的内容和形式十分多样，归纳起来有以下几种。

9.6.1　读图用的工具图

这类附图方便读者较快地掌握地图的内容，是作为读图的辅助工具而加绘的插图。如我国的1：50万和1：100万比例尺地形图上，读图时不易立刻看出全图范围高程的高低变化和最高点、最低点的情况，"地势略图"能起到高程索引的作用。设计地势略图时，高度分层无须与图内等高线的高程带一致，通常用棕色和黑色构成3～4种网线色调即可。

其他读图用的工具图还有几种，如"行政区划略图"指明主区内的行政等级和数量，"资料保障略图"说明主图的基本资料分布情况，"分幅接图表"标明周邻图幅的接幅情况等。

9.6.2　主区的嵌入图

由于制图区域的形状、位置及地图投影和图纸规格等方面的制约，需要把制图区域的一部分用移图的办法配置（嵌入）在图廓内较空的位置，以达到节省版面的目的。例如《中华人民共和国地图》上把我国的南海诸岛移入主图的图廓内。这种移图可以是不改变其投影和比例尺，只为节约图面而移动到区域的其他位置，也可以是改变其投影和比例尺的移入。

9.6.3　主区位置图

主区位置图用来指明主区在更大范围内的位置。如《中华人民共和国全图》附有"亚洲图"。这种位置图的比例尺都小于主图，表示方法也较主图简单些，不必表示地貌，仅表示出行政区域轮廓即可。为了起到说明主区位置的作用，在位置图上通常突出显示主图范围，可以用底色、晕线和整饰主区轮廓线的方法，以明显区别于周围地区。

接图表也是一种位置图，如图 9-6 所示，它说明本图幅同周围相邻图幅的联系。

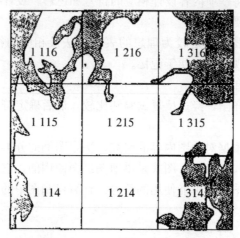

图 9-6　1215 编号地图接图表

9.6.4　重点区域扩大图

有时地图主区上的某些重点区域要求比其他区域表示得更详细些，于是就把这一重点区域的比例尺放大，作为附图放在同一幅地图的适当位置上。如选择重要城市和城市街区，重要海峡、海湾和岛屿，重要地区和小国家等，做成扩大比例尺的地图。

重点区域扩大图的比例尺应大于主图，究竟选择多大比例尺合适，要由附图可能占有的图上面积来决定，但比例尺的数值要完整。如果一幅地图上需要放置两个以上同一类重点区域扩大图，它们的比例尺应尽可能相同，以便于读图时比较。

重点区域扩大图的表示方法最好与主图一致，一般不增添新的符号，这样便于读图。如果对重点区域扩大图有更多的要求，也可增加少数符号。

9.6.5　某要素的专题地图

以附图的形式专门描述某一个在主图上没有表示出来的要素，作为对主图的补充，例如在行政区划图上做一个简略的地势图作为插图，交通图上把航空路线图作为附图等。

以上介绍的几种附图，是就一般情况而言的，在特殊情况下，还可以灵活处理，不要受上述附图种类的约束。当然，附图也不是非要不可的，附图的数量应尽可能少，充塞附图过多，反而使整个图面杂乱，以至降低基本图的主要地位，破坏了图面的整体感。另外，附图的框边不宜宽大复杂，以免因过于突出而破坏全图的视觉平衡；附图上表示的内容尽管比主图简单，但图形的综合和描绘不能草率，否则会影响全图的面貌；附图的四周若注有经纬度，注意不要与主图的经纬度注记相混淆。附图的大小，应视整个图幅的面积大小而定，幅面大的图幅，附图设计大一些，反之亦然。

9.7　图面配置设计

地图图面配置设计是指充分利用地图图幅面，合理配置地图的主体、附图、附表、图名、图例、比例尺、文字说明等。

9.7.1　图面配置的要求

1. 保持整体图面清晰易读

保持图面清晰易读是设计图面配置的基本要求之一。一方面，地图各组成部分在图面的配置要合理；另一方面，所设计的地图符号必须精细而且便于阅读，选择色彩的色相和亮度易于辨别，可以方便地找到和区分出所要阅读的各种目标。

2. 保持整体图面的层次结构

为了使设计的主题内容能快速、准确、高效地传递给用图者，必须处理好图形与背景的关系，使主题和重点内容突出，不受背景图形的干扰，整体图面具有明显的层次感。为此，在地图设计时，主题和重点内容的符号尺寸、色彩纯度和亮度，应该比其他次要要素符号大而明显，颜色浓而亮，使其处于整个图面的第一层次，其他要素则处于第二或第三层次。

3. 保持整体图面的视觉对比度

视觉对比度是表达图形信息传递质量的重要指标。地图设计时，可以通过调节图形符号的形状、尺寸和颜色来增加对比度。对比度太小或太大都会造成人眼阅读的疲劳，降低视觉感受效果，影响地图信息的传递。

4. 保持图面的视觉平衡和整体协调

保持图面的视觉平衡和整体协调是地图图面设计中最重要的基本要求。地图是以整体的形式出现的，然而在一幅地图上，又是由多种要素与形式组合而成的。这就涉及若干有对应关系要素的配置，如主图与附图，陆地与水域，主图与图名、图例、比例尺、文字及其他图表（照片、影像、统计图、统计表），彩色与非彩色图形等。图面设计中的视觉平衡原则，就是按一定方法处理和确定各种要素的地位，使各要素配置显得更加合理。这往往没有固定的标准，必须通过图廓范围内的试验，取得满意组合。

9.7.2　图面配置的内容

在同一幅地图上，图面配置的内容包括图面主区和图面辅助元素（地图的图名、图例、比例尺、统计图表、照片、影像、文字说明等）的配置。

1. 图面主区的配置

主区构图时，应占据地图图幅面的主要空间，地图的主题区域应该完整地表达出来；地图主区图形的重心或地图上的重要部分，应放在视觉中心的位置，保持图面上视觉平衡，如图 9-7 所示；主区整个图形应突出，有良好的轮廓和视觉的明显性。

配置主区时还应注意，主区要饱满匀称，与周边保持协调，不能将主区范围的全部都伸

 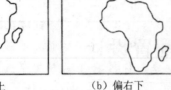 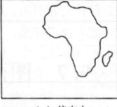 

　　　　（a）偏上　　　　　　　（b）偏右下　　　　　　（c）偏右上　　　　　　（d）合适

图 9-7　视觉平衡的图形设计示例

向图框，甚至撑破图廓。这不但不便于建立主区与邻区间的拓扑关系，还会使主区的空间位置不清晰。当然，也不要为了留出四周空间，而过多地缩小主区，这不仅使主区构图过小，也浪费了幅面和纸张。只有在主区获得尽可能大的面积的同时，图面仍留有适当的空间，以用作其他元素的配置，这才是比较合适的。

　　2. 图名的配置

　　图名应简练、明确，具有概括性。通常图名中应包含制图区域和地图主题两方面的内容，例如《中华人民共和国地质图》，但如果是人们常见的普通地理图或政区图，也可以只用其区域范围命名，如《焦作市地图》。

　　地形图和小比例尺的分幅地图都是选图幅内重要的居民地名称作为图名。在没有居民地时也可选择自然名称，如区域名、山峰名作为图名。

　　图名通常置于北图廓外的正中央，距外图廓的间隔取图名字大的 1/3。也可以放在图内的右上角或左上角主区外的空位置，可以横排，也可以竖排；可以用框线框起来，也可以不要框线，直接将图名嵌入地图内容的背景中。

　　分幅地图上图名一般都用较小的黑体字。挂图、旅游地图等常用宋变体、黑变体（长体、扁体、空心体等）及其他艺术字体，其字大小一般不应超过图廓边长的 6%。

　　3. 图廓的配置

　　图廓分为内图廓和外图廓。内图廓通常是一条细线（地形图上附以分度带）。外图廓的形式较多，在地形图上是一条粗线，在挂图上则多以花边图案装饰。花边的宽度视其黑度取图廓边长的 1%～1.5%。当图面上有坐标网时，其网格注记多标注在内外图廓之间，因此，内外图廓之间要有充分的间隔；当图面上没有坐标网时，内外图廓的间距就很小，通常为图廓边长的 0.2%～1%。

　　4. 图例的配置

　　图例的位置，从布局上要考虑在预定的范围内，密度适中、安置方便、便于阅读。图例、图解比例尺和地图的高度表都应尽可能地集中在一起，在图内的主区内或图外的空边上系统编排。但是当符号的数量很多时，也可以把图例分成几个部分分开放置，这时要注意读者的读图习惯，从左向右有序地编排。

　　5. 比例尺的配置

　　目前地图上用得最多的形式，是将数字比例尺和直线比例尺一起表示在地图上。比例尺放置的位置，在分幅地图上多放在南图廓外的中央，或者左下角的适当地方；在内分幅的挂图上，常放在图例的框形之内，也可将比例尺放在图内的图名下方，但这时的比例尺应整饰醒目一些。

6. 附图的配置

附图在图幅上的位置，一般来说并无统一格式，但要注意保持图面的视觉平衡，避免影响阅读图面主区。通常置于图内较空的地方，并多数放在四角处，可以在上，也可以在下，但大型挂图不能放在上面。有时也可以置于靠近图廓的中间部位，或稍微离开图廓边的一定位置。

7. 图表和文字说明的配置

为了帮助读图，往往配置一些补充性的统计图表，以使地图的主题更加突出，这种图表在专题图上较多。

附图、图表、文字说明的数量不应太多，以免充塞图面。其配置应注意图面的视觉平衡。

某些专题地图，特别是地图集中的专题地图，往往需要在图面上同时配置若干个同一主区的地图，以便同时表达出相互关联的一组标志。它们的比例尺可能是一致的，也可能是不一致的。这时，图面配置的重点则转移到如何确定它们的位置方面，其他的图面要素，如图名、图例、各种图表等则依其主区在图面上的配置状况进行其位置、范围大小和表现形式的设计。图 9-8 是几种典型的配置。这时，主要应考虑视觉上的平衡。一般应尽量避免等分，例如，必须分上下两部分时，可使上部稍大一些；必须分左右两部分时，应使右面大一些。当不得不等分时，要使用图名、图表、图例等的位置、大小、颜色、形状等的不同进行配置，以产生视觉平衡效果。

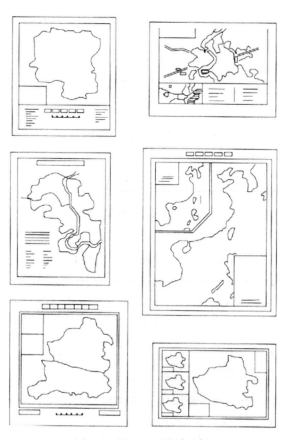

图 9-8　图面配置设计示例

9.8　　地图拼接的设计

地图既然需要分幅表示，在使用时就必然会有拼接的问题。设计时有以下两种形式的拼接。

9.8.1　图廓拼接

每幅图都有完整的内图廓，使用时沿图廓拼接起来。矩形分幅地图可以方便地实施图廓拼接；经纬线分幅的地图由于分带、分块投影的影响，图幅拼接时会有困难，可采用设置重叠边带的方法解决该问题。

9.8.2　重叠拼接

多幅印刷的挂图，拼接时需要将其中的某一个边裁掉，然后将相邻图幅粘贴起来。为避免裁切不准导致的露白或切掉地图内容，在两幅相邻的地图之间设置一个重叠带（通常为1 cm左右），即这一条带的内容在两幅相邻地图上是重复绘制的。左右拼幅时裁切线绘在左幅，地图内容要绘出裁切线1～2 mm，在右幅的相应位置绘出拼接线。裁切线和拼接线都只在图廓外显示，裁切后按重叠部分的地图内容吻合后进行粘贴，如图9-9所示。

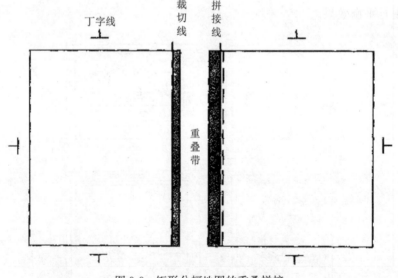

图 9-9　矩形分幅地图的重叠拼接

9.9　　地图总体设计书的编写

我国系列比例尺地形图的生产有一系列设计文件，不需要进行专门的地图设计。地图设计书通常指系列比例尺地形图以外的各种地图设计文件，主要包括总体设计书及总体设计书指导下的地图编辑计划，目的是提出地图的总体规划，便于指导生产。

9.9.1　编写总体地图设计书的要求

地图总体设计书的要求具体如下。

（1）内容要明确，文字要简练。规范已有明确规定的，一般不再重复。对作业中容易混淆和忽视的问题，应重点阐述。

（2）采用新技术、新方法和新工艺时，要说明可行性研究或试生产的结果以及达到的精度，必要时可附鉴定证书或试验报告。

（3）名词、术语、公式、符号、代号和计量单位等应与有关法规和标准一致。

（4）设计人员应对设计书负责，要深入第一线检查了解方案的正确性，发现问题及时处理。

9.9.2　地图总体设计书的撰写内容

1. 任务说明

任务说明主要指出地图的用途和对地图的基本要求，以及满足这些要求的基本措施。

2. 地图范围和基本规格

地图范围和基本规格指出地图的基本轮廓，包括地图比例尺的确定、图幅内部关系的集合与处理、图幅范围的确定、图面的安排设计、附图的处理和绘制设计略图。

3. 地图数学基础的说明

地图数学基础的说明包括选用地图投影的说明和建立数学基础的方法和规定，即选用投影的特点、变形分析、计算精度、经纬网和其他坐标网的密度、精度要求，以及选用投影的坐标成果表。

4. 区域地理概况的说明

区域地理概况的说明包括总的地理概况和重要的地理特征。区域地理概况的编写，应与地图的用途和表示内容相适应，重点应放在地图的主要元素方面。

5. 地图资料的分析与选择

地图资料的分析与选择写出资料分析评选的结果，确定基本资料和补充资料使用的重点和方法，并视情况制作资料图表。

6. 要素表示方法及选取指标的确定

这是设计书的重点内容，其作用是保证全图不同图幅间或不同地区间能做到相互协调，避免出现疏密、大小、主次元素倒置的现象，必要时可提出具体的数字指标以便于掌握。

7. 样图设计与制作

样图设计与制作是为了给编制不同类型地图提供直观、形象的参考依据。因此，需选择各图组和各类型图有代表性的图幅，进行具体设计，并对类型图的制作提出原则性要求。

8. 地图生产工艺方案

地图生产工艺方案包括：上下工艺流程，同工序的先后次序，各环节的技术措施和要求，必要时可附工艺流程图。

9. 地图图式符号的设计

地图图式符号的设计要明确提出符号形状、尺寸和印色。注意符号的通用性、习惯性、系统性，力求符号简单、明显、形象，便于绘制和定位。

10. 印刷工艺方案的拟定

根据地图出版的要求，明确提出地图的制版印刷方式、印刷色数、印刷网线密度、纸张质量和封面用材、装帧方式等，一般不提具体的工艺流程。

11. 附表及附图

附表及附图的数量，以能说明编辑设计书的基本内容为标准。一般应包括总体设计略图、符号表、地图内容分区略图、不同类型样图、投影选择用表、图面及整饰图等。

9.9.3　地图编辑计划的撰写

地图编辑计划是在规范和总体设计书的原则指导下，结合任务的具体内容、特点和要求，撰写的作业方法和技术规定，用以指导编绘作业的实施。要通过试验，以检验所规定的符号尺寸、整饰、地图载负量、各要素选取原则和表示方法是否能符合使用要求。地图编辑计划一般包括以下内容。

1. 任务情况

提出完成任务的指导思想和要求，简要写出制图区域的范围，数学基础，图式依据，图幅数量和对成图数量、质量及完成任务期限的要求。还要说明地图用途和基本要求、投影的选择、图面的设计、图式符号的规定、地图内容和表示方法等。

2. 区域地理概况

简要说明该制图区域的地理概况，指出自然地理要素的基本特征，便于在作业中能正确反映。

3. 制图资料的评价与使用

确定基本资料、补充资料和参考资料。对使用部分应予以重点评价，并确定出各种资料的使用原则、方法和使用程度。

4. 作业方法

按照任务的基本要求，规定作业方法（包括地图准备、制作编绘样图等）。少数图幅需改变作业方法时，应做出明确的规定。在设计小比例尺地图时，应顾及地图的投影、分幅、符号、整饰及印刷等问题，确定最适合的方法。

5. 地图各要素的编绘

按照作业程序，对各要素的表示方法、综合程度、选取原则、质量要求、个别符号的转换等，做出明确而具体的规定。小比例尺图还应写出制图网的展绘、资料拼贴、特种要素的编绘以及图式、符号、注记等规定。

6. 抄、接边的规定

明确抄、接边的原则，具体说明抄、接边关系和规定。

（1）确定不同资料接边的原则，处理重大的接边问题。上述问题应在编辑文件中明确规定。

（2）抄、接边由各单位自行规定。一般为上抄下接，左抄右接。

7. 附表和附图

在编辑作业技术指导书时，应采用一些略图和附表来补充其内容，使文件直观实用，提高文件对作业的指导作用。通常附下列图表。

（1）图幅结合表。图幅结合表应有图幅编号、新编地图的图名、邻接图名、经纬度，并标明抄、接边关系。

（2）资料配置略图。资料配置略图应表示出基本资料、补充资料、参考资料的配置情况。

（3）行政区划略图。行政区划略图应根据地图用途和要求，在略图上反映新编地图的境界线及其变动情况。

（4）水系和道路略图。水系和道路略图要反映出制图区域内主要河系、湖泊、水库及道路情况，以及根据现势资料需求补充水库、道路。根据具体情况也可分别制作水系、道路略图。

（5）地图符号对照表。当使用旧资料或使用国外资料进行编图时，应附有地图符号对照表及转换要求。编绘小比例尺图或特种图时，应附有新设计的地图符号。

（6）典型地区综合样图。1∶10 万或更小比例尺的编绘任务，在准备过程中应做出具有代表性的典型综合图，供指导使用。

（7）投影计算成果表。按编图分幅所需经纬网密度，根据投影计算成果列出各经纬网交点的直角坐标和投影变形等。

（8）图廓尺寸表。按编图分幅情况，列出地图图廓等大或放大的理论尺寸，形成图廓尺寸成果表。

（9）整饰规格样图。对于专题图、挂图、图集以及中小比例尺地形图，应按出版原图的要求，明确规定各种文字、图表及符号的大小和位置。

8. 研究审定编辑指导文件

编辑计划初稿拟定后，业务技术主管部门应组织有关人员进行讨论、研究，进行必要的补充和修改，然后按有关程序审查定稿，并报上级机关审批备案。

在任务开工后，编辑人员要主动深入到作业室进行检查，了解作业中存在的问题，及时研究处理。并注意汇集处理过程中的各种业务技术问题，在适当时候拟定补充文件，以弥补原编辑计划的不足。

本 章 小 结

本章就地图设计进行了介绍。其内容主要包括地图的分幅设计、比例尺的设计、制图区域范围的确定、图例的设计、地图附图的设计、图面的配置设计以及地图总体设计书的撰写内容和要求。一定要掌握地图的分幅设计、比例尺设计和图面配置的设计；一定要对地图总体设计书的撰写有较清晰的认识。

复习思考题

1. 地图设计包括哪些内容？
2. 地图设计时如何确定地图投影？试举例说明。
3. 什么叫截幅？如何进行截幅？
4. 什么叫分幅设计？地图分幅有哪几种形式？各自有何优缺点？
5. 图例的设计应注意哪些问题？试举例说明。
6. 地图附图有哪些表现形式？有何作用？各自设计时应注意哪些问题？

7. 地图图面配置包括哪些内容？各自设计时应注意哪些问题？

8. 选择地图比例尺的套框分幅法是如何进行的？

9. 图式和图例有什么区别？地图的图例设计应符合哪些原则？

10. 内分幅地图的分幅设计应考虑的基本条件是什么？

第 10 章 地形图应用

地图因它存储各个历史时期丰富的空间信息，成为人类认识改造生存环境的科学手段和工具。分析应用地图可以获得各个领域的新知识，促进各个领域的变革向纵深发展。那么地图到底在哪些方面得到了应用，怎样使用地形图，应用地形图需要注意哪些问题，怎样选用地形图？本章就这些问题进行讲解。

10.1 地形图的阅读

10.1.1 读图的目的

阅读地形图的目的在于详细了解区域地理环境。通过在地形图上目视和解译，以及对某些现象的距离、面积、高程和坡度等的量测，进而分析各种地理现象的相互联系，获取图示和蕴藏的潜在地理信息，即在室内借助地图进行地理考察，以代替实地考察或为实地考察做准备。任何一位地学工作者，往往因为这样或那样的缘故，总不可能如愿地深入到每一个研究区域的现场，其替代的办法就是阅读地形图。地图可以帮助人们延伸足迹，扩大视野。世界著名地理学家卡尔·李特尔在 1811 年就曾通过阅读以等高线绘制的欧洲地势图，成功地编写了两卷欧洲地理教科书，成为阅读地图的典范。

10.1.2 读图程序

1. 选择地形图

从本次读图需要解决问题的特定任务和要求出发，选用相应地图，并就地图的比例尺、内容的完备性、精确性、现势性、整饰质量和图边说明的详细程度等方面分析评价地图，从中挑选出合适的地图作为阅读资料。例如，要考察区域地势特征，选用 1:10 万或 1:25 万地形图或更小比例尺的地形图；要进行自然资源综合考察，摸清区域发展工农业生产的有利或不利条件，并将考察成果填于地图上、量取一些数据，供制定区域发展规划设计用，则须选用近期出版、精度可靠的 1:5 万地形图。

2. 了解图幅边缘说明

绘注在图幅边缘的，包括图名、行政区划、图式图例、资料略图、测图方式和时间、高程和平面坐标系等各项辅助要素，可以帮助我们更仔细、更正确地读出图内各项内容，提高读图效率。图式图例是读图的钥匙，要通晓它；资料略图便于洞悉地图的质量。

3. 熟悉地图坐标网

在大比例尺地形图上，绘注有地理坐标、平面直角坐标及其分度带和方里网。地理坐标可以指示物体在地球体面上的确切位置；平面直角坐标便于指定目标、方位，便于量测距离和面积，确定两点间的位置关系。熟悉地图坐标网，才能正确地、便捷地确定各地物的位置及其相互关系。

4. 概略读图

在完成上述程序之后，开始读取地图具体内容前，应该先概略地浏览整个地区的地势和地物，了解各处地理要素的一般分布规律和特征，以建立一个整体概念。如该地区是平原或丘陵、山地，河网是密或是疏，交通发达或较差等。

5. 详细读图

详细读图是对区域进行深入的研究。为此，必须在图内选几条剖面线，作剖面图，以显示和了解地面起伏状况，认识地貌及其与地质构造的关系；仔细观察和量测河谷的密度、山坡坡度和其他距离与面积等；读出由一观察点能看到的各种地形地物；研究居民地的分布、道路的联系及它们与地形的关系；了解其他社会经济现象及其与居民地、道路和地形的联系。

10.1.3　地形图图外注记

读图者要高度重视图外的要素，要完全理解图外注记的作用和重要性。

1. 图名与图号

图名是指本图幅的名称，一般以本图幅内最重要的地名或主要单位名称来命名，注记在图廓外上方的中央。如图 10-1 所示，地形图的图名为"西三庄"。

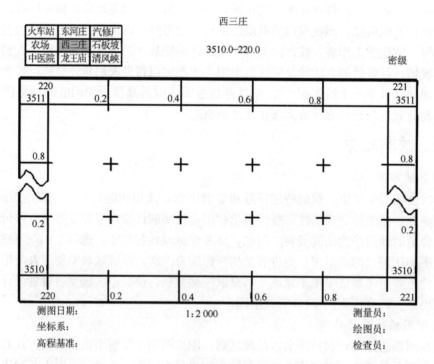

图 10-1　图名、图号和接图表

图号，即图的分幅编号，注在图名下方。如图 10-1 所示，图号为 3 510.0-220.0，它由左下角纵、横坐标组成。

2. 接图表与图外文字说明

为便于查找、使用地形图，在每幅地形图的左上角都附有相应的图幅接图表，用于说明本图幅与相邻八个方向图幅位置的相邻关系。如图 10-1 所示，中央为本图幅的位置。

　　文字说明是了解图件来源和成图方法的重要资料。如图 10-1 所示，通常在图的下方或左、右两侧注有文字说明，内容包括测图日期、坐标系、高程基准、测量员、绘图员和检查员等。在图的右上角标注图纸的密级。

　　3. 图廓与坐标格网

　　图廓是地形图的边界，正方形图廓只有内、外图廓之分。内图廓为直角坐标格网线，外图廓用较粗的实线描绘。外图廓与内图廓之间的短线用来标记坐标值。如图 10-1 所示，左下角的纵坐标为 3 510.0 km，横坐标 220.0 km。

　　由经纬线分幅的地形图，内图廓呈梯形，如图 10-2 所示。西图廓经线为东经 $128°45'$，南图廓纬线为北纬 $46°50'$，两线的交点为图廓点。内图廓与外图廓之间绘有黑白相间的分度带，每段黑白线长表示经纬差 $1'$。

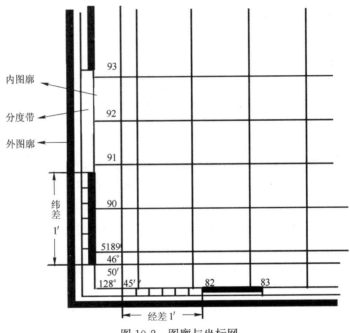

图 10-2　图廓与坐标网

　　连接东西、南北相对应的分度带值便得到大地坐标格网，可供图解点位的地理坐标用。

　　分度带与内图廓之间注记了以 km 为单位的高斯直角坐标值。图 10-2 中左下角从赤道起算的 5 189 km 为纵坐标，其余的 90、91 等是省去了百前面两位 51 km。横坐标为 22 482 km，其中 22 为该图所在的投影带号，482 km 为该纵线的横坐标值。

　　纵横线构成了公里格网。在四边的外图廓与分度带之间注有相邻接图号，供接边查用。

　　4. 直线比例尺与坡度尺

　　直线比例尺也称图示比例尺，它将图上的线段用实际的长度来表示。用分规或直尺在地形图上量出两点之间的长度，然后与直线比例尺进行比较，就能直接得出该两点间的实际长度值。三棱比例尺也属于直线比例尺。为了便于在地形图上量测两条等高线（首曲线或计曲线）间两点直线的坡度，通常在中、小比例尺地形图的南图廓外绘有图解坡度尺。

5. 三北方向

中、小比例尺地形图的南图廓线右下方，通常绘有真北、磁北和轴北之间的角度关系。利用三北方向图，可对图上任一方向的真方位角、磁方位角和坐标方位角进行相互换算。

10.1.4　读图方法

读图的基本方法是在熟悉图式符号和了解区域地理概貌之后，先分要素或分地区、顺着考察路线详细地阅读，最后理解整个区域的全部内容；至于先读哪一种要素，后读哪一个地区，以及详细研究的内容与要求，取决于读图的目的和地图本身的特点。同时，要运用本人已有的知识和经验，以综合的观点，分析研究各种现象之间的相互联系、相互依存、相互制约的关系，以及人与自然的相互关系，尽可能正确领会地图上未经图示的地理特征与各种事物间的相互关系，切不可孤立地进行某一种现象的研究。例如，研究居民地，就要研究它与地形、交通、水系的关系，研究植被时需要了解它与地形部位、气候、土壤之间的内在联系。现从以下几个方面说明对各要素相互关系的分析研究。

1. 地貌与水系

流水侵蚀是地貌的成因之一，地质构造、基岩性质、地表起伏是制约水系类型和河谷形态的物质基础，因而从河流分布和水流方向即可了解地貌起伏的一般规律，解译出分水岭、阶地、冲积扇等地貌的分布。同样，从地貌类型及其特征，亦可以了解河网类型、河谷发育阶段、河流的流向等特点。

2. 土地利用与土质植被、地貌、水系、居民地

土质植被是某地气候条件和土地适宜性的综合反映；地貌制约耕地的坡度及水土保护能力、可耕地大小、肥力高低；水是农业的命脉；居民地密集程度可以反映精耕或粗放、利用方式及复种指数的大小。因此，研究土地利用时，不仅要了解和研究土质植被的分布，而且必须与地貌、水系、居民地的分布联系起来，研究它们的相互关系。例如，城镇周围以蔬菜为主，远离城镇的则以大田作物为主。

3. 植被种类及其分布对气候、土地利用、人类活动的影响

植被的种类和分布受制于气候，同时森林和田间防护林等植被又是"绿色水库"，可以调节气候、改变土地利用方式、提高利用效率、改善人类生存环境；植被亦是发展区域经济的一种重要的自然资源，可以提供木材、建材、药材及其他加工的原材料；植被的枝叶、花、果等种种季相变化，成为人们研究各地不同季节的自然景观特征的重要途径；树林既是军事上展望和行动的障碍，又是防空、隐蔽和伏击敌人的良好掩体，突出树是军队行进、量测距离和射击方位的重要标志，水田则给军事行动带来不便。

4. 居民地与地理环境

一个居民地的最初产生，常在防御、给水和食物供应上都较为方便的地方。人类最初依靠河流和河谷为交通的唯一通道，水源丰富的沿河一带常为平坦沃土，因此，人类最初常选择河道两岸及渡口处聚居；又因交通是经济的大动脉，两河汇合点、山隘和峡谷之口、港湾附近、水陆交通汇合点、道路交叉点逐渐发展成大城镇；近代又在煤田、油田、水电站和矿山附近不断涌现出像大庆和平顶山等一些新兴的工业城市。一般居民地多位于平原、河谷、盆地，除热带地区外，居民地很少有建于山岭和高地的。为了避免海潮和洪水，多位于海、河、湖畔的居民地建于离岸稍远的较高处，江苏省扬州市境内散列式居民地就是与随着这一

江中沙洲由小到大而不断发育的同心圆状圩堤相对应的；地形图上居民地的这种分布状况便生动地反映了这江中沙洲的特殊地理环境。

5. 道路与地貌

交通线所取方向与地貌关系最密切，主要交通线通常在平缓地区或循谷而行，翻山越岭时必须择其坡度最小的山隘。铁路的穿山隧道总是选在山岭两侧坡度不大、山体厚度较小之处。公路和大道翻山越岭时，为减少坡度，常以"S"或"之"字形迂回盘旋而过。因铁路和公路要求地面最大坡度分别在 1°和 3°以下，且无水冲淹等危害，所以在地形图上根据铁路、公路的分布就可以解译出那里的地面坡度、水患和区域经济状况等地理条件。

6. 政区界线与地貌、水系

国际上，除非洲少数国界、美国与加拿大西段国界，以及美国境内一些州界依据经纬线划分，绝大多数政区界线的走向都与地貌、水系有关。一般以山脊线、分水岭、河流、主航道线为界。根据此规律可以分析政区界线的走向，确定其位置，以此正确区分地域的政治归属，便于分区进行分析研究和统计数据，以避免政治性差错。

7. 人工建筑物与人口、地貌条件、矿物及动力资源、地质构造和对外交通

学校、寺院、教堂、桥梁、道路、水井、工厂、高楼大厦、城镇等建筑物的分布都与人口的分布有关，凡是人口稠密或是平原、矿物与动力资源产地、对外联系方便的地区，此类建筑物既多又大，反之，则小而少。水电站必定建在瀑布、急流峡谷或有大量水源可以拦河筑坝的地段。军事设施贵在利用有利地形，多建于制高点处。城镇要达到 6 级防震标准，就要建在远离地震易发的地壳破裂地带。

8. 名胜古迹与民族、文化、历史

名胜古迹的类型、风格、规模、数量等特征与当地居住的民族种类、地区开发历史的长短、经济与文化发达的程度及政治地位等都有密切关系。例如，藏族与汉族的寺院庙宇就有很大的差别；中原和北方自古即为帝王之都，因而多皇家园林；南方苏杭一带，古代经济文化昌盛，多私家园林；江苏盐城地区名胜古迹奇缺，缘于仅有五六百年的开发历史，经济一直不够发达。

9. 地名与地理环境

地名具有民族性、区域性、历史性和科学性等多种特性，因而蕴涵民族的烙印、区域的特色、历史的痕迹和科学的内涵。根据地名命名的渊源，可以分为部族地名、人物地名、区域地名、植物地名、动物地名、天候地名、土壤地名、矿物地名、物产地名、商贸地名、地形地名、方位地名、工程地名、军事地名、环境地名、神话传说地名、比喻地名等 50 余种不同类型的地名。地名因其蕴涵得名时期的某种信息，可以为我们进行历史地理、自然和社会环境演变的研究提供不可多得的线索和资料。关键在于我们如何通过对地名的专名或通名部分字（词）义的科学分析，去挖掘它。

10.1.5　整理读图成果

详细读图之后，就下列内容将图中分析研究的成果分别予以系统整理并加以说明。

1. 位置和范围

首先说明所读地图的图名图号，其次用经纬线幅度表述研究区域的地理位置，然后说明该区所在的各级行政区划名称，空间范围的东西与南北长度，以及区内的主要地貌、水系、

居民地和道路等。

2. 水系和地貌

先从水系分布和等高线图形及疏密特征，说明该区地貌的基本类型，进而详细叙述平原、丘陵、山地、河谷等每一种地貌单元的分布位置，绝对高程和相对高程，范围，走向，发育阶段，形态特征，地面倾斜的变化，各山坡的坡度、坡形和坡向，山谷的形态和宽度，地面切割密度和深度；尽可能读出地貌与地质构造的联系；对地貌起伏较复杂地区，做一些剖面图，以显示地貌起伏变化的特征。对于水系，要着重说明河网类型及从属关系，水流性质，河谷的形态特征及其各组成部分的状况，河谷中有无新的堆积物，阶地与河漫滩、沼泽、河曲等的发育程度，以及它们的高程和比高等。

3. 土质植被

说明该区各种土质植被的类型、规模、数量和质量的特征，地带性特点，与地貌、水系、居民地的关系，对气候和土地利用的影响等。

4. 居民地

说明该区内居民地类型、密度、分布特点，在政治、经济、交通、文化等方面的地位，以及与地貌、水系、交通和土地利用的关系。

5. 交通与通信

说明该区内交通与通信设施的类型、等级、密度，以及与地貌、水系、居民地、工矿的联系，对本区经济发展的保障程度。

6. 土地利用和厂矿

说明该区土地利用和厂矿的类型、规模、数量和分布状况，工农业和交通用地的比例，本区土地利用程度，以及与地貌、水系、居民地和气候的关系。

最后，综上所述，对该区自然和社会经济条件做综合评价，并根据读图的任务和要求，提出有利和不利条件，以及改造不利条件所要采取的措施。

10.1.6 读图注意事项

1. 了解地形图所使用的坐标系统和高程系统

对于比例尺小于1：1万的地形图，旧地形图一般是使用国家统一规定"1954年北京坐标系"的高斯平面直角坐标系，高程系统为"1956年黄海高程系"；1987年后测制的地形图则使用"1980年西安坐标系"的高斯平面直角坐标系，高程系统为"1985年国家高程基准"。2018年后测制的地形图则使用"2000坐标系"的高斯平面直角坐标系，高程系统为"1985年国家高程基准"。城市地形图多使用城市独立坐标系，工程建设用图使用工矿企业独立坐标系的较多，工程项目总平面图则多采用施工坐标系。因此，在使用各种地形图时，一定要注意其左下角所使用的坐标系和高程系统的文字注明。

2. 熟悉图例

图例是地形图的语言，要使用好地形图，首先要知道某一种地形图使用的是哪一种图例。使用前应认真阅读图例，同时要熟悉常用的地物符号和地貌符号。对地物符号则要特别注意比例符号和非比例符号的区别，并了解符号和注记的确切含义。对地貌符号，特别是等高线，要能根据图上等高线判读各种地貌，如山头、山脊、山谷、洼地、鞍部、陡壁、冲沟等。要能根据等高线平距和坡度的对应关系，分析地面坡度的变化，地势的走向，以便结合具体专业要求做出恰当的评价。

3. 了解测图成图的时间和图的类别

地形图反映的地物和地貌是测绘时的现状，而地形图成图出版周期较长，人们使用的地形图总是不能实时反映出测图后的实地变化情况。因此，在使用时，一定要注意地形图的测图时间。用图时还要注意图的类别，是基本图还是工程专用图，是详测图还是简测图。通常应选择最近测量的或出版的现势性强的基本图为设计用图，而其他图纸和资料作为参考。如果使用的是复制图，则要注意图纸的变形。

10.2　实地使用地形图

10.2.1　准备工作

根据实地考察的地区和外业工作的特定任务与要求，收集和选用相应比例尺的地形图；阅读和分析地形图，评价其内容是否能够满足需要，并说明其使用程度和方法；为便于野外展图和填图，对选定的分幅地图要拼贴和折叠，即先将图幅按左压右、上压下的顺序拼贴成一张，再按纵向和横向分别对折再对折的方式折叠成类似手风琴的风箱，大小与工作包或图夹相仿，将不同的部分折向背面，尽量避免在拼贴线上折叠；为避免遗漏，保证野外考察工作顺利进行，需要用彩色铅笔在地形图上标出考察的路线、观察点和疑难点等。

10.2.2　地形图实地定向

在野外借助地形图从事任何一项地理考察工作，均必须使地形图与实地的空间关系保持一致，以便正确地读图和填图；这就要求在每一观察点开展工作之前先要进行地形图的实地定向，其方法有两种。

1. 罗盘定向

根据地形图上的三北关系图，将罗盘刻度盘的北字指向北图廓，并使刻度盘上的南北线与地形图上的真子午线（或坐标纵线）方向重合，然后转动地形图，使磁针北端指到磁偏角（或磁坐偏角）值，完成地形图的定向。

2. 依据地物定向

在野外，于实地两个方向上分别找出一个与地形图上地物符号相应的明显地物，如桥梁、村舍、道口、河湾、山头、控制点上的觇标等，然后在站立点上转动地形图，使视线通过图上符号瞄准实地的相应地物，当两个方向上都瞄准好时，地形图就与实地空间位置关系取得一致了。依地物定向是野外地理工作中实施地形图定向的主要方法，只有在无明显地物可参照时才需要用罗盘仪定向。

10.2.3　确定站立点在地形图上的位置

在野外地理考察中，须随时注意确定自己站立的地点在地形图上的位置，这是每到一处实地观察前要做的第一件事。其方法有依地貌地物定点和后方交会法定点两种。

1. 依地貌地物定点

在实地考察时，根据自己所站地点的地貌特征点或附近明显地物，对照地形图上的等高线图形或与相应地物的位置关系，确定站立地点在地形图上的位置。例如，站立地点的位置是在图上道路或河流的转弯点、房屋角点、桥梁一端，以及在山脊的一个平台上等。

  2. 后方交会法定点

  当在站立点附近没有明显地貌或地物时，多采用后方交会法，即依靠较远处的明显地貌或地物来确定站立点在地形图上的位置。其做法是，考察点站在未知点上，用三棱尺等照准器的直尺边靠在地形图上两三个已知点上，分别向远方相应地貌或地物点瞄准，并绘出瞄准的方向线，其交点即为考察者站立的地点。

10.2.4　实地对照读图

  在确定站立点在地形图上的位置和实施地形图定向之后，便可以与实地对照读图。通常以联合运用从图到实地和由实地到图两种方式进行，即先将地形图上站立点周围的地貌和地物符号与实地对照，找出实地上相对应的地貌和地物实体，此刻再在地形图上找出在这些实体附近考察到的其他地貌或地物实体的符号和位置；如此往复地对照读图，直至读完全图内容。此间要对地貌和地物类型、形态特征及其相互关系等方面进行仔细观察和分析研究。与实地对照读图，一般采用目估法测其方位、距离及地貌地物间的位置关系。为避免遗漏和能便捷地捕捉目标，必须遵循从左到右、由近及远、先主后次、分要素逐一读取的原则，对地形复杂、目标不易分辨的地段，可以用照准器瞄准与地形图上符号相应的某一物体，沿视线依其相关位置去识别那些不易辨认的物体，确定它们的位置。

  实地对照读图，须特别注意考察现场所发生的一切变化。这些变化正是考察的关键所在，也是考察者最感兴趣的研究内容。

10.2.5　野外填图

  野外填图是地理考察工作的一个重要组成部分。其主要的目的是对地理考察成果给予确切的空间位置和形态特征，以保证考察成果具有实际价值，这是任何文字记述所不可比拟的，无法替代的。另外，填图的成果也是供室内分析研究和编制考察成果地图的基础资料。

  填图前，应根据地理考察任务，收集和阅读考察地区的有关资料，初步确定填图对象的主要类型，备一本图式或拟订一些图例符号，选择填图路线，准备好罗盘仪、三棱尺和铅笔等填图工具。

  填图过程中，应该经常注意沿途的方位物，随时确定站立点在地形图上的位置和形状以及地形图的定向。站立点应该尽量选择在视野开阔的制高点上，以便观测到更大范围内的填图对象，洞察其分布规律，依其与附近其他地貌地物的空间结构关系，确定其分布位置或范围界线；对于地形图上没有轮廓图形或无法以空间结构关系定点定线的填图对象，需要用罗盘仪或目估法确定其方位，用目估或步长法确定其距离或长度。根据经验公式，一个人正常步伐的步长等于身高的1/4加0.37 m。目估距离时，可以参照一些地物间的固定距离或视觉极限效果的距离，例如，通信电线杆间距50 m，高压电线杆间距100 m，人的眼睛、鼻子和手指的清晰可辨最大距离为100 m，衣服纽扣的可辨最大距离为150 m，面部、头颈、肩部轮廓的可辨最大距离为200 m，两足运动的清晰可见最大距离为700 m，步兵和骑兵的可辨最大距离为1 000 m，远望军队如黑色人群的最大距离为1 500 m。另外，还要注意光线明暗和位置高低对目估距离的影响，如在颜色鲜明的晴朗天气，由低处向高处观测，易将成群的目标估计得偏近；而在昏暗的雾天，由高处向低处观测，易将微小目标估计得偏远。目标误差的大小，因人而异，通过实地多次测试验证，可以求出个人习惯的偏值常数，目估时用以修正，即可求得较标准的距离。获得观测数据后，按填图的比例尺在地图上标出填图对象的位置或范围界线，并填绘以相应的图例符号，回到室内进行整理。

10.3　地形图的选用

地形图是经济建设和国防建设的基础资料。在工程建设中，需要在地形图上进行工程建筑物的规划设计，为了保证工程设计的质量，所使用的地形图应具有一定的精度。因此，对设计人员来讲，只有在了解地形图精度的基础上，才有可能正确地选用合乎要求的地形图。同时，设计人员还应根据规划设计的具体工程对象，按工程规划设计的不同阶段对图纸上平面位置和高程的精度要求，向测绘人员提出适当的要求，从而确定测图的比例尺。

10.3.1　地形图的精度

地形图的精度通常是指它的数学精度，即地形图上各点的平面位置和高程的精度。在测绘地形图时，是由图根点向周围测绘碎部点的。所以，地形图上地物点平面位置的精度，是指地物点对于邻近图根点的点位中误差而言，而高程精度是指等高线所能表示的高程精度。

根据《水利水电工程测量规范》（SL 197—2013）规定：地物点平面位置中误差，在平原、丘陵地区一般不大于图上 0.75 mm，山区不大于图上 1.00 mm。等高线的高程中误差，在平原、丘陵地区一般不大于 1/2 基本等高距，山区不大于 1 个基本等高距。由此可知，地形图所能表示地面上的实际精度，主要与地形图比例尺的大小和等高线等高距的大小有关。

从平面位置来看，平原、丘陵地区在 1∶1 000 比例尺地形图上，图上误差为 0.75 mm，就相当于实地的误差为 0.75 m，而在 1∶5 000 比例尺地形图上反映实地的误差为 3.75 m。在山区 1∶1 000 比例尺和 1∶5 000 比例尺地形图上反映实地的误差分别为 1.0 m 和 5.0 m。

从高程来看，1∶1 000 比例尺地形图，在平地基本等高距为 0.5 m，山地为 1.0 m，则等高线的高程中误差在平地为 0.25 m（1/2 等高距），山地为 1.0 m（1 个等高距）。而 1∶5 000 比例尺地形图上基本等高距在平地、丘陵地区为 0.5 m、1.0 m、2.0 m，山地为 2.0 m、5.0 m。因而等高线的高程中误差相应为 0.25 m、0.5 m、1.0 m、2.0 m、5.0 m。

10.3.2　选用地形图的若干问题

1. 水利工程建设各阶段的用图

在水利水电工程的规划、设计、施工各阶段中，都要使用各种不同比例尺的地形图，一般来讲：作流域规划时，要选用 1∶50 000 或 1∶100 000 比例尺的地形图，以计算流域面积，研究流域的综合开发利用；在修建水库时，要用 1∶10 000 或 1∶25 000 比例尺的地形图，以计算水库库容；在工程布置及地质勘探时，要选用 1∶5 000 或 1∶10 000 比例尺的地形图；在水工建筑物的设计中，要选用 1∶1 000、1∶2 000 或 1∶5 000 比例尺的地形图；在施工阶段，一般要选用 1∶100、1∶200 或 1∶500 比例尺的施工详图。特别在设计阶段，设计人员应根据设计建筑物的平面位置和高程的精度要求，研究确定使用地形图的比例尺。

2. 根据点位精度要求决定用图的比例尺

地物点平面位置的精度与地形图比例尺的大小有关。设计对象的位置有一定的精度要求，如果选用地形图比例尺的大小不当，就会影响设计质量。所以，设计人员应根据实际需要的平面位置精度来选用适当比例尺的地形图。例如，在进行渠道布置时，若要求渠道中心桩的测设中误差不大于 2.0 m，那么应选用多大比例尺的地形图设计时，从图上一地物点量至渠道某点，量取两点距离的中误差 $m_量$ 一般认为为 0.2 mm，地物点图上平面位置的中误差 $m_点$＝0.75 mm（在平坦地区），这样图上布置渠道的点位中误差为

$$m_设 = \sqrt{m_量^2 + m_点^2} = \sqrt{0.2^2 + 0.75^2} = 0.78 \text{ mm}$$

若施工测设点位中误差为 0.5 m，则

(1) 如选用 1：2 000 比例尺的地形图时，实地的点位中误差为

$$m_实 = \sqrt{0.5^2 + (0.000\ 78 \times 2\ 000)^2} = 1.64 \text{ mm} < 2.0 \text{ mm}$$

(2) 如选用 1：5 000 比例尺的地形图，则实地的点位中误差为

$$m_实 = \sqrt{0.5^2 + (0.000\ 78 \times 5\ 000)^2} = 3.93 \text{ mm} > 2.0 \text{ mm}$$

由此可知，需要满足上述精度的要求，应选用 1：2 000 比例尺的地形图，而不能选用 1：5 000 比例尺的地形图。

3. 根据点的高程精度要求确定等高距

在规划设计时，由地形图上确定一点的高程，是根据相邻两条等高线按比例内插求得的。因而点的高程中误差主要受两项误差的影响：一是等高线高程中误差，二是图解点的平面位置产生的误差所引起的高程中误差。

例如，在某一设计中，要求设计对象的高程中误差不超过 1.0 m，需要选用多大等高距的地形图。

设 $m_等$ 为等高线的高程中误差，在平原、丘陵地区为等高距的一半。由于一点的高程从两条等高线量取，故其中误差为 $\sqrt{2} m_等$。图解点平面位置的中误差一般为图上的 0.2 m，因此该点在实地的点位中误差 $m_位 = 0.2M$（mm）（M 为比例尺分母），由它引起的高程中误差为 $0.2M \tan\alpha$（mm）（α 为地面坡度）。则在图上设计时，所求某点的高程中误差为

$$m_h = \sqrt{2m_等^2 + \left(\frac{0.2M}{1000}\right)^2 \tan^2\alpha} \tag{10-1}$$

若选用 1：2 000 比例尺地形图：

(1) 选等高距为 1 m，则 $m_等 = 0.5$ m，若地面坡度为 6°，其高程中误差为

$$m_h = \sqrt{2 \times 0.5^2 + (0.4 \times \tan 6°)^2} = 0.71 \text{ m} < 1.0 \text{ m}$$

(2) 选用等高距为 2 m 时，$m_等 = 1.0$ m，地面坡度为 6°，其高程中误差为

$$m_h = \sqrt{2 \times 1.0^2 + (0.4 \times \tan 6°)^2} = 1.41 \text{ m} > 1.0 \text{ m}$$

由此可以看出，为了满足高程中误差不超过 1.0 m 的要求，应选用等高距为 1.0 m 的地形图，而不能用等高距为 2 m 的地形图。至于选用多大比例尺较为适宜，还要结合平面位置的精度要求全面地加以考虑。

4. 根据点位和高程的精度要求选用地形图

某些工程在选用地形图时，既要从平面位置的点位精度来考虑用图的比例尺，又要从高程精度来考虑等高线的等高距。

　　例如，某工程在丘陵地区，要求点位中误差不超过 1.0 m，高程中误差不超过 0.5 m，所选用的地形图必须满足上述两项要求。若选用 1∶1 000 比例尺地形图，在丘陵地区实地点位中误差为 0.75 m，小于 1.0 m，能满足点位精度的要求。考虑高程精度，若丘陵地区地面坡度为 6°时，则

　　(1) 当选用等高距为 1 m 时，$m_{等}=0.5$ m，图解点位中误差在实地为 0.2 m，则内插点的高程中误差为

$$m_h=\sqrt{2m_{等}^2+\left(\frac{0.2M}{1\ 000}\right)^2\tan^2\alpha}=\sqrt{2\times0.5^2+\ (0.2\times\tan6°)^2}=0.71\ \text{m}>0.5\ \text{m}$$

　　(2) 改选用等高距为 0.5 m 时，$m_{等}=0.25$ m，则内插点的高程中误差为

$$m_h=\sqrt{2\times0.25^2+\ (0.2\times\tan6°)^2}=0.35<0.50\ \text{m}$$

　　因此，选用 1∶1 000 比例尺的地形图，其等高线的等高距应为 0.5m，方能同时满足上述两项要求。

　　上述根据精度要求选用的地形图，是按地形原图进行分析的，但在实际工作中是使用复制的蓝图，由于复制会使图纸产生变形，而引起误差，所以在选用时还必须顾及图纸变形的影响。

　　对地形图的选用，除了从精度要求考虑外，有时考虑设计时工作的方便，以便能在图纸上将所有设计的建筑物清晰地绘出，还要求较大的比例尺图面，而精度要求可低于图面比例尺，这时可采用实测放大图，也可按小一级比例尺的精度要求，施测大一级比例尺的地形图。

10.4　地形图应用的基本内容

10.4.1　确定位置

1. 确定点的平面位置

　　在我国大于 1∶10 万比例尺地形图上，均绘有高斯-克吕格投影的平面直角坐标网，又称方里网，以此可以确定点的平面直角坐标。地形图的内图廓即经纬网，内外图廓间设有分度带，以此可以确定点的地理坐标。下面研究求点的平面直角坐标。

　　图 10-3 所示是 1∶1 000 地形图的一部分（$M=1\ 000$）。欲求图上 P 点的平面直角坐标，可以通过从 P 点作平行于直角坐标格网的直线，交格网线于 e、f、g、h 点。用比例尺（或直尺）量出 ae 和 ag 两段距离，则 P 点的坐标为

$$x_P=x_a+ae\cdot M=21\ 100+27=21\ 127\ \text{m}$$
$$y_P=y_a+ag\cdot M=32\ 100+29=32\ 129\ \text{m}$$

　　为了防止图纸伸缩变形带来的误差，可以采用下列计算公式来消除误差（坐标网线间隔 $l=100$）

$$x_P=x_a+\frac{ae}{ab}\cdot l=21\ 100+\frac{27}{99.9}\times100=21\ 127.03\ \text{m}$$

$$y_P=y_a+\frac{ag}{ad}\cdot l=32\ 100+\frac{29}{99.9}\times100=32\ 129.03\ \text{m}$$

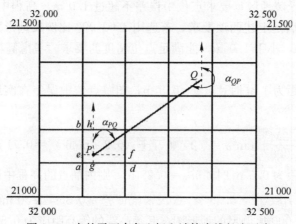

图 10-3　点的平面直角坐标和计算直线长度示意

2. 求算点的高程位置

现代地形图是用等高线表示地形的高低起伏的。用等高线表示地形的主要优点是，通过等高线可以直接量取图面上任一点的绝对高程和相对高程，获得关于地形起伏的定量概念。

在图上求点的高程，主要是根据等高线及高程注记（示坡线及该图的等高距）推算。若所求算的点位于等高线上，则该点的高程就是所在等高线的高程。如图 10-4 所示，p 点的高程为 20 m。可以采用目估的方法确定位于相邻两等高线之间的地面点 q 的高程。更精确的方法是，先过 q 点作垂直于相邻两等高线的线段 mn，再依高差和平距成比例的关系求解。例如，图 10-4 中等高线的基本等高距为 1 m，则 q 点高程为

$$H_q = H_m + \frac{mq}{mn} \cdot h = 23 + \frac{14}{20} \times 1 = 23.7 \text{ m}$$

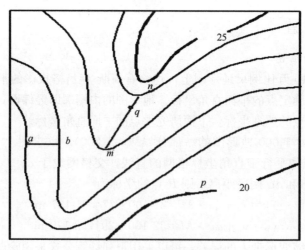

图 10-4　求点的高程示意

如果要确定两点间的高差，则可采用上述方法确定两点的高程后，相减即得两点间高差。

10.4.2　确定方向

在地形图应用中，往往还要从图上判定两点的相对位置。如果仅有两点间的水平距离，

而没有两点间的方位关系，则两点间的相对位置是不能确定的。而确定图上两点间的方位关系，则须规定起始方向，然后求出两点间连线与起始方向之间的夹角，这样两点间的方位关系就能确定了。

1. 地形图上的起始方向

地形图上有三种起始方向：真北方向、磁北方向和坐标北方向。

2. 图上直线定向

图上的直线定向，可用方位角或象限角表示。

（1）方位角是指从起始方向北端算起，顺时针至某方向线间的水平角，角值变化范围 $0°\sim360°$。

（2）象限角是指从起始方向线北端或南端算起，顺时针或逆时针至某方向线间的水平角，角值变化范围 $0°\sim90°$。象限角与方位角可以互相换算（见表 10-1）。

表 10-1　方位角与象限角的换算

直线方向	从象限角 R 求方位角 A	从方位角 A 求象限角 R
北偏东（NE）	$A=R$	$R=A$
南偏东（SE）	$A=180°-R$	$R=180°-A$
南偏西（SW）	$A=180°+R$	$R=A-180°$
北偏西（NW）	$A=360°-R$	$R=360°-A$

在图上量测角度可用量角器进行。

如图 10-3 所示，若求直线 PQ 的坐标方位角，可以先过 P 点做一条平行于坐标纵线的直线，然后，用量角器直接量取坐标方位角。

要求精度较高时，可以利用前述方法先求得 P，Q 两点的直角坐标，再利用坐标反算公式计算出方位角。

10.4.3　长度量测

在地形图上进行长度量测，有直线长度量测和曲线长度量测两种。

1. 直线长度量测

直线长度量测的方法如下。

1）两脚规量比法量算图上直线长度

若求 P，Q 两点间的水平距离，如图 10-3 所示，最简单的办法是用比例尺或直尺直接从地形图上量取。

为了消除图纸的伸缩变形给量取距离带来的误差，可以用两脚规量取 P，Q 两点间的长度，然后与图上的直线比例尺进行比较，得出两点间的距离。更精确的方法是利用前述方法求得 P，Q 两点的直角坐标，再用坐标反算求出两点间的距离。

2）依两点坐标计算直线长度

当跨图幅量测两点间的距离或直线长度时，往往采用坐标计算法（见图 10-3），P，Q 直线长度为

$$PQ=\sqrt{(x_P-x_Q)^2+(y_P-y_Q)^2}$$

式中：x_P，y_P，x_Q，y_Q——从图上量取的坐标值。

用两点坐标计算直线长度，能避免图纸伸缩和具体量测过程中所造成的误差，可以得到精确的长度数据。

2. 曲线长度量测

曲线长度量测的主要方法有两脚规法、曲线计法，常用于量测河流、道路、海岸线的长度。近些年来随着电子计算机技术和制图自动化技术的广泛应用，可利用手扶跟踪数字化仪量测曲线长度，能得到更加精确的量测效果。

10.4.4　坡度量测

地面坡度是指倾斜地面对水平面的倾斜程度。研究地面坡度不仅对了解地表的现代发育过程有着重要意义，而且与人类的生产和生活有着更为密切的关系。

在科学研究、生产实践、国防建设中所需要的坡度资料和数据，一般都是从大比例尺地形图上量测获得的。

1. 坡度的表示方法

图上两点间的坡度，是由两点间的高差和水平距离所决定的，具体表示方法有两种。

1）用坡度角表示

$$\tan\alpha=\frac{h}{D}$$

式中：α——坡度角；

　　　D——两点间水平距离；

　　　h——两点间高差。

从上式可以看出，坡度角与水平距离和高差之间存在正切关系。知道两点间水平距离和高差，即可求出坡度角。

由等高线的特性可知，地形图上某处等高线之间的平距越小，则地面坡度越大。反之，等高线间平距越大，地面坡度越小。当等高线为一组等间距平行直线时，则该地区地貌为斜平面。

2）用比降表示

在工程技术上，往往采用 h/D 表示坡度。式中 h 为两点间高差，D 为两点间水平距离。在具体表示上，有的用分母划为 100、1 000 的百分比、千分比形式；有的用分子划为 1 的比例形式。

2. 用坡度尺量测坡度

当等高线比较稀疏时，可用量测相邻两条等高线间坡度的坡度尺量测坡度。具体方法是，先用两脚规量比图上欲求坡度的两条等高线间的水平距离，然后移至坡度尺上，使两脚规的一脚放在坡度尺水平基线上滑动，另一脚与曲线相交处所对应的水平基线上的度数，即为所求坡度。当等高线密集时，则使用量测相邻六条等高线间坡度的坡度尺进行量测，先在图上用两脚规量比欲求坡度的相邻六条等高线间的水平距离，然后移至坡度尺上量比，找到所求坡度数。

3. 求最大坡度和限制坡度

在地形图上量测坡度，有的是为了解某一区域范围内地表坡度的变化情况，有的是为了解某一方向、路线上的坡度变化情况。如在图上表示出地表水的径流方向，则需求最大坡度线；如在图上进行道路、水渠等方面的选线，则需求出限制坡度的最短距离即限制坡度线。

1）求最大坡度线

地形图上由一点出发，向不同方向上的坡度是不同的，但其中必有一个方向坡度最大。最大坡度线，在地形图上是垂直斜坡等高线的直线。因此，在地形图上求最大坡度线，就是求相邻等高线间的最短距离。如图 10-4 所示，垂直于等高线方向的直线 ab 具有最大的倾斜角，该直线称为最大倾斜线（或坡度线），通常以最大倾斜线的方向代表该地面的倾斜方向。最大倾斜线的倾斜角，也代表该地面的倾斜角。此外，也可以利用地形图上的坡度尺求取坡度。

2）求限制坡度线

限制坡度线指在地形图上求两点间限制坡度的最短路线。对管线、渠道、交通线路等工程进行初步设计时，通常先在地形图上选线。按照技术要求，选定的线路坡度不能超过规定的限制坡度，并且线路最短。

10.4.5　沿图上已知方向绘制地形断面图

地形断面图是指沿某一方向描绘地面起伏状态的竖直面图。在交通、渠道以及各种管线工程中，可根据地形断面图地面起伏状态，量取有关数据进行线路设计。地形断面图可以在实地直接测定，也可根据地形图绘制。

绘制地形断面图时，首先要确定地形断面图的水平方向和垂直方向的比例尺。通常，在水平方向采用与所用地形图相同的比例尺，而垂直方向的比例尺通常要比水平方向大 10 倍，以突出地形起伏状况。

如图 10-5（a）所示，要求在等高距为 5 m、比例尺为 1∶5 000 的地形图上，沿 AB 方向绘制地形断面图，方法如下。

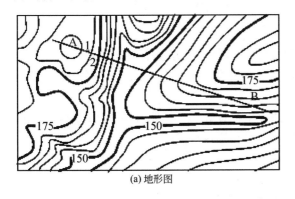

(a) 地形图

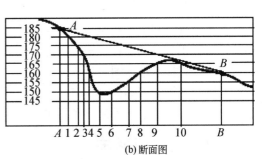

(b) 断面图

图 10-5　绘制地形断面图和确定地面两点间通视情况

在地形图上绘出断面线 AB，依次交于等高线 1，2，3，…。

（1）如图 10-5（b）所示，在另一张白纸（或毫米方格纸）上绘出沿 AB 方向水平线，

并作若干平行于 AB 等间隔的平行线，间隔大小依竖向比例尺而定，再注记出相应的高程值。

（2）把1，2，3，…等交点转绘到水平线 AB 上，并通过各点作 AB 垂直线，各垂线与相应高程的水平线交点即断面点。

（3）用平滑曲线连接各断面点，则得到沿 AB 方向的断面图，如图10-5（b）所示。

10.4.6　确定两地面点间是否通视

要确定地面上两点之间是否通视，可以根据地形图来判断。如果地面上两点间的地形比较平坦，通过在地形图上观看两点之间是否有阻挡视线的建筑物就可以进行判断。但在两点间之间地形起伏变化较复杂的情况下，则可以采用绘制简略断面图确定其是否通视，如图10-5所示，则可以判断 A、B 两点是否通视。

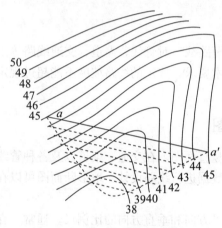

图 10-6　图上确定填挖边界线

10.4.7　在地形图上绘出填挖边界线

在平整场地的土石方工程中，可以在地形图上确定填方区和挖方区的边界线。如图10-6所示，要将山谷地形平整为一块平地，并且其设计高程为45 m，则填挖边界线就是45 m的等高线，可以直接在地形图上确定。

如果在场地边界 aa' 处的设计边坡为1∶1.5（即每1.5 m平距下降深度1 m），欲求填方坡脚边界线，则需在图上绘出等高距为1 m、平距为1.5 m、一组平行 aa' 表示斜坡面的等高线。如图10-6所示，根据地形图同一比例尺绘出间距为1.5 m的平行等高线与地形图同高程等高线的交点，即为坡脚交点。依次连接这些交点，即绘出填方边界线。同理，根据设计边坡，也可绘出挖方边界线。

10.5　面　积　量　算

在科学研究和生产实践中经常会遇到面积的量算问题，如求算各种土地利用类型的面积，厂区面积和矿区面积，水库的汇水面积，灌溉面积等。除了特殊情况需要实测外，面积通常都可以直接从地形图上量算。

在图上量算面积的方法很多，如几何图形法、坐标计算法、透明方格纸法、透明平行线法、电子求积仪等，此外还有利用电子计算机和光电扫描仪等量算方法。

10.5.1　几何图形法

当欲求面积的边界为直线时，可以把该图形分解为若干个规则的几何图形，例如三角形、梯形或平行四边形等，如图10-7所示。然后，量出这些图形的边长，这样就可以利用几何公式计算出每个图形的面积。最后，将所有图形的面积之和乘以该地形图比例尺分母的平方，即为所求面积。

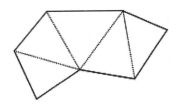

图 10-7　几何图形法测算面积

10.5.2　坐标计算法

如果图形为任意多边形，并且，各顶点的坐标已知，则可以利用坐标计算法精确求算该图形的面积。如图 10-8 所示，各顶点按照逆时针方向编号，则面积为

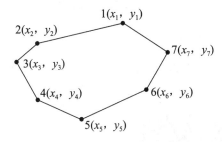

图 10-8　坐标计算法测算面积

$$S=\frac{1}{2}\sum_{i=1}^{n}x_i(y_{i-1}-y_{i+1})=\frac{1}{2}\sum_{i=1}^{n}y_i(x_{i-1}-x_{i+1}) \tag{10-2}$$

或

$$S=\frac{1}{2}\sum_{i=1}^{n}(x_{i+1}+x_i)(y_{i+1}-y_i) \tag{10-3}$$

上式中，当 $i=1$ 时，y_{i-1} 用 y_n 代替，x_{i-1} 用 x_n 代替；当 $i=n$ 时，y_{i+1} 用 y_1 代替，x_{i+1} 用 x_1 代替。

10.5.3　透明方格纸法

对于不规则图形，可以采用图解法求算图形面积。通常使用绘有单元图形的透明方格纸蒙在待测图形上，统计落在待测图形轮廓线以内的单元图形个数来量测面积。

透明方格纸法通常是在透明纸上绘出边长为 1 mm 的小方格，如图 10-9（a）所示，每个方格的面积为 1，它所代表的实际面积则由地形图的比例尺决定。量测图上面积时，将透明方格纸固定在图纸上，先数出完整小方格数 n_1，再数出图形边缘不完整的小方格数 n_2。然后，按下式计算整个图形的实际面积为

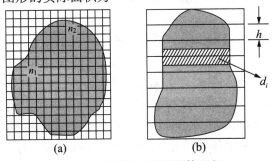

图 10-9　透明方格纸法测算面积

$$S=\left(n_1+\frac{n_2}{2}\right)\cdot\frac{M^2}{10^6}\ (\mathrm{m}^2) \tag{10-4}$$

式中：M——地形图比例尺分母。

10.5.4　透明平行线法

透明方格纸法的缺点是数方格困难，为此，可以使用图 10-9（b）所示透明平行线法。被测图形被平行线分割成若干个等高的长条，每个长条的面积可以按照梯形公式计算。例如，图中绘有斜线的面积，其中间位置的虚线为上底加下底的平均值 d_i，可以直接量出，而每个梯形的高均为 h，则其面积为

$$S=\sum_{i=1}^{n}d_ih=h\sum_{i=1}^{n}d_i \tag{10-5}$$

10.5.5　电子求积仪的使用

电子求积仪是一种用来测定任意形状图形面积的仪器，如图 10-10 所示。

图 10-10　一款电子求积仪

在地形图上求取图形面积时，先在电子求积仪的面板上设置地形图的比例尺和使用单位，再利用电子求积仪一端的跟踪透镜的十字中心点绕图形一周来求算面积。电子求积仪具有自动显示量测面积结果、储存测得的数据、计算周围边长、数据打印、边界自动闭合等功能，计算精度可以达到 0.2%。同时，具备各种计量单位，例如，公制、英制，有计算功能，当数据量溢出时会自动移位处理。可以直接与计算机相连进行数据管理和处理。

为了保证量测面积的精度和可靠性，应将图纸平整地固定在图板或桌面上。当需要测量的面积较大时，可以采取将大面积划分为若干块小面积的方法，分别求这些小面积，最后把量测结果加起来。也可以在待测的大面积内划出一个或若干个规则图形（四边形、三角形、圆等），用解析法求算面积，剩下的边角小块面积用电子求积仪求取。

10.6　体　积　量　测

在科学研究与工程建设中，常常会遇到要了解地面各种水体的体积、山体的体积、工程的土方工程量、矿体的储量等。这类体积的求算都可以在地形图上进行，即根据地形图上的等高线量算体积。利用地形图量算体积时，必须先在地形图上确定量算体积的范围界线和厚度（高），然后进行量算。由于各种量算体积的对象形状各异，精度要求和工作条件不同，

采取的量算方法也不一样。常用的量算方法有方格网法、等高线法、断面法等。

10.6.1 方格网法

如果地面坡度较平缓，可以将地面平整为某一高程的水平面。如图 10-11 所示，计算步骤如下。

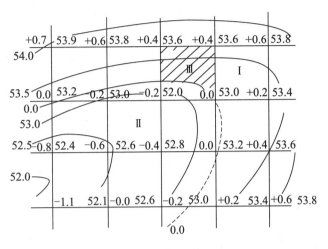

图 10-11 方格网法计算填挖方量

（1）绘制方格网。方格的边长取决于地形的复杂程度和土石方量估算的精度要求，一般取 10 m 或 20 m。然后，根据地形图的比例尺在图上绘出方格网。

（2）求各方格角点的高程。根据地形图上的等高线和其他地形点高程，采用目估法内插出各方格角点的地面高程值，并标注于相应顶点的右上方。

（3）计算设计高程。将每个方格角点的地面高程值相加，并除以 4 得到各方格的平均高程，再把每个方格的平均高程相加除以方格总数就得到设计高程 $H_设$。$H_设$ 也可以根据工程要求直接给出。

（4）确定填、挖边界线。根据设计高程 $H_设$，在地形图 10-11 上绘出高程为 $H_设$ 的高程线（如图 10-11 中虚线所示），在此线上的点即为不填又不挖，也就是填、挖边界线，亦称零等高线。

（5）计算各方格网点的填、挖高度。将各方格网点的地面高程减去设计高程 $H_设$，即得各方格网点的填挖高度，并注于相应顶点的左上方，正号表示挖，负号表示填。

（6）计算各方格的填、挖方量。下面以图 10-11 中方格 Ⅰ、Ⅱ、Ⅲ 为例，说明各方格的填、挖方量计算方法。

方格 Ⅰ 的挖方量：$V_1 = \dfrac{1}{4}(0.4+0.6+0+0.2) \cdot A = 0.3A$

方格 Ⅱ 的填方量：$V_2 = \dfrac{1}{4}(-0.2-0.2-0.6-0.4) \cdot A = -0.35A$

方格 Ⅲ 的填、挖方量：

$$V_3 = \frac{1}{4}(0.4+0.4+0+0) \cdot A_挖 + \frac{1}{4}(0-0.2-0-0) \cdot A_填 = 0.2A_挖 - 0.05A_填$$

式中：A——每个方格的实际面积；

$A_{挖}$、$A_{填}$——方格Ⅲ中挖方区域和填方区域的实际面积。

（7）计算总的填、挖方量。将所有方格的填方量和挖方量分别求和，即得总的填、挖方量。如果设计高程 $H_{设}$ 是各方格的平均高程值，则最后计算出来的总填方量和总挖方量基本相等。

当地面坡度较大时，可以按照填、挖方量基本平衡的原则，将地形整理成某一坡度的倾斜面。

由图 10-11 可知，当把地面平整为水平面时，每个方格角点的设计高程值相同。而当把地面平整为倾斜面时，每个方格角点的设计高程值则不一定相同，这就需要在图上绘出一组代表倾斜面的平行等高线。绘制这组等高线必备的条件是：等高距、平距、平行等高线的方向（或最大坡度线方向）以及高程的起算值。它们都是通过具体的设计要求直接或间接提供的，如图 10-11 所示。绘出倾斜面等高线后，通过内插即可求出每个方格角点的设计高程值。这样，便可以计算各方格网点的填、挖高度，并计算出每个方格的填、挖方量及总填、挖方量。

10.6.2　等高线法

如果地形起伏较大，可以采用等高线法计算土石方量。首先从设计高程的等高线开始计算出各条等高线所包围的面积，然后将相邻等高线面积的平均值乘以等高距即得总的填挖方量。

如图 10-12 所示，地形图的等高距为 5 m，要求平整场地后的设计高程为 492 m。首先在地形图中内插出设计高程为 492 m 的等高线（如图 10-12 中虚线所示），再求出 492，495，500 m 等 3 条等高线所围成的面积 A_{492}、A_{495}、A_{500}，即可算出每层土石方的挖方量为

$$V_{492-495} = \frac{1}{2}\ (A_{492}+A_{495})\ \cdot 3$$

$$V_{495-500} = \frac{1}{2}\ (A_{500}+A_{495})\ \cdot 5$$

$$V_{500-503} = \frac{1}{3}A_{500}\cdot 3$$

则，总的土石方挖方量为

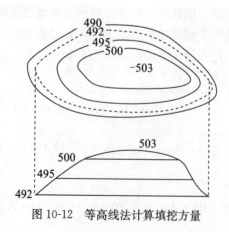

图 10-12　等高线法计算填挖方量

$$V_{\text{总}} = \sum V = V_{492-495} + V_{495-500} + V_{500-503}$$

10.6.3　断面法

道路和管线建设中，沿中线至两侧一定范围内带状地形的土石方计算常用此法。这种方法是在施工场地范围内，利用地形图以一定间距绘出地形断面图，并在各个断面图上绘出平整场地后的设计高程线。然后，分别求出断面图上地面线与设计高程线所围成的面积，再计算相邻断面间的土石方量，求其和即为总土石方量。

如图 10-13 所示，地形图比例尺为 1∶1 000，矩形范围是欲建道路的一段，其设计高程为 47 m。为求土石方量，先在地形图上绘出相互平行、间隔为 l（一般实地距离为 20～40 m）的断面方向线 1-1、2-2、…、5-5；按一定比例尺绘出各种断面图（纵、横轴比例尺应一致，常用比例尺为 1∶100 或 1∶200），并将设计高程线展绘在断面图 1-1、2-2 断面上；然后在断面图上分别求出各断面设计高程线与断面图所围的填土面积 $A_{\text{T}i}$ 和挖土面积 $A_{\text{W}i}$（i 表示断面编号），最后计算两断面间土石方量。例如，1-1 和 2-2 两断面间的填、挖方量为

$$\text{填方量：} V_{\text{T}} = \frac{1}{2} (A_{\text{T}1} + A_{\text{T}2}) l$$

$$\text{挖方量：} V_{\text{W}} = \frac{1}{2} (A_{\text{W}1} + A_{\text{W}2}) l$$

同法，依次计算出每两相邻断面间的土石方量，最后将填方量和挖方量分别累加，即得总的填、挖土石方量。

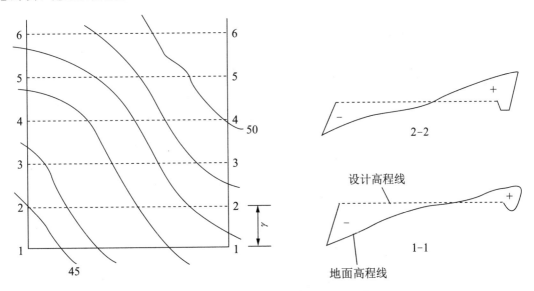

图 10-13　断面法计算土石方量

上述三种计算体积的方法各有特点，应根据场地地形条件和工程要求选择合适的方法。当实际工程土石方估算精度要求较高时，往往要到现场实测方格网图（方格点高程）、断面图或地形图。上面介绍的三种方法均未考虑削坡影响，当高差较大时，这部分土石方量是很大的。因此，实际工程中应参照上述方法计算削坡的土石方量。

10.7　地形图在工程建设中的应用

10.7.1　根据限制坡度选定最短路线

线路工程设计时，既要满足坡度限制又要减少工程量、降低施工费用，为此要求有坡度限制的情况下选取最短路线。要解决这类问题，首先根据坡度限制的要求，运用下式求出路线经过相邻两条等高线之间的允许最短平距 d，即

$$d = \frac{h}{i} \tag{10-7}$$

式中：h——等高距；

　　　i——设计坡度。

然后，以起点为圆心，以 d 为半径画圆弧交相邻等高线于一点，再以该点为圆心重复上述过程，直至终点，将所有点连线即可，如图 10-14 所示。最短路线若不止一条，要综合考虑地形、地质等因素，从中选取最佳路线。

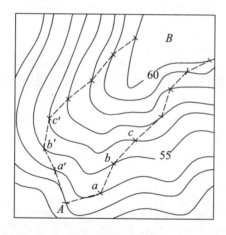

图 10-14　根据设计限制坡度选取路线

10.7.2　计算平整场地的填挖方量

常采用方格网法量算平整土地区域的填挖土方量。首先在地形图上按施工范围绘制方格网，方格网的边长取决于地形变化的大小和土方量的精度计算要求。然后根据地形图上的等高线，内插出每个方格点的高程，并注记在方格点的右上方。根据设计高程计算每个方格顶点的填挖高度，注记在方格点左上方。最后根据每个顶点的填挖高度和方格的面积计算整个区域的填挖土方量。下面根据一个例子讲解具体的计算方法。

如图 10-15 所示的地形图，要求将其平整为某一设计高程的平地，填挖方量的计算步骤如下。

（1）绘制方格网。根据地形复杂情况、地形图的比例尺和计算精度要求，以一定大小的方格，在地形图上绘制方格网。根据方格顶点在相邻两等高线间的位置用内插法计算各顶点高程，并标注在顶点的右上方，如方格 1 的 62.8、63.8、62.8 和 61.8。

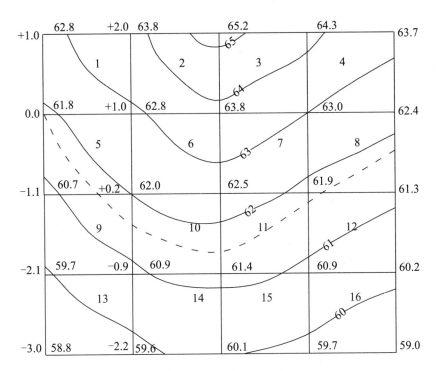

图 10-15　填挖方量计算

（2）计算设计高程。根据每个方格顶点的高程，在满足填挖方量基本平衡的前提下，利用加权平均值的方法计算设计高程，计算公式为

$$H_d = \frac{\sum P_i \cdot H_i}{\sum P_i} \tag{10-8}$$

式中：H_d——场地的设计高程；

$\qquad$ H_i——方格点 i 的高程；

$\qquad$ P_i——方格点 i 的权。每个方格点的权一般根据它们的位置取 1，2，3 或 4。

图 10-15 的设计高程计算为

$\qquad$ $H_d = [1 \times (62.8 + 63.7 + 59.0 + 58.8) + 2 \times (63.8 + 65.2 + 64.3 +$

$\qquad\qquad$ $62.4 + 61.3 + 60.2 + 59.7 + 60.1 + 59.6 + 59.7 + 60.7 + 61.8) +$

$\qquad\qquad$ $4 \times (62.8 + 63.8 + 63.0 + 62.0 + 62.5 + 61.9 + 60.9 + 61.4 +$

$\qquad\qquad$ $60.9)] \div (4 \times 1 + 12 \times 2 + 9 \times 4) = 61.9$ （m）

（3）绘填、挖边界线。根据计算出的设计高程，在地形图上绘制填、挖边界线（图 10-15 中所示的虚线）。在该线上的各点既不填也不挖，线的下方为填的区域，上方为挖的区域。

（4）计算填、挖高度。各方格顶点的高程减去设计高程即为填、挖高度，标注于顶点的左上方。正值表示挖方，负值表示填方。

（5）计算填、挖方量。首先计算各方格的填、挖方量，然后计算总的填、挖方量。计算时，有些方格为全挖方，如方格 1、2、3、4、6、7；有些方格既有填方，又有挖方，如方格 5、8、9、10、11、12；有些方格为全填方，如方格 13、14、15、16。计算每个方格的填（挖）方量时，取每个方格顶点的填（挖）高度的平均值与填（挖）面积相乘，即得到每个方格的填（挖）方量。例如，方格 1 全挖方量、方格 5 既有挖方量又有填方量、方格 13 全填方量的计算如下。

$$V_{1挖}=\frac{1}{4}\times\ (1.0+2.0+1.0+0.0)\ \times S_{1挖}=1.0\times S_{1挖}\ (m^3)$$

$$V_{5挖}=\frac{1}{4}\times\ (0.0+1.0+0.2+0.0)\ \times S_{5挖}=0.3\times S_{5挖}\ (m^3)$$

$$V_{5填}=\frac{1}{3}\times\ [0.0+0.0+\ (-1.1)\ ]\ \times S_{5填}=-0.37\times S_{5填}\ (m^3)$$

$$V_{13填}=\frac{1}{4}\times\ (-2.1-0.9-2.2-3.0)\ \times S_{13填}=-2.05\times S_{13填}\ (m^3)$$

式中：$S_{1挖}$——方格 1 的面积；

$S_{5挖}$ 和 $S_{5填}$——方格 5 挖和填的面积；

$S_{13填}$——方格 13 的面积。

同样的方法将其他方格的挖、填的体积计算出来，分别对挖、填的体积进行求和，即可得到总的挖、填体积。

10.7.3 建筑设计中的地形图应用

在应用地形图进行建筑物的总体规划时，要尽量选用 1∶500 大比例尺地形图。同时要结合地形图进行竖向设计，多以台阶和斜坡道路进行不同地势间的连接和过渡，并综合考虑地貌与建筑群布置、地貌与建筑通风和地貌与建筑日照等因素。

1. 地貌与建筑群布置

一般坡度在 3% 以下时基本是平地，建筑物和道路布置均较自由。3%～10% 的坡地为缓坡，在布置建筑群时受地形的限制不大，可采用筑台和提高勒脚的方法来处理。当坡度大于 10% 时，一定要根据地形、使用要求及经济效果来综合考虑。

在有坡度的地区进行建筑物布置和组织交通时，应尽量注意减少土方量。在有较大坡度的地形上，建筑物可采用平行于等高线、垂直于等高线或斜交于等高线等不同方法进行布置，如图 10-16 所示，平行于等高线是最常见的一种方法。这种布置方法道路和阶梯容易处理，基础工作量小，但室外排水须作处理。坡度较大时，场地土石方工程量较大。此外，当与朝向有矛盾时，则很难布置得理想。建筑物背面，房间采光、通风亦较差。采取垂直于等高线布置时，在通风、采光及排水等方面都较易处理。但室内基础及堡坎工作量大，房屋易

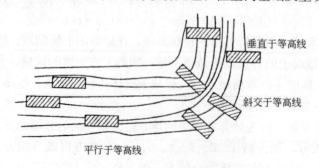

图 10-16 地貌与建筑群布置示意

受潮，不适用于起伏多变的地形。采用斜交于等高线布置建筑物时，道路及联系阶梯容易布置，坡度平缓时，堡坎及场地土石方量都较小。但房屋基础工程费用较高，建筑用地面积较大，也不大适用于起伏多变的地形。

2. 地貌与建筑通风

通常，影响建筑自然通风的风气候主要是大的气候区。但在山区，由于地形及温差影响产生的局部风往往对建筑通风起着主要作用，称其为地形风。常见的有山阴风、顺坡风、山谷风、越山风、山垭风等，其成因各不相同。

地形风不仅种类不同，而且受地形条件的影响，风向变化也不同。当风吹向山丘时，在其周围会形成不同的风向区，图 10-17 是一座山丘风向区划分的示意图。建筑物处于不同的风向区，自然通风的效果将显著不同。表 10-2 列出了不同风向区内气流的特点和在各区布置建筑物时应注意的事项。

表 10-2　风向区内气流的特点

分区	风向区名称	气流特点	注意事项
1	迎风坡区	风向垂直等高线	建筑物宜平行或斜交于等高线
2	顺风坡区	气流沿着等高线	建筑物宜斜交于等高线
3	背风坡区	可能产生涡风或绕风	不需通风的建筑物可布置在此区域
4	涡风区	在水平面产生涡风	不需通风的建筑物可布置在此区域
5	高压风区	风压较大的区域	不宜建高楼，以免背面涡风区产生更多涡流
6	越山风区	风从山顶越过	夏季凉风较多，但冬季要注意防风

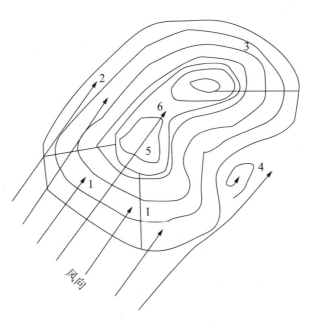

图 10-17　山丘风向区划分的示意

3. 地貌与建筑日照

在平地，建筑群合理日照间距只与建筑物布置形式和朝向有关。在山地和丘陵地区，除上述两个因素外，还需要考虑地形的坡向与坡度的影响。

在向阳坡地，当建筑物平行等高线布置时，坡度越大，日照间距越小；反之，日照间距越大，如图 10-18 所示。所以可以利用向阳坡地日照间距小的条件增加建筑密度或布置高层建筑，以充分利用建筑用地。

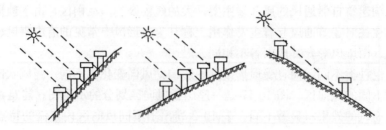

图 10-18　向阳坡地的建筑物布置图示

在背阳坡地，当建筑物平行等高线布置，日照标准为一定时，则日照间距比在向阳坡大很多，如图 10-19 所示。为了合理利用地形，争取良好的日照，可采取以下措施。

（1）建筑物错列布置，如图 10-19（a）所示。

（2）建筑物竖向斜列式布置，如图 10-19（b）所示。

（3）建筑物横向斜列式布置，如图 10-19（c）所示。

（4）建筑物垂直或斜交等高线布置，从而缩小间距，并争取不与等高线垂直的中午前或后的直射阳光，如图 10-19（d）所示。

（5）适当布置点式建筑，在长列建筑物前布置高点式建筑物可缩小间距，从两栋点式建筑之间透过直射阳光，如图 10-19（e）所示。

综上所述，不难看出，地形因素对建筑群布置的各种影响不是彼此孤立的，而是相互制约、弊利相兼的。在做总体布置时，应根据对建筑物的使用要求，通盘考虑各种因素的影响。

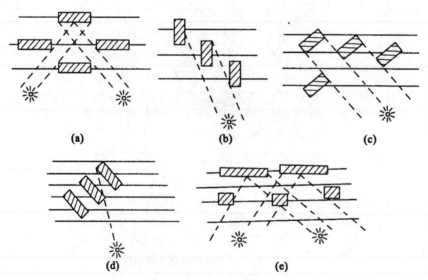

图 10-19　背阳坡地的建筑物布置图示

10.7.4　给排水工程设计中的地形图应用

选择自来水厂的厂址时，要根据地形图确定位置。如厂址设在河流附近，则要考虑到厂址在洪水期内不会被水淹没，在枯水期内又能有足够的水量。水源离供水区不应太远，供水区的高差也不应太大。

在 0.5%～1% 地面坡度的地段，排除雨水是方便的。在地面坡度较大的地区，要根据地形分区排水。由于雨水和污水的排除是靠重力在沟管内自流的，因此，沟管应有适当的坡度，在布设排水管网时，要充分利用自然地形。例如，雨水干沟应尽量设在地形低处或山谷线处，这样，既能使雨水和污水畅通自流，又能使施工的土方量最小。

在防洪和排涝的涵洞和涵管等工程设计中，需要在地形图上确定汇水面积作为设计的依据。

10.7.5　城市规划用地分析的地形图应用

城市用地在规划设计以前，首先应按建筑、交通、给水和排水等对地形的要求，分析用地的地形，并在地形图上标明不同坡度的地区的地面水流方向、分水线和集水线等，以便合理利用地形和改造原有地形。下面结合实例来说明怎样分析地形，如图 10-20 （a）所示，从地形图上可以看出这个地区的地形特点如下。

（1）光明村以西有一座不太高的小山，山的东边有一片坎地，山的南边有几条冲沟。

（2）光明村以南有一条青河，河的南岸有一片沼泽地。

（3）在向阳公路以北有一个高出地面约 30 m 的小丘，小丘东西向地势较南北向平缓。

（4）光明村以西的地形，75 m 等高线以上较陡，55～75 m 等高线一段渐趋平缓，从 55 m 等高线以下更为平坦。总的说来，这块地形除了小山和小丘以外是比较平缓的。

了解上述地形特点以后，再做以下进一步的分析。

（1）用不同符号表示各种坡度地段范围，从而可以计算出各种坡度地面的面积，作为分区规划设计的依据，如图 10-20 （b）所示。

（2）根据地形起伏情况。从小山山顶向东北到小丘可找出分水线 I，从小山向东到向阳公路可找出分水线 II，分水线 II 的一段和向阳公路东段相吻合。在分水线 I 和 II 之间可找到集水线。根据地势情况定出地面水流方向（最大坡度方向），如图 10-20 （b）中箭头所示。在分水线 I 以北的地面水排向小丘和小丘以北，在分水线 II 以南的地面水则流向青河汇集。

（3）小山南面的冲沟地段和青河南面的沼泽地区，需做工程地质和水文地质等条件的分析以后，才能确定它们的用途。

10.7.6　道路勘测设计中的地形图应用

交通运输是国民经济的动脉，是联系工农业、城乡生产和消费的纽带，是经济发展的先决条件。交通运输由铁路、水运、公路、航空和管道等五种运输方式组成。公路由于灵活机动，特别适宜于客货短途运输，从而在交通运输中占有重要地位。交通路线以平、直较为理想，实际上，由于地形和其他原因的限制，要达到这种理想状态是很困难的。为了选择一条经济而合理的路线，必须进行路线勘测。路线勘测一般分为初测和定测两个阶段。

路线勘测是一个涉及面广、影响因素多、政策性和技术性都很强的工作。在路线勘测之

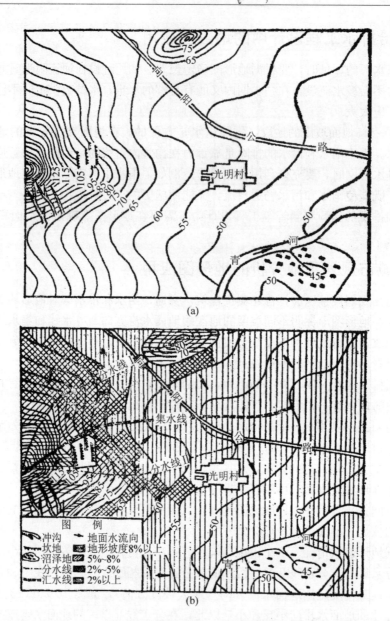

图 10-20　城市规划用地的地形分析

前，要做好各种准备工作。首先要搜集与路线有关的规划统计资料以及地形、地质、水文和气象等资料，然后进行可行性研究分析，在地形图（通常为 1:5 000 的地形图）上初步选定路线走向，利用地形图对山区和地形复杂、外界干扰多、牵涉面大的地区进行重点研究。

初测是根据上级批准的计划和基本确定的路线走向、路线等级标准而进行的外业调查勘测工作。通过初测，要求对路线的基本走向和方案做进一步的论证比较，概略地拟定中线位置，提出切合实际的初步设计方案和修建方案，确定主要工程的数量和位置，为编制初步设计和设计概算提供所需的全部资料。因此，在指定范围内，若有现势性强的大比例尺地形图和测量控制网可直接利用，利用该地形图编制路线各方案的带状地形图和纵、横断面图。若没有相应的地图，就必须测绘各方案的带状地形图和断面图，为纸上定线、编制比较方案提供依据。

定测就是将确定的路线实地标定，进行路线详细测量，实地布设桥涵等构造物，并为编制施工图搜集资料。

因此，在路线勘测的两个阶段都离不开地形图。

10.7.7　边坡开挖中平面或曲面与地形面交线（开挖线）的确定

边坡开挖中经常遇到如何确定开挖线的问题，边坡有平面或曲面两种形式，如图 10-21 和图 10-22 所示。求平面边坡与地面的交线，应先做出平面边坡的等高线，然后求出平面边坡上与地形图上相同等高线的交点，把这些交点依次连成光滑曲线，即得平面坡线与地面的交线。求曲面边坡与地面的交线，同样应先做出曲面边坡的等高线，然后求出曲面边坡上与地形图上相同标高等高线的交点，依次把所得交点连成光滑曲线，即得曲面与地面的交线。

图 10-21　平面公路边坡

图 10-22　曲面公路边坡

[**例 10-1**]　　如图 10-23 所示，有一段平直的公路，路面标高为 30 m，公路两侧为挖方边坡，边坡的坡度是 4：3，求边坡与地面的交线。

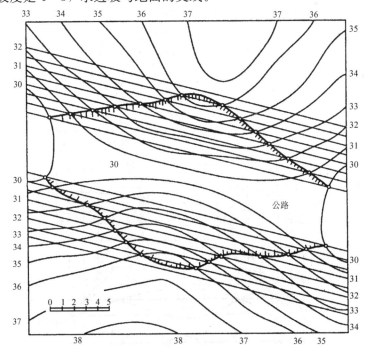

图 10-23　公路的边坡与地面的交线

因为公路的路线为直线，所以边坡为平面。由边坡的坡度可算出等高线的平距为

$$1:4/3=3/4=0.75$$

据此可做出公路两侧边坡的等高线，求出变坡面上与地形图上相同标高等高线的交点，依次连接各交点成光滑曲线，即得该段公路边坡与地面的交线。

[例 10-2]　要在山坡上修筑一水平广场，场地标高为 35 m，广场平面形状如图 10-24 所示，已知挖方边坡坡度为 1：1，填方边坡坡度为 2：3，求各边坡与地面的相交线及各边坡度之间的交线。

作图步骤如下。

（1）确定填挖分界线。广场地面标高为 35 m，地形图上等高线 35 m 为填挖分界线，图 10-24 中，a、b 为分界点。

（2）确定挖方边坡与填方边坡。位于填挖分界线 ab 之下的边坡为填方边坡，位于填挖分界线 ab 之上的边坡为挖方边坡。

（3）计算填方边坡、挖方边坡等高线的平距。填方边坡等高线平距为 $l_1=l/i=3/2=1.5$，挖方边坡等高线平距为 $l_2=l/i=1/1=1$。

（4）分别做出各边坡的等高线，填方边坡为平面边坡，等高线是广场直线边缘的平行线，挖方边坡为圆弧边坡，等高线是广场圆弧边缘的平行线，等高线是一组同心圆。

（5）求边坡与边坡的交线。在填方范围内，求出相邻两边坡之间的交线。

（6）求各边坡与地面的交线。

先求出边坡面上与地形图上相同标高等高线的交点，再依次连接各点成光滑曲线，即得各边坡与地面的交线。

注意，图 10-24 中，c、d 是相邻两边坡线与地面的交点，作图时用图中的虚线相交求得。

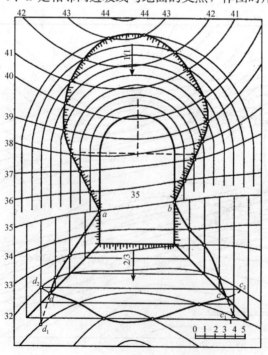

图 10-24　广场的边坡与地面的交线

10.8　地貌识别

10.8.1　一般地貌的识别

任何相对完整的地貌单元，通常由山顶、山背、山脊、鞍部、山谷、山脚、斜面和凹地等地貌元素所组成。

1. 山顶

山顶指山体的最高部位。根据等高线的特性，它必为数条封闭曲线，且内圈高程大于外圈。如图 10-25 所示，若图上顶部环圈大，由顶向下等高线由稀变密，为圆山顶；若图上顶部环圈小，由顶向下等高线由密变稀，为尖山顶；若图上顶部环圈不仅大，且有宽阔的空白，向下等高线变密，则为平山顶。

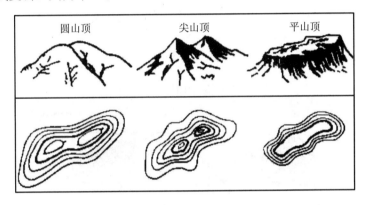

图 10-25　山顶的表示

2. 山背

山背指从山顶到山脚向外突出的部分。它的中央棱线叫作分水线。山背等高线形状向山脚方向突出，如图 10-26 所示。若曲线弯曲宽度不大，在分水线上呈尖形拐弯，为尖山背；如果曲线弯曲宽度适中，在分水线上呈圆形拐弯，为圆山背；若曲线平齐，分水线附近宽阔，而山背两侧曲线较密，则为平齐山背。

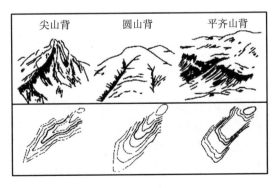

图 10-26　山背的表示

3. 山脊

山脊指数个相邻山顶、山背和鞍部连成的凸棱部分。山脊的最高棱线叫作山脊线，如图10-27所示。地形图上依山脊线所经诸山顶、山背和鞍部的形态，可以判别山脊的宽窄、坡度及翻越鞍部的难易程度。

山脊按形状可分为尖山脊、圆山脊和平山脊，如图10-28所示。尖山脊的等高线依山脊延伸的方向呈尖角状；圆山脊的等高线依山脊延伸的方向呈圆弧状；平山脊的等高线依山脊延伸的方向呈疏密悬殊的长方形状。表示山脊各等高线凸出部分顶点的连线，称为分水线。

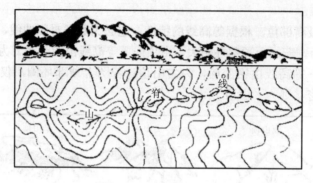

图 10-27　山脊的表示

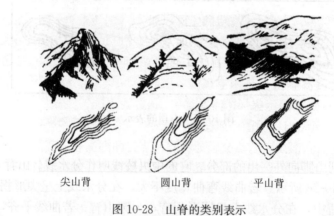

尖山背　　　　　　　圆山背　　　　　　　平山背

图 10-28　山脊的类别表示

4. 鞍部

鞍部指相邻两山头间形如马鞍状的凹部，如图10-29所示。按照等高线原理，它在地形图上为两组对称的等高线，一组为山背等高线；另一组为山谷等高线，其凸形共同指向鞍部的中心。鞍部可分为窄短鞍部、窄长鞍部和平宽鞍部，如图10-30所示。

5. 山谷

山谷指相邻两山背或山脊之间的低凹部分。山谷中央最低点的连线叫合水线。山谷等高线凹向山体。山谷依横断面的形状分为尖形（V形）谷、圆形（U形）谷和槽形谷，如图10-31所示。它们的曲线在分水线上拐弯分别呈锐尖、圆弧和平直形。在合水线上间距大时，谷底平缓；间距小时，坡度大。两侧曲线距离小，则谷窄；距离大，则谷宽。

表示山谷各等高线凸出部分的顶点的连线叫作集水线。

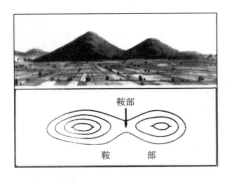

图 10-29　鞍部的表示

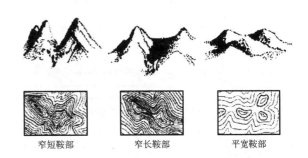

图 10-30　鞍部的类别表示

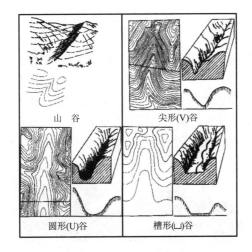

图 10-31　山谷的表示

6. 山脚

山脚指山体与平地的交线。它是一条明显的倾斜变换线，由此向上，等高线密集，山背山谷曲线十分明显；向下，曲线稀疏、平滑，没有明显的谷、背区别。

7. 斜面、防界线

由山顶到山脚的坡面叫作斜面。军事上把朝向敌方的斜面叫作正斜面，背向敌方的斜面叫作反斜面。斜面按其断面形状分为等齐斜面、凸形斜面、凹形斜面和波形斜面。斜面上坡度变换的界线叫作防界线。如图 10-32 所示。等齐斜面的等高线，间隔大致相同，防界线靠上；凸形斜面的等高线上疏下密，防界线位置靠下；凹形斜面的等高线则上密下疏，防界线靠上；波形斜面的等高线疏密不等，交错变化，防界线有数条。

防界线是战斗中挖掘战壕、控制坡面的有利地线。

8. 凹地

凹地指四周高、中间低、无积水的地域。按等高线原理，它在地形图上也是一圈套一圈的封闭曲线，但内圈高程小、外围高程大。大而深的凹地叫作盆地。

为便于区分山顶与凹地，地形图上以示坡线相区别，示坡线是一条与等高线相垂直的短线，通常绘在最内一圈曲线的拐弯处，端头指向下坡方向。

在图上显示方法是示坡线绘在等高线的内侧，如图 10-33 所示。

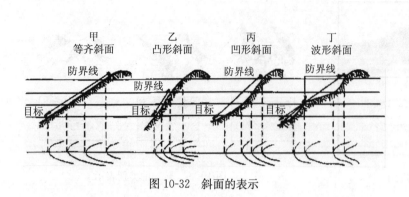

图 10-32　斜面的表示

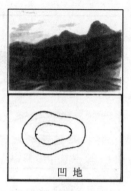

图 10-33　凹地的表示

10.8.2　特殊地貌的识别

凡不能用等高线形象表示的地貌形态，称为特殊地貌。它包括地表因受外力作用或其他影响，改变了原有地貌形态的变形地貌，以及地貌形体较小，但具有重要方位意义，需以特定符号放大表示的微型地貌。变形地貌有冲沟、陡崖、陡石山、崩崖、滑坡等，它们的实地景观和图上表示与符号如图 10-34 所示。微型地貌如石灰岩地貌中的孤峰、峰丛、溶斗；沙漠地貌中的沙丘、沙窝、小草丘；黄土地貌的溶斗与土柱等。其符号通常在图边的图例中绘出。

图 10-34　特殊地貌的表示

10.8.3　土质的识别

土质指地面浅层碎屑物质的性质。它是地貌的物质体现。地形图上从对部队机动、构筑工程和判定方位的影响出发，规定只表示沙地、沙砾地（戈壁滩）、龟裂地、石块地、盐碱地、岩石地等。

10.9　沙 盘 制 作

根据地形图或其他地形资料，按一定的比例尺，用泥沙、泡沫塑料等材料制作的地形模型，叫沙盘。根据需要和条件，可制成简易沙盘和永久性沙盘。

简易沙盘的制作方法如下。

1. 准备工作

准备工作通常包括选择地形图，确定堆制范围和沙盘比例尺，加密坐标网线，选定起算面和控制点，制作沙盘框和沙盘高度尺等。

选择地形图，应以比例尺较大、现势性好、精度较高的地形图作为依据。

堆制范围，通常依上级意图和作战活动范围而定，并在地形图上标出。

沙盘比例尺，若用于研究团以上部队的战斗行动，其平面比例尺应小于 1∶1 000；若用于研究分队战斗行动，其平面比例尺常大于 1∶1 000。为突出反映地貌的起伏形态，通常将平面比例尺放大 1～5 倍（山地为 1～3 倍、丘陵为 3～4 倍、平原为 5 倍）作为准制沙盘地貌的高度比例尺，亦称垂直比例尺。

为便于确定沙盘上的点位，应加密坐标网线。以图上原有坐标网线为依据做进一步加密并给以编号。网线的密度，应以沙盘上相应长 25～50 cm 为宜。

为便于堆积地貌，应选定起算面和控制点。通常以沙盘范围内最低一条等高线的高程面作为沙盘高度的起算面。同时要在地形图上选标出能控制地貌基本形态的地形线（分水线与合水线）、等高线和地形特征点（如山顶、鞍部、倾斜与方向变换点等）。

沙盘框应依确定的堆制范围和平面比例尺计算其尺寸并制作。若有预作的活动沙盘框，可依计算尺寸组装。为便于在沙盘上比量高度，可制作沙盘高度尺，即以垂直比例尺缩小的等面为一个分划间隔，在木尺上刻出数个分划，起始分划注上最低一条等高线的高程。而后在相应计曲线分划位置上注出曲线高程。这样即能随地形图上查得的任意点高程，利用高度尺换算成沙盘上的填土高度。

此外，还应做场地和各种工具器材准备。

2. 堆积地貌

1）建立沙盘平面控制

依地形图上加密的坐标网线，在沙盘框相应位置上以细绳拉出并注上相应编号，从而构成与图上完全对应的坐标方格网。将图上确定的地形特征点、地形线、最低一条等高线和具有控制作用的等高线，按其在相应方格中的关系位置标画在沙盘底面上，从而构成堆积地貌的骨架。

2）建立沙盘高程控制

依图逐一判出地形特征点的高程，用高度尺将其换算为沙盘上的填土高度并量截在准备好的竹签上（竹签应留有插入土中的高度）。将其插在相应点位上，从而构成沙盘填土的高程依据。

堆积地貌通常由最高点或沙盘中央部位开始堆积。按地形线堆出山体走向，按等高线推出分布轮廓。先主峰，后高地，边堆边修。如图 10-35 所示，先修正向地貌，后修负向地貌，并修挖好河流、湖泊等水系要素。沙上应有一定湿度，边堆边拍压紧。地貌堆积完后，要依地图进行全面检查整修，然后撒上与地面相同颜色的锯末，以增加真实感。

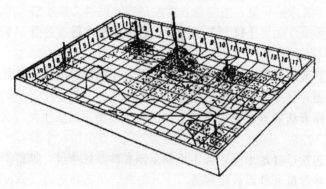

图 10-35　堆积地貌

3. 设置地物模型

地物模型可就地取材制作。如水系可用玻璃、照料片、纸片染色表示；道路可用不同色彩与宽度的线绳、布条、塑料带等表示和区分等级；居民地、独立地物可用预制模型或泡沫板、木板等制作；植被可用小树枝等制作。把它们按照在方格中的位置关系，在保持与地貌协调的情况下，放置于沙盘上。同时，用纸牌写出居民地、河流、高地等名称或高程注记，并插放在相应位置上，如图 10-36 所示。

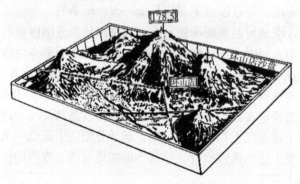

图 10-36　沙盘全貌

4. 设置战术情况

依预定作战方案或训练想定，用制式兵棋或临时制作的队标、队号，把战术情况设置在相应位置上。一般先设置战斗分界线，然后按先敌后我、先前沿后纵深的顺序进行。

上述工作完成之后，再作一次全面检查修正。最后标上沙盘名称、指北箭头和比例尺。

本 章 小 结

本章对地形图的应用进行了介绍，主要讲述了地形图的阅读；实地如何使用地形图；地形图的基本应用；地形图上求面积的方法；地形图上求体积的方法；地形图在工程建设中的应用；地形图上地貌的识别等问题。本章内容应认真掌握。

复习思考题

1. 地形图图外注记有哪些内容?

2. 简述地形图读图的基本方法。

3. 简述地形图阅读后如何整理读图成果。

4. 如何在地形图中确定站立点的位置?

5. 在野外如何进行地形图的实地定向?

6. 在地图上面积量测有哪几种方法?

7. 在地图上体积量测有哪几种方法?

8. 简述一般地貌的识别方法。

9. 简述特殊地貌的识别方法。

10. 地形图上一个五边形地块,其各顶点顺时针方向的编号和坐标分别为:A(426.00,873.00),B(640.93,1068.43),C(843.40,1264.26),D(793.54,1399.14),E(389.97,1307.88),试计算该五边形的面积。

11. 阅读图 10-37,回答下列问题:

(1) 用▲标出山头,用△标出鞍部,用虚线标出山脊线,用实线标出山谷线;

(2) 求出 A、B 两点的高程,并用图下直线比例尺求出 A、B 两点间的水平距离及坡度。

(3) 绘出 A、B 之间的地形断面图(平距比例尺为 1:2 000,高程比例尺为 1:200)。

(4) 找出图内山坡最陡处,并求出该最陡坡度值。

(5) 从 C 到 D 做出一条坡度不大于 10% 的最短路线。

(6) 判断 A 与 B 之间、B 与 C 之间是否通视。

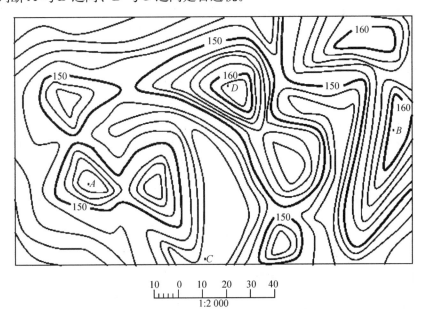

图 10-37　作业用图

参 考 文 献

[1] 胡圣武. 地图学 [M]. 北京：清华大学出版社，2008.

[2] 祝国瑞. 地图学 [M]. 武汉：武汉大学出版社，2004.

[3] 王光霞. 地图设计与编绘 [M]. 北京：测绘出版社，2011.

[4] 蔡孟裔，毛赞猷，田德森，等. 新编地图学教程 [M]. 3版. 北京：高等教育出版社，2017.

[5] 陈述彭. 地学信息图谱探索研究 [M]. 北京：商务印书馆，2001.

[6] 陈毓芬. 地图空间认知理论的研究 [D]. 郑州：中国人民解放军信息工程大学，2000.

[7] 高俊. 地理空间数据的可视化 [J]. 测绘工程，2000，9（3）：21-23.

[8] 何宗宜. 地图数据处理模型的原理与方法 [M]. 武汉：武汉大学出版社，2004.

[9] 胡圣武，肖本林. 地图学基本原理与应用 [M]. 北京：测绘出版社，2014.

[10] 胡圣武，王宏涛. 地学信息图谱研究 [J]. 测绘与空间地理信息，2006，3（10）：72-74.

[11] 胡圣武. 地图学课程内容的安排和方法的探讨 [J]. 地理空间信息，2007，6（6）：60-63.

[12] 廖克，喻沧. 中国地图学史 [M]. 北京：测绘出版社，2009.

[13] 胡圣武. 高斯投影的几点研究 [J]. 地理空间信息，2012，10（1）.

[14] 胡毓矩，龚建文. 地图投影 [M]. 北京：测绘出版社，1991.

[15] 黄仁涛，庞小平，马晨燕. 专题地图编制 [M]. 武汉：武汉大学出版社，2003.

[16] 黄万华. 地图应用学原理 [M]. 西安：西安地图出版社，2001.

[17] 廖克. 中华人民共和国国家自然地图集 [M]. 北京：中国地图出版社，1999.

[18] 廖克. 地图学的研究与实践 [M]. 北京：测绘出版社，2003.

[19] 廖克. 现代地图学 [M]. 北京：科学出版社，2003.

[20] 龙毅，温永宁，盛业华. 电子地图学 [M]. 北京：科学出版社，2006.

[21] 马永立. 地图学教程 [M]. 南京：南京大学出版社，2003.

[22] 马耀峰，胡文亮，张安定，等. 地图学原理 [M]. 北京：科学出版社，2004.

[23] 秦建新，张青年，王全科，等. 地图可视化研究 [J]. 地理研究，2000，19（1）：15-17.

[24] 孙以义. 计算机地图制图 [M]. 北京：科学出版社，2002.

[25] 田德森. 现代地图学理论 [M]. 北京：测绘出版社，1991.

[26] 田青文. 地图制图学概论 [M]. 武汉：中国地质大学出版社，1995.

[27] 王家耀. 普通地图制图综合原理 [M]. 北京：测绘出版社，1993.

[28] 王家耀，陈毓芬. 理论地图学 [M]. 北京：解放军出版社，2000.

[29] 王家耀，孙群，王光霞，等. 地图学原理与方法 [M]. 2版. 北京：科学出版社，2014.

[30] 王琪. 地图概论 [M]. 武汉：中国地质大学出版社，2002.

[31] 王慧麟，谈俊忠，安如，等. 测量与地图学 [M]. 3版. 南京：南京大学出版社，2015.

[32] 徐庆荣，杜道生. 计算机地图制图原理 [M]. 武汉：武汉测绘科技大学出版社，1993.

[33] 俞连笙，王涛. 地图整饰 [M]. 北京：测绘出版社，1985.

[34] 张力果，赵淑梅，周占鳌. 地图学 [M]. 北京：高等教育出版社，1990.

[35] 屠亮. 影像地图技术发展 [J]. 遥感信息，2000，15（4）.

[36] 袁勘省. 现代地图学教程 [M]. 2版. 北京：科学出版社，2014.

[37] 孙达，蒲英霞. 地图投影 [M]. 南京：南京大学出版社，2012.

[38] 党亚民，成英燕，薛树强. 大地坐标系统及其应用 [M]. 北京：测绘出版社，2010.

[39] 褚亚军，尹均科，孙冬虎. 地名学基础教程（修订本）[M]. 北京：测绘出版社，2009.

[40] 陈毓芬，江南. 地图设计原理 [M]. 北京：解放军出版社，2001.

[41] 张传信，朱体高，胡圣武. 地图比例尺基本理论的研究 [J]. 地理空间信息，2009，7（1）.

[42] 程鹏飞，成英燕，文汉江，等. 国家大地坐标系实用宝典 [M]. 北京：测绘出版社，2008.

[43] 王家耀. 地图制图学与地理信息工程学科进展与成就 [M]. 北京：测绘出版社，2011.

[44] 王家耀. 地图学与地理信息工程研究 [M]. 北京：科学出版社，2014.

[45] 黄万华，郭正萧，赵永江，等. 地图应用学 [M]. 西安：西安地图出版社，1999.

[46] 祈向前，胡晋山，鲍勇，等. 地图学原理 [M]. 武汉：武汉大学出版社，2012.

[47] 刘权，尹贡白. 测量与地图 [M]. 武汉：武汉大学出版社，2012.

[48] 何家宜，宋鹰，李连营. 地图学 [M]. 武汉：武汉大学出版社，2016.

[49] 何家宜，宋鹰. 普通地图编制 [M]. 武汉：武汉大学出版社，2015.

[50] 江南，李少梅，崔虎平，等. 地图学 [M]. 北京：高等教育出版社，2017.

[51] 吕晓华，李少梅. 地图投影原理与方法 [M]. 北京：测绘出版社，2016.

[52] 凌善金，梁栋栋，麻金谜. 新编地图学 [M]. 北京：科学出版社，2017.

[53] 赵耀龙，易红，郑春燕，等. 地图学基础 [M]. 北京：科学出版社，2016.

[54] 钟业勋，胡宝清. 数理地图学：地图学及其数学原理 [M]. 2版. 北京：测绘出版社，2017.

[55] 潘正风，程敦军，成枢，等. 数字地形测量学 [M]. 2版. 武汉：武汉大学出版社，2019.